杨 永 宋廷鲁 著

镁质胶凝材料
发展与应用

清华大学出版社
北京

内 容 简 介

本书聚焦镁质胶凝材料的最新发展与应用，凝练与总结了从原料制备工艺、反应机理到生产工艺的开创性突破，围绕"四维一体"技术理念指导研发与生产，解决行业问题与社会应用需求，是作者多年研发、生产的经验积累与总结。

本书主要供镁质胶凝材料行业技术人员学习使用，也可供高校科研院所相关人员阅读参考。

图书在版编目 (CIP) 数据

镁质胶凝材料发展与应用 / 杨永，宋廷鲁著. -- 北京：清华大学出版社，2024. 10. -- ISBN 978-7-302-67506-8

Ⅰ. TQ177.5

中国国家版本馆CIP数据核字第2024RK5174号

责任编辑：鲁永芳
封面设计：常雪影
责任校对：赵丽敏
责任印制：沈　露

出版发行：清华大学出版社
　　　　网　　　址：https://www.tup.com.cn，https://www.wqxuetang.com
　　　　地　　　址：北京清华大学学研大厦 A 座　　　邮　　编：100084
　　　　社 总 机：010-83470000　　　　　　　　　邮　　购：010-62786544
　　　　投稿与读者服务：010-62776969，c-service@tup.tsinghua.edu.cn
　　　　质量反馈：010-62772015，zhiliang@tup.tsinghua.edu.cn
印 装 者：三河市龙大印装有限公司
经　　销：全国新华书店
开　　本：170mm×240mm　　　印　张：19　　　字　　数：336 千字
版　　次：2024 年 10 月第 1 版　　　　　　　印　　次：2024 年 10 月第 1 次印刷
定　　价：158.00 元

产品编号：106793-01

作为镁质胶凝材料真抓实干的践行者与推动者，笔者摸爬滚打 20 年来，感受颇多。2014 年，有感于行业工艺参差，恰逢从业 10 年之际，编著《菱镁技术》一书，倡导"四维一体"的技术理念，并在书中创新性地提出了独立于镁质胶凝材料原有三种反应体系之外的硫氯复合四元反应体系，开辟出新的菱镁发展道路，并以此技术为诸多创业同仁解惑答疑。5 年后又整合在水泥、石膏行业的探索经验，出版了《无机胶凝材料创新实务》一书，进一步介绍了公司在硫氧镁体系和硫氯复合四元体系方面的实践探索，被不少同仁奉为圭臬。

时至今日，笔者和团队在镁质胶凝材料领域已走过 20 个年头，所谓"二十年来谙世路"，这本《镁质胶凝材料发展与应用》继续向业内同仁介绍氯氧镁、硫氧镁、硫氯复合以及磷镁胶凝材料近 20 年的实践与发展。

在镁质胶凝材料近 20 年的发展中，镁质制品从低廉的农林用品，逐渐向着节能保温、绿色建材方面发展，并逐渐衍生出适用于特种水泥、医疗、环保、能源等行业的特殊产品：抗菌抑菌的镁质净化板在 ICU 默默坚守，发泡多孔镁质滤材在污水处理厂无私奉献，耐盐耐卤镁质光伏管桩在盐碱地熠熠生辉……20 年来，我们像镁质材料一般坚守在行业一线，为行业和社会做奉献。

本书由山东镁嘉图新型材料科技有限公司杨永、北京理工大学宋廷鲁负责组织编著。全书共分 5 章：第 1 章概论由杨永编写；第 2 章镁质胶凝材料原材料由庄庆臣、高丽娟、宋廷鲁编写；第 3 章理论配比由杨永、宋廷鲁编写；第 4 章工艺及相关设备由温全志、王泽旺、杨永、吴修建编写；第 5 章镁质胶凝材料制品由温全志、王昌磊、王泽旺、高丽娟、曹雪莲、郑光震编写；附录部分由庄庆臣、袁佳编写。编写过程中，也非常感谢国内外专家学者的大力支持和帮助。

鉴于笔者水平有限，不当之处敬请广大读者朋友批评指正。

目　录

第 1 章

概 论

镁质胶凝材料是一种气硬性无机胶凝材料,因其绿色环保、无毒、无污染、轻质、高强的特性被广泛应用。本书共分 5 部分,内容涵盖原材料、工艺设备以及多种镁质制品生产应用等。从反应机理、理论配比,到实际生产应用技术,为广大读者做了全面系统的介绍。

本书详细介绍了氯氧镁体系中 $5Mg(OH)_2 \cdot MgCl_2 \cdot 8H_2O$(简称 5·1·8 相)的生成过程,探讨了 MgO 活性、初始配比、反应温度、用水量等因素对最终生成相的影响。在实际应用中有些菱镁从业者没有掌握"100-1=0""细节决定成败"的生产理念,产品出现返卤锈蚀等问题,导致有的地方禁用菱镁材料,以氯氧镁制品为主的生产企业受到严峻挑战。对此,菱镁企业被迫开始研究硫氧镁体系的全新应用,硫氧镁体系经改性后主要形成新型水化产物 $5Mg(OH)_2 \cdot MgSO_4 \cdot 7H_2O$(简称 5·1·7 相)。经实验研究,当 $MgO/MgSO_4$ 和 $H_2O/MgSO_4$ 的摩尔比在合理比值时,$3Mg(OH)_2 \cdot MgSO_4 \cdot 8H_2O$(简称 3·1·8 相)逐渐消失,5·1·7 相成为主导产物,此时硫氧镁体系的机械强度较高、耐水性较好。硫氧镁制品在低温环境下生产时,固化慢、强度低,在初期应用中出现了不少问题,尤其在门芯板生产过程中经常出现塌模、废品率高等问题亟待解决。鉴于以上问题,笔者研究团队在研究硫氧镁体系过程中,率先提出硫氯复合四元反应体系,用部分硫酸镁代替氯化镁,当原材料配比控制在一个合理的范围之内时,硫氯复合四元体系水化产物微观结构密实,晶体分布均匀,紧密排列,交错纵横,使得其力学性能和耐水性能介于硫氧镁水泥和氯氧镁水泥之间。硫氯复合体系兼具氯氧镁体系固化成型快、前期强度高和硫氧镁不返卤锈蚀的特点,在四川、重庆等地的木门立模浇注生产企业中得到广泛应用。随着生产技术人员的不断实践和研发,硫氧镁技术也愈加成熟,得到广泛应用。

在此期间，磷酸镁技术也取得突破，应用领域全面拓展。磷酸镁体系实质为重烧氧化镁与磷酸盐发生中和反应，形成 Mg（M）PO$_4$·6H$_2$O 结构的三元胶凝体系，该体系具有凝结快、干缩小、强度高、耐腐蚀、耐高低温等特点。从 10 年前仅用于机场跑道快硬修补的较浅应用，到现在应用到医疗领域中的骨质修补等，取得了一系列突破性进展。

在镁质胶凝材料技术发展的同时，配套的工艺和设备也在不断发展。成型工艺方面，从最开始的手工、半手工半机械到现在的机械化和自动化生产，生产效率大大提高，制品质量也越来越高；养护工艺方面，通过深入研究，提出水分、温度和时间三要素对制品性能的重要影响，同时公司创新性地提出微波加热养护，提高了制品的成品率，缩短了养护时间；后处理工艺方面，通过对制品表面进行覆膜等一系列处理，提高了制品的质量和附加值。

镁质材料应用广泛，从田间地头的大棚骨架到城市的高楼大厦，处处都有镁质制品的存在。近几年，镁质材料应用迅速扩展到其他领域。比如在新能源领域中光伏管桩的应用，面对海洋环境的高盐、高湿和海风大的环境，钢结构和硅酸盐水泥不耐腐蚀、寿命短，而利用镁质材料制作的管桩，能跟海水相容、耐腐蚀、无毒无污染，强度不减反而还会增强。还有集大成者的装配式房屋完全可以采用镁质材料来制作，发挥镁质材料轻质、高强的特点。利用镁质材料本身具有的抗菌性制作的净化板已在医院等场景得到大量应用。镁质胶凝材料在处理固废方面也发挥着越来越大的作用。

不管镁质胶凝材料技术如何发展，生产都离不开"四维一体"的技术理念：原材料质量是前提，合理配比是关键，科学改性很重要，工艺流程不容忽视。本书所讲制品生产都秉承"四维一体"的技术理念，实现质量与生产效率的双赢。

本书以国家倡导的"双碳"目标为指导，始终贯彻绿色、节能的环保理念。

第2章

镁质胶凝材料原材料

镁质胶凝材料的原材料是制作各类镁质制品的"粮食",包括氧化镁、调和剂(氯化镁、硫酸镁或磷酸镁)、改性剂、增强材料、填充材料等,缺一不可。只有这些原材料齐备,才能进行各类制品的制作与生产。

2.1 氧化镁

自镁质胶凝材料面世以来,相应的生产工艺、调配技术均经过了多次的迭代,但始终绕不开氧化镁这一基本原材料。氧化镁一般是由菱镁矿等天然矿物煅烧而成,随着技术的发展,许多工业副产也被加工成氧化镁系列产品。根据生产工艺以及煅烧温度的不同,氧化镁的种类也有所不同,生产时,需根据镁质制品品类的不同,选择相应规格的氧化镁系列产品。

氧化镁品质的优劣,由多个技术指标所决定。在生产中,不应盲目追求氧化镁的某一指标的高低,要结合镁质制品的设计性能以及工艺条件,选择综合性能更佳的氧化镁类产品。

2.1.1 氧化镁的来源

作为镁质胶凝材料结构晶体的核心元素,镁(Mg)元素的来源要与生产工艺、制品的种类相匹配。生产中常用的氧化镁(MgO)一般来源于菱镁矿、白云石、水镁石等矿物的煅烧,这类产品广泛应用于建材、保温等行业。也有些企业使用卤水合成水镁石，再进一步煅烧成氧化镁，这种方式生产的氧化镁纯度高，可用于医药等行业。

水泥厂因附加值低且原料易得，辐射半径仅 200 余千米，各地水泥生产企业星罗棋布；而同样是"烧石头"的氧化镁生产企业，却受制于矿产的分布情况，集中在几大产区。从菱镁矿产资源分布来看，我国菱镁矿床主要分为四大类，即区域变质型菱镁矿矿床（辽东、胶东地区）、橄榄岩热液蚀变型菱镁矿矿床（陕西汉中地区）、蛇纹岩风化淋滤型菱镁矿矿床（内蒙古索伦山地区）以及第四纪湖相沉积型菱镁矿矿床（西藏那曲地区）。上述几大典型菱镁矿床是氧化镁相关产品的主要产区，如海城—大石桥—胶东粉子山一线等，仅海城、大石桥一带，便有圣水寺、金家堡子、下房身等多个大型、特大型菱镁矿，探明储量在 32.61 亿吨以上。

白云石（$CaMg(CO_3)_2$）是菱镁石（$MgCO_3$）与方解石（$CaCO_3$）组成的碳酸复盐，矿床广泛分布于我国各省市自治区，其中 CaO/MgO 比值低于 1.39 的镁质白云石也是生产氧化镁的优良矿石。此外，白云石矿因交代作用、变质作用、脱硅化作用等，往往损失较多的镁元素，结合一定的地质条件，损失的镁元素可在原白云石矿附近伴生出菱镁矿床、水镁石矿床等。2004 年发现的新疆鄯善县尖山小型菱镁矿即白云石在多种地质作用下，形成的镁质碳酸盐岩层中的层控晶质菱镁矿床。金塔县四道红山地区的菱镁矿也是与白云石、滑石伴生的。

总体来说，东南沿海地区的从业者可就近采购辽宁、河北、山东等地氧化镁相关产品，腹地地区的同仁也可以选择四川汉源等地小型菱镁矿制品以及青海、西藏盐湖产业链的系列产品。

2.1.2 氧化镁的生产工艺

不同含镁矿石适配的生产工艺也有所不同，不同规格含镁制品的工艺要求也有差异。市场上常见规格的氧化镁生产工艺如下。

1. 焙烧菱镁矿

海城地区菱镁矿（图 2.1）矿石主要化学组分含量为：（MgO）34.90wt.%~47.27wt.%、（CaO）0.47wt.%~14.30wt.%、（SiO_2）0.28wt.%~4.70wt.%、（Fe_2O_3）0.15wt.%~0.76wt.%、（Al_2O_3）0.06wt.%~0.73wt.%。纯菱镁矿石、高硅菱镁矿石与高钙菱镁矿石的成分有一定差异。海城地区焙烧菱镁矿的生产工艺，一般包含以下几道工序。

图 2.1　辽宁海城菱镁矿山

　　氧化镁含量较高的高品位矿产可以在简单破碎后直接用于焙烧，随着环保要求日益严苛，在菱镁资源产业转型压力下，生产厂家不得不使用氧化镁含量较低的低品位矿石，这也带来了复杂的选矿工作。

　　低品位矿石经颚式破碎机破碎，再进行球磨，分级至合适粒径后，进行脱泥处理，继而使用浮选机选矿。选矿时，常使用反浮选法去除矿浆里面的硅质颗粒，如石英石、硅酸盐矿物等。反浮选时，一般采用盐酸等调整矿浆 pH 值，再加入水玻璃作为抑制剂，浮选机向矿浆中冲入气体，硅质颗粒在胺类捕收剂的作用下，浮在矿浆表面泡沫层，进而被去除。经反浮选处理后，尾矿被精制成粗精矿。

　　氧化钙（CaO）含量偏高的矿，需要采用正浮选工艺进一步脱钙处理，调整pH 值后，采用六偏磷酸钠、水玻璃作为抑制剂，使用油酸钠或者 2# 油对氧化镁矿粒进行捕收。由于菱镁矿会与菱铁矿伴生，部分含铁量高的粗精矿，则需要通过磁选降低氧化铁的含量。

　　对于矿石中不易剔除的杂质，还需要结合化学处理、热选、重选等方式进一步选矿，如将干燥后的矿浆预先低温煅烧 30min，此时大部分菱镁矿分解成氧化镁，使得自身密度降低，而未分解的脉石质量较大，故而可以根据密度的不同将氧化镁与杂质分离，提纯的氧化镁可用于进一步加工。

MgO 系列产品，根据焙烧温度的不同，一般分为以下几种：轻烧氧化镁（700~1000℃）、重烧氧化镁（1000~1500℃）、死烧氧化镁（1500~2000℃）和熔融氧化镁（>2800℃）。轻烧氧化镁的结构蓬松，具有较高的活性，主要应用于化工、建材、环保、饲料、肥料等行业。重烧氧化镁与死烧氧化镁的活性很低，常用于制作耐火材料，应用于冶金等行业，是应用最为广泛的氧化镁产品。熔融氧化镁中的氧化镁晶体较大、密度高，绝热与绝缘性能是最佳的。

焙烧时，菱镁矿中的 $MgCO_3$ 在高温下分解，产生 MgO，释放二氧化碳（CO_2）气体。根据焙烧温度的不同，MgO 晶体的烧结程度有所不同，其表现出的化学活性也不同，这直接关系到制品的应用方向。

生产不同规格的 MgO 制品，所用的工艺、设备有所不同。轻烧氧化镁的生产中，高品位菱镁矿以及精制菱镁矿，一般采用煤气反射窑进行焙烧，少数企业使用回转窑进行生产。反射窑的内部温度分布不均，矿石焙烧程度不同，成品需要人工挑选出欠烧的矿石再次回炉，这使得烧成制品的质量稳定程度没有回转窑好。2021年起，迫于政策压力，大部分生产企业完成技术改造，将反射窑改为回转窑进行轻烧 MgO 的生产。

图 2.2　重烧氧化镁

随着菱镁行业的不断发展，一些较大的生产企业迫于环保压力，也为了提高生产效率，开始使用悬浮窑生产氧化镁。悬浮窑可以焙烧传统窑炉无法利用的小粒径矿石，特别适用于选矿后的精制矿的焙烧。使用悬浮窑焙烧 MgO，控温精度更高，矿石受热均匀，极少过烧、欠烧，因而质量稳定，产品活性更好，成品冷却后即可包装使用，免去了后续的破碎工艺。

重烧、死烧 MgO 制品一般采用焦炭为燃料，在竖窑中焙烧而成。出窑的产品为镁砂，根据不同应用形式，可进一步加工成重烧氧化镁（图 2.2）。

因矿石与燃料不可避免的接触，使得镁砂杂质含量较高，MgO 含量小于 92%。因其优异的耐火性能以及低廉的价格，该类产品广泛应用于耐火材料行业。随着市场对高端耐火材料需求扩大，镁砂制品逐渐延伸出中档镁砂与高纯镁砂。中档镁砂以轻烧氧化镁为原材料，经雷蒙磨处理后，半干法压制成球，再使用竖窑高温焙烧。中档镁砂的纯度能达到 95%，密度更大，是制作中档镁砖与镁尖晶石砖的重要原材料。高纯镁砂的生产工艺与中档镁砂大致相同，都使用轻烧氧化镁压球处理、二次煅烧，但高纯镁砂压球时使用高压干法压球技术，焙烧燃料改为杂质更少的重油、天然气。高纯镁砂成品的纯度可达到 97% 以上，附加值非常高。

熔融氧化镁一般采用电弧炉进行生产，可使用优质菱镁矿或轻烧氧化镁作为原料，生产出的氧化镁粒径更大，是制作镁碳（Mg-C）砖的重要原材料。镁碳砖很好地结合了氧化镁高强的抗渣侵蚀能力和碳的高导热、低膨胀性，应用于电弧炉、转炉的内衬。

2. 煅烧白云石

白云石矿广泛分布于全国各省市，是一种菱镁矿与方解石组成的碳酸复盐，根据其 CaO/MgO 比值的不同，分为钙质白云质和镁质白云石。通过化学方法等选矿方式可以对白云石进行脱钙处理，继而生产氧化镁系列产品。

3. 天然水镁石

水镁石即氢氧化镁（$Mg(OH)_2$），常与菱镁矿、白云石等伴生，也是湖相沉积菱镁矿的前体。水镁石在高温煅烧下，亦可被分解为氧化镁与水。

4. 其他含镁材料

1）卤水

海水以及盐湖中含有大量氯化镁，特别是青海、西藏盐湖地区，在大量开采钾盐资源后，含有大量氯化镁的老卤无处排放，除了制作卤片，还可以用于生产水镁石，再通过煅烧的方式生产高纯氧化镁。

常见的卤水处理方式为在精制的卤水中加入纯碱、熟石灰或者氨气。纯碱与卤水中的氯化镁生成碱式碳酸镁沉淀，沉淀经漂洗、烘干后，再焙烧成氧化镁。熟石灰制成石灰浆后，与卤水反应，生成水镁石沉淀，水镁石经过滤、洗涤、烘干，被煅烧成氧化镁。在精制的卤水中通入氨气同样可以生成水镁石沉淀，继而通过多道工序分离出水镁石，再煅烧成氧化镁。

此外，也有通过电解法处理卤水生成水镁石的报道。电解卤水可生成氯气（Cl_2）与氢气（H_2），使得卤水的 pH 值升高，在阴极附近产生水镁石沉淀，通过分离得到水镁石沉淀，可继续煅烧制备氧化镁。

水镁石的煅烧，需要较高的温度，一般在 650℃左右，最低煅烧温度也在400℃以上，也有其他报道在煅烧温度方面进行讨论。实际上，根据热分析、化学分析、XRD、SEM 等手段，六水氯化镁可在较低的温度下分步分解，生成高活性的氧化镁，分解步骤如下：

$$3MgCl_2+6H_2O \longrightarrow Mg_3Cl_2(OH)_4 \cdot 2H_2O+4HCl \tag{2.1}$$

$$Mg_3Cl_2(OH)_4 \cdot 2H_2O \longrightarrow Mg_3(OH)_4Cl_2+2H_2O \tag{2.2}$$

$$Mg_3(OH)_4Cl_2 \longrightarrow 3MgO+2HCl+H_2O \tag{2.3}$$

分步分解的温度最高为 360℃，低于传统工艺水镁石的煅烧温度，具有较好的能耗表现。但是分步分解过程中，有腐蚀性氯化氢气体产生，这对设备的耐腐蚀性能要求比较高。

2）盐泥

盐泥是氯碱行业中常见的废弃物，盐水精制后，剩余的不溶物即盐泥。盐泥中含有大量盐碱类物质，集中堆积会带来严重的环境问题，一般通过各种形式加以回收利用，制备工业用无机盐等。盐泥中含有大量氢氧化镁沉淀，而氢氧化镁可溶于铵盐溶液，通过进一步过滤、提纯，可将盐泥中的镁元素提取出来。首先使用氯化铵溶液浸取盐泥，二者反应生成氯化镁的同时，生成氨气。氯化镁通过过滤、重结晶进行精制，而逸出的氨气被捕集后，再次以氨水的形式加入到精制后的氯化镁溶液中，制取氢氧化镁沉淀。沉淀经过滤洗涤后，可焙烧成为氧化镁系列产品，滤液主要成分为氯化铵，可以再次用于浸取盐泥，实现循环使用。

2.1.3 氧化镁的规格指标

根据生产制品的不同，氧化镁系列产品的相关指标亦有一定的差异，适用的标准也不太统一。一般来说，生产氯氧镁、硫氧镁水泥的建材、保温材料，使用的轻烧氧化镁要符合《菱镁制品用轻烧氧化镁》WB/T 1019—2002 的要求；而生产磷酸镁、耐火材料所用的重烧氧化镁，则需要满足《工业重质氧化镁》HG/T 2679—

2006 的相关要求。此外，生产镁碳砖等耐火材料，需要参考《电熔镁砂》YB/T 5266—2004 的相关指标。现摘录部分国家标准、行业标准的氧化镁规格如下。

1. 轻烧氧化镁相关标准

轻烧氧化镁相关标准见表 2.1、表 2.2。

表 2.1　菱镁制品用轻烧氧化镁粉量化指标

牌号	QM-85	QM-80	QM-75
级别	优等品（A）	一等品（B）	合格品（C）
氧化镁 /ω%	≥85	≥80	≥75
活性氧化镁 /ω%	≥65	≥60	≥50
游离氧化钙 /ω%	≤1.5	≤2.0	≤2.0
烧失量 /ω%	4~9		≤12.0
细度（筛余率）	≤10%（180 目）		≤3%（120 目）
初凝时间	≥45min		
终凝时间	≤6h		

表 2.2　强度要求

牌号		QM-85	QM-80	QM-75
级别		优等品（A）	一等品（B）	合格品（C）
抗折强度 /MPa	3d	6.5	5.5	4.0
	28d	10.0	8.5	6.5
抗压强度 /MPa	3d	35.0	28.0	21.0
	28d	52.5	42.5	32.5

上述标准参考自《菱镁制品用轻烧氧化镁》WB/T 1019—2002，适用于生产氯氧镁、硫氧镁等建材、工艺品等。强度要求中的数值为镁基胶砂样块强度，即使用（450±2）g 轻烧氧化镁，（1350±5）g 标准砂，（225±1）mL 密度为 1.2kg/L 的氯化镁溶液（24.5°Bé 卤水）为原料，参照《水泥胶砂强度检验方法（ISO 法）》GB/T 17671—1999 相关规定，制作 40mm×40mm×160mm 标准样块，在标准养护条件下，养护至指定龄期测得的强度。

2. 重烧、死烧氧化镁相关标准

重烧、死烧氧化镁相关标准见表 2.3。

表 2.3　重质氧化镁规格要求

项目		I 类		II 类	
		一等品	合格品	一等品	合格品
氧化镁 /ω%		≥95.0	≥93.0	≥93.0	≥90.0
氧化钙 /ω%		≤1.0	≤1.5	—	—
盐酸不溶物 /ω%		≤0.6	≤1.0	—	—
氧化铁 /ω%		≤0.5	≤1.0	—	—
烧失量 /ω%		≤2.0	≤3.0	≤3.5	≤4.0
筛余物（125μm 筛网）		≤0.5	≤0.5	≤0.5	≤0.5
密度 /（g/mL）		—	—	3.30~3.43	—
凝结时间	初凝 /min	—	—	≤40	≤40
	终凝 /min	—	—	≤4.0	≤8.0
抗折强度 /MPa		—	—	≥10	—

上述标准参考自《工业重质氧化镁》HG/T 2679—2006，适用于耐火材料以及磷酸镁水泥的生产。

3. 熔融氧化镁相关标准

熔融氧化镁相关标准见表 2.4。

表 2.4　熔融氧化镁规格要求

项目	牌号					
	FM990	FM985	FM980	FM975	FM970	FM960
氧化镁 /ω%	≥99.0	≥98.5	≥98.0	≥97.5	≥97.0	≥96.0
氧化钙 /ω%	≤0.8	≤1.0	≤1.2	≤1.4	≤1.5	≤2.0
二氧化硅 /ω%	≤0.3	≤0.4	≤0.6	≤1.0	≤1.5	≤2.2
氧化铁 /ω%	≤0.3	≤0.4	≤0.6	≤0.7	≤0.8	≤0.9
氧化铝 /ω%	≤0.2	≤0.2	≤0.2	≤0.2	≤0.3	≤0.3
密度 /ω%	≥3.5	≥3.5	≥3.5	≥3.45	≥3.45	≥3.35

上述指标源自《电熔镁砂》YB/T 5266—2004，适用于钢铁、冶金等行业用的绝缘、绝热材料的生产。

4. 氧化镁的质量检测

1）轻烧氧化镁相关指标的测定

轻烧氧化镁暴露在空气中，容易吸潮并与二氧化碳反应，生成氢氧化镁或碳酸镁，这并不利于轻烧氧化镁的保存，因此说，氧化镁是有保质期的。一般保存条件下，新购进的轻烧氧化镁在三个月后，活性便会大大下降。在实际生产中，要重点关注轻烧氧化镁的活性氧化镁含量、游离氧化钙含量、细度、烧失量、凝结时间等相关指标，这直接关系到制品的质量优良与否。

原则上，要根据制品品类与工艺的不同，选择活性氧化镁含量适当的轻烧氧化镁来使用。活性氧化镁含量高的轻烧氧化镁，反应速度快，水化热大，制品固化也快。较快的反应速度，使得料浆中多核水羟合镁离子生成量增加，晶体生成点位也就成几何倍地增加，这使得料浆在固化后，体系内生成的晶体较为细小，结晶度也较低，制品强度虽然很高，但韧性稍差一些。轻烧氧化镁的活性氧化镁含量较低时，体系反应速率也较低，放热量减小，制品的最终强度低，但韧性好。轻烧氧化镁的活性氧化镁含量的降低，使得体系中的多核水羟合镁离子含量较低，在生成强度相晶体时，离子的有序排列使得晶体尺寸较大，且呈长纤维状，晶体之间彼此搭接，大大提高了制品的韧性。

在生产发泡制品或对强度要求严格的制品时，可优先选用活性氧化镁含量较高的轻烧氧化镁进行生产。在发泡制品生产中，高活性轻烧氧化镁配制的料浆固化较快，不易塌模，生产效率也高；使用活性氧化镁含量较高的轻烧氧化镁生产对强度要求高的制品，可以大幅提高制品的硬度。而在生产彩瓦、井盖等产品时，使用价格低廉的活性氧化镁含量较低的轻烧氧化镁进行生产，反而可以提高制品的韧性，使得这类制品不易折断。此外，彩瓦等制品往往采用叠放的方式进行养护，活性氧化镁含量较低的轻烧氧化镁水化热也较低，叠放的制品不易烧板，最终成品的质量也好于用高活性轻烧氧化镁生产的产品。

游离氧化钙含量对镁基制品的质量有一定的影响。菱镁矿石在浮选的过程中难以将钙质矿石完全剔除，在焙烧后的轻烧氧化镁中，难免会掺杂少量的游离氧化钙。游离氧化钙与氧化镁相似，在与卤水混合后，也可以进行水化反应，最终生成具有膨胀性的 $Ca(OH)_2$，进而破坏镁基制品的结构。游离氧化钙含量偏高时，会影响轻烧氧化镁的安定性，导致镁基制品开裂，不仅影响制品的美观，也对镁基制品的性能有着负面影响。

轻烧氧化镁的细度一般可按需求进行选择，市售的轻烧氧化镁细度在 200 目左右。相同的轻烧氧化镁原材料，加工后的目数越大，比表面积就越大，在料浆中的反应也就越快。一般条件下，200 目左右的轻烧氧化镁即可满足生产需求，高目数的氧化镁与卤水、硫酸镁溶液的反应速度快而剧烈，放热集中，不适用于生产体积较大、对韧性要求较高的制品。

菱镁矿石主要成分为碳酸镁，在焙烧过程中，碳酸镁逐渐分解，生成比表面积较大的、活性较高的氧化镁，温度升高时，高活性氧化镁结晶度进一步提高，晶相趋于完整，活性逐渐下降；温度进一步升高时，活性氧化镁逐渐烧结，成为重烧氧化镁类产品。菱镁矿石在 700~1000℃ 下焙烧时，并未完全分解，会有少量碳酸镁等物质剩余，这些剩余的、可在高温下焙烧分解的物质质量的多少，影响着轻烧氧化镁烧失量的高低。此外，成品轻烧氧化镁在粉碎、研磨的过程中，会吸收空气中的水分、二氧化碳，生成碱式碳酸镁等物质，也能提高轻烧氧化镁的烧失量。实际上，烧失量的大小，主要反映了轻烧氧化镁在焙烧过程中煅烧程度的高低，是轻烧氧化镁内部结晶度大小宏观化的体现形式。烧失量较大时，表明轻烧氧化镁焙烧时间短或（和）焙烧温度较低，氧化镁的结晶度也就较低，轻烧氧化镁中有大量活性较高的、晶相有缺陷的氧化镁晶体，表现为轻烧氧化镁的反应速度快而剧烈。烧失量较小时，说明轻烧氧化镁焙烧时间较长或（和）焙烧温度较高，轻烧氧化镁主要以结晶度高的、晶体更加完整的形式存在，在料浆中的反应速率较低，反应较为温和。一般可根据环境温度的变化，选择烧失量不同的产品。高温天气可选择烧失量较低的轻烧氧化镁，更好地控制反应速度，防止烧板、烧芯。秋冬季节可选择烧失量较高的轻烧氧化镁，提高料浆反应速度，进而提高生产效率。烧失量的大小对料浆反应速率的高低有一定的影响，在实际生产中，即便烧失量不适宜当下的生产条件，也可以通过添加一定的助剂（见 2.3 节改性材料部分），进一步调节料浆的反应速度。

轻烧氧化镁的凝结时间与多种因素有关，在既定的环境条件、物料配比下，也可以通过测定轻烧氧化镁的凝结时间，间接反映出轻烧氧化镁的细度、活性、烧失量等指标的综合情况。凝结时间的测定结果对实际生产具有指导意义，与生产效率的关系十分密切。在大规模使用调节料浆反应速度的助剂前，应做凝结时间测定的相关实验。凝结时间实验对实验环境的要求较高，需要有养护箱等设备。在养护条件不具备的情况下，凝结时间实验可设计为时效性较差的、仅具有参考意义的对比试验。标准中的其他指标，对生产普通的镁基制品的影响有限，可根据自身情况选择是否检测。

（1）活性氧化镁含量

按《菱镁制品用轻烧氧化镁》WB/T 1019—2002 相关规定，使用水合法测定轻烧氧化镁中活性 MgO 的含量。

试剂：蒸馏水。

仪器：分析天平（0.0001g）、玻璃器皿、烘箱、干燥器。

水合法检测活性氧化镁含量标准步骤：准确称量 2.0000g（精确至 0.0001g）轻烧氧化镁试样，置于 ø24mm×40mm 的玻璃称量瓶中，加入 20mL 蒸馏水，盖上盖子并稍留一条小缝，在温度（20±2）℃，相对湿度（70±5）% 的条件下静置水化 24h，放入烘箱中于 100~110℃水化、预干，然后升温至 150℃，在此温度下烘干至恒重，然后取出在干燥器中冷却至室温，再称出试样水化后的质量。

轻烧氧化镁中活性氧化镁含量按下式计算（精确至 0.01%）：

$$W = \frac{W_2 - W_1}{0.45W_1} \times 100\%$$

式中：W 为轻烧氧化镁中活性氧化镁的含量，单位 %；W_1 为试样质量，单位 g；W_2 为试样水化后的质量，单位 g。

标准水合法对实验精度的要求非常高，不仅实验人员要具有一定的专业性，仪器也要符合《水泥化学分析方法》GB/T 176—2008 相关要求。实验人员可以在水合法的基础上，对实验步骤进行简化，采用快速水合法检测轻烧氧化镁中的氧化镁。

实验仪器：电子天平（0.01g）、烧杯（1000mL）、玻璃棒、烘箱、干燥器。

将试样置于（100±5）℃干燥 1h，取出后置于干燥器中冷却至室温。准确称取 100.00g 轻烧氧化镁，放入已烘干至恒重的烧杯中（记录烧杯的干重），向烧杯中注入 400mL 蒸馏水，并用玻璃棒搅拌均匀，注意搅拌时试样不可损失（玻璃棒上黏附的轻烧氧化镁用蒸馏水冲入烧杯）。将试样置于（100±5）℃干燥箱中，水化 2~2.5h 后，将烘箱温度调制 150℃，烘干至恒重。

活性氧化镁含量计算：

$$活性氧化镁含量 = \frac{W_1 - 100}{45} \times 100\%$$

式中：W_1 为轻烧氧化镁水化反应后的干重，单位 g。

此方法检测结果与标准方法检测结果基本一致，即使非专业人员也能较好地控制误差，但缺点是检测周期较长。注意，在检测过程中，请勿将烧杯直接置于电炉上加热，以期缩短检测周期，违规操作容易致使加热温度过高，水化生成的 Mg（OH）$_2$ 分解，导致检测结果偏低。

由于钙与镁同族，游离氧化钙亦能水合生成氢氧化钙，干扰活性氧化镁含量的测定，有条件的，可以在水合法测定活性氧化镁含量后，加测游离氧化钙含量，排除干扰。

（2）游离氧化钙含量

准确称取 0.5g 轻烧氧化镁置于 250mL 锥形瓶 a 中，精确到 0.0001g。在锥形瓶 a 中加入 10mL 无水乙醇，20mL 乙二醇，在通风橱中加热搅拌至沸腾 5min 后，趁热过滤至 250mL 锥形瓶 b 中。锥形瓶 a 以及滤渣需用无水乙醇润洗 3~4 次。在锥形瓶 b 中加入 1mL 1∶2 的盐酸静置一段时间，加入三乙醇胺 3~5mL，加入 30mL 蒸馏水，加入约 20mL 0.05mol/L 的氢氧化钠调 pH 值至 13.0，加入少量钙红指示剂，颜色呈红色。

将酸式滴定管用乙二胺四乙酸二钠（EDTA）润洗 3 次，使用 0.05mol/L 的 EDTA 将上述锥形瓶的液体进行滴定，使溶液呈现蓝色。注意读取滴定管的前后两次刻度。3 次的滴定结果分别计算出游离氧化钙后再取均值。

数据计算：

$$游离氧化钙含量 = \frac{0.0028 \times v_1}{m_1} \times 100\%$$

式中：v_1 为每次滴定游离钙 EDTA 使用量；m_1 为轻烧氧化镁质量；0.0028 为比例常数。

（3）总氧化钙含量

准确称取 2.00g 轻烧氧化镁置于干燥的 250mL 烧杯中，精确到 0.0001g，加入少量蒸馏水后，加入少量 1∶2 的盐酸，调整 pH 值至 3.0，静置一段时间后，进行过滤，注意提前称量滤纸质量。先用少量 1∶2 盐酸冲洗滤渣，再用蒸馏水冲洗滤渣，冲洗时注意使用玻璃棒引流，滤液呈中性，得到滤液 A 与滤渣 B。

将滤液转移到 500mL 的容量瓶中，将烧杯润洗 3 次，润洗液也要转移至容量瓶中，在室温下用蒸馏水定容，若滤液 A 有温度，则放置至室温后再定容，即溶液 C。

取 3 个干净的 250mL 锥形瓶，使用润洗后的移液管分别取 20mL 上述溶液 C

置于锥形瓶中，每个锥形瓶加入 3~5mL 的三乙醇胺，加入 10mL 水，加约 20mL 0.05mol/L 的氢氧化钠溶液（0.1mol/L 的氢氧化钠溶液 10mL），调整 pH 值至 13。加入少量铬黑 T，此时溶液呈粉红色。

将酸式滴定管用 EDTA 润洗 3 次，使用 0.05mol/L 的 EDTA 将上述锥形瓶的液体进行滴定，使溶液呈现蓝色，注意读取滴定管的前后两次刻度。

若 3 次滴定使用的 EDTA 数据相差较大则应重新取样滴定；若 3 组数据中仅一组数据偏差较大则应重新取一组进行滴定；若相差不大，则对 3 组数据取平均值，即 EDTA 使用量。

数据计算：

$$总氧化钙含量 = \frac{0.0701 \times v_1}{m_1} \times 100\%$$

式中：v_1 为 EDTA 使用量均值；m_1 为轻烧氧化镁质量；0.0701 为比例常数。

（4）总氧化镁含量

取 3 个干净的 250mL 锥形瓶，使用润洗后的移液管分别取 20mL 上述溶液 C 置于锥形瓶中，每个锥形瓶加入 3~5mL 的三乙醇胺，加入 20mL 水，加约 10mL pH 值为 10 的缓冲溶液，调整 pH 值至 10，加入少量铬黑 T，此时溶液呈粉红色。

将酸式滴定管用 EDTA 润洗 3 次，使用 0.05mol/L 的 EDTA 将上述锥形瓶的液体进行滴定，使溶液呈现蓝色，注意读取滴定管的前后两次刻度。

若 3 次滴定使用的 EDTA 数据相差较大则应重新取样滴定；若 3 组数据中仅一组数据偏差较大则应重新取一组进行滴定；若相差不大则对 3 组数据取平均值，即 EDTA 使用量。

数据计算：

$$总氧化镁含量 = \frac{0.0504 \times (v_2 - v_1)}{m_1} \times 100\%$$

式中：v_2 为 EDTA 使用量均值；v_1 为总氧化钙含量中 EDTA 使用量均值；m_1 为轻烧氧化镁质量；0.0504 为比例常数。

（5）烧失量

取 10g 左右轻烧氧化镁置于（105±5）℃恒温干燥器中 2h 后，取出置于干燥器中放至室温。将瓷坩埚置于（450±50）℃马弗炉中 1h 后，置于干燥器中，至室温。准确称取 1g 左右的烘干后的轻烧氧化镁置于灼烧至恒重的瓷坩埚中，精确到 0.0001g。注意记录坩埚的质量，称取两份平行试样。

将盖子斜置于坩埚上，留缝，置于 600℃的马弗炉中加热至（1050±50）℃，保温 1h，取出稍冷，即放入干燥器中，冷至室温称量，重复灼烧（每次 15min），称量，直至恒重（两次称量差值不大于 0.0004g）。

数据计算：

$$烧失量 = 1 - \frac{m_2 - 坩埚质量}{m_1} \times 100\%$$

式中：m_2 为灼烧后质量；m_1 为轻烧氧化镁质量。

应对平行组数据取均值。

（6）细度

轻烧氧化镁的细度，以筛余率进行表示。

精确称量 10g 左右的轻烧氧化镁，精确到 0.0001g，转移到 180 目筛子中，盖上盖子后，左右摇晃约 10min，不可上下晃动，静置一段时间后，取下筛子，将过筛的轻烧氧化镁进行称量。

数据计算：

$$筛余率 = 1 - \frac{m_2}{m_1} \times 100\%$$

式中：m_2 为过筛轻烧氧化镁质量；m_1 为过筛前轻烧氧化镁质量。

（7）凝结时间

调整维卡仪试针，接触玻璃板时，指针指为零。

取样 500g 轻烧氧化镁后，与符合《菱镁制品用工业氯化镁》WB/T 1018—2002 标准的氯化镁，按照氧化镁∶氯化镁∶蒸馏水摩尔比为 5∶1∶13 进行拌和，轻烧氧化镁中的氧化镁摩尔数按照活性氧化镁计算。拌和前，氯化镁需预先溶解在蒸馏水中，作为拌和用卤水。

按照《水泥标准稠度用水量、凝结时间、安定性检测方法》GB/T 1346—2011 拌制净浆。用水泥净浆搅拌机进行搅拌，搅拌锅和搅拌叶片须事先用湿布擦净，将用的卤水倒入搅拌锅内，然后在 5~10s 内小心将称好的 500g 轻烧氧化镁加入卤水中，防止拌和料溅出。拌和时，先将锅放在搅拌机的锅座上，升至搅拌位置，启动搅拌机，按设定程序，低速搅拌 120s，停 15s，同时将叶片和锅壁上的水泥净浆刮入搅拌锅中间，接着高速搅拌 120s，停机。

拌和结束后，立即取适量水泥净浆一次性将之装入已置于玻璃底板上的试模中，浆体超过试模上端，用宽约 25mm 的直边刀轻轻拍打超出试模部分的浆体 5 次以排除浆体中的孔隙，然后在试模上表面约 1/3 处，略倾斜于试模分别向外轻轻锯掉多余净浆，再从试模边沿轻抹顶部一次，使净浆表面光滑。在锯掉多余净浆和抹平的操作过程中，注意不要压实净浆。

试模刮平后，立即置于温度（20±2）℃与湿度（70±5）%的条件下进行养护。轻烧氧化镁完全加入卤水中的时间记为凝结时间的起始时间。

试件在养护箱中养护至加水后 30min 时进行第一次测定。测定时，从养护箱中取出试模放到试针下，降低试针与净浆表面接触。拧紧螺丝 1~2s 后，突然放松，试针垂直自由地沉入净浆。观察试针停止下沉或释放试针 30s 时指针的读数。临近初凝时间时每隔 5min（或更短时间）测定一次，当试针沉至距底板（4±1）mm 时，为净浆达到初凝状态。从轻烧氧化镁全部加入到卤水中开始，至净浆达到初凝状态的时间为轻烧氧化镁的初凝时间，用 min 来表示。

在完成初凝时间测定后，立即将试模连同浆体以平移的方式从玻璃板取下，翻转 180°，直径大端向上，小端向下放在玻璃板上，再放入恒温恒湿养护箱中继续养护。临近终凝时间时每隔 15min（或更短时间）测定一次，当终凝试针沉入试体0.5mm 时，即环形附件开始不能在试体上留下痕迹时，为净浆达到终凝状态。由轻烧氧化镁全部加入卤水中至终凝状态的时间为净浆的终凝时间，用 min 来表示。

2）重烧氧化镁相关指标的测定

菱镁矿或重质轻烧氧化镁粉经重烧后，活性大大降低，用于耐火材料制品时，将更多关注原材料中氧化镁含量、杂质含量以及物理指标。

（1）总氧化镁、总氧化钙含量

总氧化镁含量与总氧化钙含量检测方法可参考前述轻烧氧化镁中总氧化镁、总氧化钙分析部分，仍是将试样酸解后，分别在一定 pH 值下进行滴定。

（2）细度

重烧氧化镁的细度参照前述轻烧氧化镁细度检测方式，使用 120 目筛子进行过筛、计算。

针对烧结镁砂，可参照《散装矿产品取样、制样通则　粒度测定方法——手工筛分法》GB/T 2007.7 进行，在此不作赘述。

（3）三氧化二铁含量

三氧化二铁含量可参照《工业用化工产品　铁含量测定的通用方法 1，10- 菲啰啉分光光度法》GB/T 3049 进行检测。需要使用分光光度计并配制铁标准溶液，对实验精度要求较高，步骤较为复杂，在此不再赘述。

3）熔融氧化镁相关指标的测定

菱镁矿或轻烧氧化镁在 2800℃以上的电弧炉中，被烧制成熔融氧化镁，该品类氧化镁的晶粒更大，密度更高，是优良的耐火材料。熔融氧化镁纯度往往在 96%以上，随着纯度的提高，价格也越发昂贵。

（1）总氧化镁含量

总氧化镁含量检测方法可参考前述轻烧氧化镁中总氧化镁分析部分，仍是将试样酸解后，在一定 pH 值下进行滴定。

（2）细度

熔融氧化镁的细度参照前述烧结镁砂检测方法，按照《散装矿产品取样、制样通则 粒度测定方法——手工筛分法》GB/T 2007.7 进行，在此不作赘述。

2.2 调和剂

无论是氯氧镁、硫氧镁、磷酸镁的三元体系，还是硫氯复合四元体系，镁质制品的生产都需要用到调和剂类产品，而不同体系的镁质胶凝材料的命名，也表明了其所用调和剂的种类。一般情况下，氧化镁与水直接反应，生成的强度相较低，而在调和剂的参与下，三元、四元反应体系的强度相的综合性能远高于二元反应的晶相。不同体系镁质胶凝材料的优势各异，因而可以根据生产的产品所需性能的不同，选择不同品类的调和剂，如氯化镁、硫酸镁、磷酸二氢盐等。

调和剂类产品质量的高低，决定着镁基制品性能的优良。在科学、合理的配比下，使用优质的调和剂才能生产出高质量的镁质制品。在生产活动中，应注意跟踪调节剂的关键指标，并根据指标调整生产配比。

2.2.1 氯化镁

氯化镁是氯氧镁水泥三元体系的原材料之一，常用的氯化镁系列产品包含六水氯化镁、工业卤水以及无水氯化镁。六水氯化镁的来源主要包括两种，即卤片与卤粒。

卤片（图 2.3）一般产自山东、天津、四川等地，海水、盐井水经晒盐后，剩余老卤经熬制，可制取卤片。青海等地的盐湖水，在提取钾元素后，剩余的废液老卤在蒸发后，可制得卤粒。硼酸工业剩余的工业卤水在进行处理后，亦可作为卤水使用，但其中含有一定量的杂质，部分卤水有较强的酸性，使用时要细加甄别。

西南地区海绵钛生产厂采用克劳尔法，使用四氯化钛与金属镁反应生产海绵钛，副产物为熔融状态的氯化镁。这些氯化镁除了通过热解的方式进行回收、循环使用，也有厂家仅对熔融氯化镁的余热进行回收，并得到纯度较高的氯化镁制品，即无水氯化镁。

图 2.3　卤片

此外，无水氯化镁的生产，更多是源自菱镁石、白云石等矿石的氯化以及光卤石、卤水的脱水。菱镁石等矿石经破碎后，与焦油按一定比例混合，加入到氯化炉中，在高温下，与通入的氯气生成纯度较高的无水氯化镁。光卤石等经高温脱水、氯化等步骤，可制得一定纯度的无水氯化镁。

无水氯化镁在溶解时释放大量的热，使得卤水温度升高，比较适合冬季生产。需要注意的是，溶解时释放的热量容易使卤水局部爆沸，使用时应向水中缓慢加入无水氯化镁，同时注意避免被烫伤。

1. 氯化镁类产品相关标准

生产氯氧镁水泥制品，使用的卤片类产品，可参照《菱镁制品用工业氯化镁》WB/T 1018—2002 中相关要求进行选择。具体标准见表 2.5，购买常见的标称纯度大于 46.5% 的成品卤片，即可满足生产要求。

表 2.5　工业氯化镁化学组成标准

项目	标准 /%
氯化镁	≥45.00
氯化钠	≤1.50
氯化钾	≤0.70
氯化钙	≤1.00
硫酸根	≤3.00

用卤片配置卤水时，可参照附录中的"常用卤水配比与波美度、密度等对照表"进行配料。应至少在生产的前一天调制卤水，以消除卤水中的浮沫、气泡，配料时注意搅匀，卤水池不得有卤片沉淀。同时应设计多级卤水池，以供卤水中的杂质充分沉淀。袋装卤片一般都有内衬袋，未使用完的卤片应密封内衬袋保存，以免卤片吸潮。

对于无水氯化镁相关产品，国内暂无相关标准，业内亦无相关经验资料。无水氯化镁类产品，生产过程中，往往因原料等原因，会引入一定量的杂质，高温脱水阶段，反应池的局部温度过高，会催生出碱式氯化镁甚至氧化镁等杂质。在应用过程中，无水氯化镁溶解时，释放大量溶解热，过高的热量会使氯化镁不完全水解，生成絮状碱式氯化镁、氢氧化镁。碱式氯化镁，在碱性的料浆中，可转化为氢氧化镁以及氯化镁。一般的卤水中会有少量镁离子水解生成的氢氧化镁，使得卤水呈现一定的酸性。而镁质料浆中，也会有相当大量的氢氧化镁存在，絮状的碱式氯化镁、氢氧化镁对镁质料浆会产生不良影响。不过，由于絮状的碱式氯化镁与氢氧化镁也会贡献一定的波美度，造成真实的波美度与测量的波美度有细微的偏差，实际应用时，对配比要求较精准的产品，如晶须等，可对无水氯化镁化成的卤水进行简单过滤，再依照下述方法测卤水的氯离子以及镁离子浓度，按照摩尔比进行配料。

2. 氯化镁类产品的纯度鉴定

1）卤片类产品简单检测分析

卤片作为价格较低的工业品，一般纯度都能有所保障。当制品出现质量问题时，亦可通过下列方法排除卤片因素。卤片的主要指标为纯度，杂质主要为其他氯化物，测纯度时，一般可分别从 Mg^{2+} 以及 Cl^- 两个方面进行计量。

（1）以 Mg^{2+} 计

① 钙镁总量测定

称取约 10g 试样，精确至 0.001g，记为 m_1，将之置于（450±50）℃下质量恒定的瓷坩埚（严禁用玻璃坩埚）中，在（105±5）℃恒温干燥箱中烘 2h，质量计为 m_2；

将烘干后的质量为 m_2 的卤片样品置于 200mL 烧杯中，加入约 50mL 蒸馏水溶解，过滤后，将溶液转移到 250mL 容量瓶中，静置一段时间后定容，记为溶液 A；

取 3 个干净的 250mL 锥形瓶，使用润洗后的移液管分别取 20mL 上述溶液 A 置于锥形瓶中，每个锥形瓶加入 3~5mL 的三乙醇胺，加入 20mL 水，加入约 10mL pH 值为 10 的缓冲溶液，调整 pH 值至 10，加入少量铬黑 T，此时溶液呈粉红色；

将酸式滴定管用 EDTA 润洗 3 次，使用 0.05mol/L 的 EDTA 对上述锥形瓶的液体进行滴定，使溶液呈现蓝色，注意记录滴定管的前后两次刻度；

若 3 次滴定使用的 EDTA 体积数据相差较大，则应重新取样滴定，若 3 组数据中仅一组数据偏差较大，则应重新取一组进行滴定，若相差不大则对 3 组数据取平均值，计为滴定钙镁总量所用 EDTA 体积 v_1。

② 钙离子含量的测定

取 3 个干净的 250mL 锥形瓶，使用润洗后的移液管分别取 20mL 上述溶液 A 置于锥形瓶中，每个锥形瓶加入 3~5mL 的三乙醇胺，加入 20mL 水，以及约 10mL 0.05mol/L 的氢氧化钠溶液，调整 pH 值至 13，加入少量钙红指示剂，此时溶液呈红色；

将酸式滴定管用 EDTA 润洗 3 次，使用 0.05mol/L 的 EDTA 对上述锥形瓶的液体进行滴定，使溶液变为浅蓝色，注意记录滴定管的前后两次刻度；

若 3 次滴定使用的 EDTA 体积数据相差较大，则应重新取样滴定，若 3 组数据中仅一组数据偏差较大，则应重新取一组进行滴定，若相差不大则对 3 组数据取平均值，计为滴定钙含量所用 EDTA 体积 v_2。

数据计算：

$$氯化镁含量 = \frac{(v_1 - v_2) \times 0.05 \times 250}{1000 \times 20} \times \frac{95.211}{m_2} \times 100\%$$

式中：v_1 为滴定钙镁离子总量时 EDTA 使用量均值，单位 mL；v_2 为滴定钙离子时 EDTA 使用量均值，单位 mL；0.05 为 EDTA 的浓度，单位 mol/L，实际计算时，应代入 EDTA 实际浓度；20 为锥形瓶中溶液 A 的体积，单位 mL；250 为溶液 A 的总体积，单位 mL；95.211 为氯化镁摩尔量；m_2 为烘干后的卤片总质量，单位 g；

或可简化为

$$氯化镁含量 = \frac{0.05 \times 1.1901 \times (v_1 - v_2)}{m_2} \times 100\%$$

式中：v_1 为滴定钙镁离子总量时 EDTA 使用量均值，单位 mL；v_2 为滴定钙离子时 EDTA 使用量均值，单位 mL；m_2 为烘干后的卤片总质量，单位 g；0.05 为 EDTA 的浓度，单位 mol/L，实际计算时，应代入 EDTA 实际浓度；1.1901 为比例常数。

（2）以 Cl⁻ 计

取 3 个干净的 150mL 锥形瓶，使用润洗后的移液管分别取 20mL 上述 Mg^{2+} 测定中的溶液 A 置于锥形瓶中，每个锥形瓶滴加几滴铬酸钾溶液作为指示剂，使用盛有预先配置的 0.1mol/L 的硝酸银溶液的酸式滴定管进行滴定。滴定时，要边滴定，边摇晃锥形瓶。锥形瓶中先出现白色沉淀，到达滴定终点时，出现砖红色沉淀，摇晃后砖红色沉淀不褪色，记录硝酸银的用量。

若 3 次滴定使用的硝酸银的用量数据相差较大，则应重新取样滴定，若 3 组数据中仅一组数据偏差较大则应重新取一组进行滴定，若相差不大则对 3 组数据取平均值，计为硝酸银溶液使用量。

数据计算：

$$氯化镁含量 = \frac{v_3 \times 0.1 \times 250 \times 95.211}{1000 \times 20 \times 2 \times m_2} \times 100\%$$

式中：v_3 为硝酸银溶液使用量均值，单位 mL；0.1 为硝酸银溶液的浓度，单位 mol/L，实际计算时，应代入硝酸银溶液的实际浓度；250 为溶液 A 的总体积，单位 mL；95.211 为氯化镁摩尔量；20 为锥形瓶中溶液 A 的体积，单位 mL；2 为氯化镁分子中，Cl⁻ 的个数；m_2 为烘干后的卤片总质量，单位 g。

或可简化为

$$氯化镁含量 = \frac{v_3 \times 0.1 \times 0.5951}{m_2} \times 100\%$$

式中：v_3 为硝酸银溶液使用量均值，单位 mL；m_2 为烘干后的卤片总质量，单位 g；0.1 为硝酸银溶液的浓度，单位 mol/L，实际计算时，应代入硝酸银溶液的实际浓度；0.5951 为比例常数。

一般情况下，卤片氯化镁的纯度以 Mg^{2+} 计算与以 Cl⁻ 计算结果数值有一定分歧，卤片中有一定量的氯化物、硫酸盐等杂质影响检测结果。当二者结果相差较大，且均不满足《菱镁制品用工业氯化镁》WB/T 1018—2002 中相关要求时，要考虑不同情况。倘若纯度以 Mg^{2+} 计的纯度要比 Cl⁻ 高，需要考虑测硫酸根离子含量；假如纯度以 Cl⁻ 计的纯度要比 Mg^{2+} 高，则表明其中的氯化钾、氯化钠、氯化钙等含量可能偏高。应尽量避免使用不合格的卤片产品。

2）无水氯化镁系列产品简单检测分析

（1）无水氯化镁简单分析

称取约 5g 无水氯化镁试样，精确至 0.001g，记为 m_3，按上述卤片分析部分样品处理方法进行处理，得到质量为 m_4 的样品。样品按卤片处理部分相同方法溶解，额外加入几滴 1∶1 硝酸溶液，抑制碱式氯化镁的生成，定容后，记为溶液 B。

溶液 B 按照卤片分析部分检测方法，分别测钙含量、镁含量以及氯离子含量，结果分别以 EDTA 使用量以及硝酸银使用量进行表示，并按照公式计算相应纯度。

（2）无水氯化镁配置溶液简单分析

无水氯化镁配置成卤水后，准确称取约 10g 放至常温并过滤后的卤水，精确至 0.001g，记为 m_5。加入约 50mL 蒸馏水溶解，将溶液转移到 250mL 容量瓶中，静置一段时间后定容，记为溶液 C。

按照卤片部分检测方法，分别测溶液 C 的钙含量、镁含量以及氯离子含量，结果分别以 EDTA 使用量以及硝酸银使用量进行表示。则有：

① 以 Mg^{2+} 表示氯化镁摩尔量

$$氯化镁摩尔量 = \frac{(v_4 - v_5) \times 0.05 \times 250 \times \rho}{20 \times m_5}$$

式中：v_4 为滴定钙镁离子总量时 EDTA 使用量均值，单位 mL；v_5 为滴定钙离子时 EDTA 使用量均值，单位 mL；0.05 为 EDTA 的浓度，单位 mol/L，实际计算时，应代入 EDTA 实际浓度；20 为锥形瓶中溶液 C 的体积，单位 mL；250 为溶液 C 的总体积，单位 mL；ρ 为卤水溶液密度，可通过附录 1 中"常用卤水配比与波镁度、密度等对照表"查得，单位 g/cm^3；m_5 为卤水样品质量，单位 g。

② 以 Cl^- 表示氯化镁摩尔量

$$氯化镁摩尔量 = \frac{v_6 \times 0.1 \times 250 \times \rho}{20 \times 2 \times m_5}$$

式中：v_6 为硝酸银溶液使用量均值，单位 mL；0.1 为硝酸银溶液的浓度，单位 mol/L，实际计算时，应代入硝酸银溶液的实际浓度；250 为溶液 A 的总体积，单位 mL；ρ 为卤水溶液密度，可通过附录 1 中"常用卤水配比与波镁度、密度等对照表"查得，单位 g/cm^3；m_5 为卤水样品质量，单位 g；20 为锥形瓶中溶液 A 的体积，单位 mL；2 为氯化镁分子中 Cl^- 的个数；m_5 为卤水样品质量，单位 g。

2.2.2　硫酸镁

硫酸镁（图 2.4）是硫氧镁水泥中不可或缺的材料，一般的应用形式为不同规格的七水硫酸镁（$MgSO_4 \cdot 7H_2O$）。七水硫酸镁一般使用工业硫酸溶解含镁矿石来制取，随着技

图 2.4　硫酸镁

术的升级，也诞生出诸多利用副产制备硫酸镁的方法。

1. 硫酸镁的生产工艺

1）硫酸法

硫酸法使用轻烧氧化镁或其他含镁矿石（如菱镁石、白云石、水镁石等）为原料，经硫酸中和后制取七水硫酸镁。生产时，一般先向中和罐中投入水或母液，再投入含镁矿石粉，在搅拌条件下，慢慢加入计量过的硫酸进行反应。生产时，控制反应温度在 80~90℃以提高溶解度，反应最终 pH 值控制在 5~6。反应结束后，对溶液进行过滤，并在最高 30℃的环境下进行结晶，使用离心机分离七水硫酸镁晶体，再使用振动流化床进行干燥。硫酸法生产的七水硫酸镁品质好，成本也较高。

硼酸生产企业一般使用硫酸溶解硼镁矿或者富硼渣（炼铁副产）生产硼酸、硼砂制品，矿粉溶解后，可在反应釜中促使一水硫酸镁在高温高压下结晶，产率较高。硼酸工业的固废硼泥，亦可以使用硫酸溶解，生产七水硫酸镁产品。

烷基化油工业、钛白粉行业剩余的工业废酸也可以用于生产硫酸镁制品。废酸溶解镁质矿石后，可调整到一定的波美度直接用于生产硫氧镁水泥制品，也可通过重结晶等方式进行提纯并制备七水硫酸镁。废酸的来源不同，成品中含有的杂质不一，使用时应予以甄别。

2）苦卤法

盐湖卤水在提取钾、芒硝等后，剩余的母液中含有大量的 Mg^{2+}、SO_4^{2-}、Na^+、Cl^- 等，通过蒸发水或者降温等方式，可使硫酸镁以七水硫酸镁结晶的形式沉淀下来，得到粗制的硫酸镁，可应用于农业等方面。根据用途的不同，可将上述粗产品进行重结晶，提纯后的产品可用于食品工业、药业等。

海水晒盐后，剩余的苦卤，在冬季可析出含有较多氯化钠杂质的七水硫酸镁，将结晶体收集后，经过重结晶，亦能提纯后得到七水硫酸镁产品。

3）镁法脱硫

氧化镁制品在用于脱硫后，废液中含有大量亚硫酸镁，经曝气或者加酸进行氧化并中和后，可过滤、结晶制取七水硫酸镁。

4）白钠镁钒法

白钠镁钒是硫酸钠与硫酸镁的复盐，是盐湖晒盐的常见副产物，一般用于提取芒硝。在芒硝价格低迷的市场行情下，可使用白钠镁钒与氯化镁为原料，生产硫酸镁与氯化钠制品。白钠镁钒与氯化镁按比例配置成溶液后，先在 −5℃下析出七水硫酸镁，过滤后的母液在 55℃下蒸发，分离出氯化钠。该方法将白钠镁矾进一步加工，产生了一定的经济效益。

2. 硫酸镁的检测指标

生产硫氧镁相关制品，所用硫酸镁原料一般参照《镁质胶凝材料制品用硫酸镁》CMMA/T 1—2015，具体指标见表 2.6。

表 2.6　七水硫酸镁规格指标

项目	指标	
	一等品	合格品
硫酸镁含量（灼烧后）/ω%	≥97.0	≥93.0
钠 /ω%	≤0.080	≤0.20
钾 /ω%	≤0.015	≤0.30
氯化物（以 Cl 计）/ω%	≤0.40	≤0.40
硼酸（H_3BO_3）/ω%	≤0.28	≤0.28
水不溶物 /ω%	≤0.50	≤0.70

七水硫酸镁一般较为稳定，在运输过程中，仅会受热失水粉化，但粉化后的硫酸镁对生产无太大影响，配置成所需波美度可正常使用。对原料质量有疑虑，可参考以下检测方法对七水硫酸镁进行简要分析。

3. 硫酸镁的相关检测

到厂的七水硫酸镁，一般对镁含量或者灼烧后的硫酸镁含量两项指标进行测定即可。在上述两项指标合格的情况下，其他指标对镁基制品生产的影响有限。

1）镁含量测定

（1）称取约 10g 试样，精确至 0.0001g，记为 m_1 置于在（450±50）℃下质量恒定的瓷坩埚（严禁用玻璃坩埚）中，在（105±5）℃恒温干燥箱中烘 2h，再移入（450±50）℃的马弗炉中，灼烧至质量恒定，记为灼烧后硫酸镁的质量 m_2；

（2）称取约 1g 灼烧后的样品，精确到 0.0001g，记为质量 m_3，置于 200mL 烧杯中，加入 20mL 蒸馏水溶解，将溶液转移到 500mL 容量瓶中，静置一段时间后定容，记为溶液 A；

（3）取 3 个干净的 250mL 锥形瓶，使用润洗后的移液管分别取 20mL 上述溶液 A 置于锥形瓶中，每个锥形瓶加入 3~5mL 的三乙醇胺，加入 20mL 水，加约 10mL pH 值为 10 的缓冲溶液，调整 pH 值至 10，加入少量铬黑 T，此时溶液呈粉红色；

（4）将酸式滴定管用 EDTA 润洗 3 次，使用 0.05mol/L 的 EDTA 将上述锥形瓶的液体进行滴定，使溶液呈现蓝色，注意读取滴定管的前后两次刻度；

（5）若 3 次滴定使用的 EDTA 数据相差较大则应重新取样滴定，若 3 组数据中仅一组数据偏差较大则应重新取一组进行滴定，若相差不大则对 3 组数据取平均值，即 EDTA 使用量。

数据计算：

$$\text{镁含量} = \frac{v_1 \times 0.05 \times 500 \times 24.305}{1000 \times 20} \times \frac{m_2}{m_1 \times m_3} \times 100\%$$

式中：v_1 为 EDTA 使用量均值；0.05 为 EDTA 的浓度；20 为锥形瓶中溶液 C 的体积；500 为溶液 C 的总体积；24.305 为镁摩尔量；m_3 为配制溶液用硫酸镁质量；m_2 为灼烧后硫酸镁的总质量；m_1 为灼烧前七水硫酸镁的质量。

或可简化为

$$\text{总镁含量} = \frac{0.0304 \times m_2 \times v_1}{m_1 \times m_3} \times 100\%$$

式中：v_1 为 EDTA 使用量均值；m_3 为配制溶液用硫酸镁质量；m_2 为灼烧后硫酸镁的总质量；m_1 为灼烧前七水硫酸镁的质量；0.0304 为比例常数。

2）硫酸镁含量（灼烧后）

（1）取 3 个干净的 250mL 锥形瓶，使用润洗后的移液管分别取 20mL 上述溶液 A 置于锥形瓶中，每个锥形瓶加入至少 0.09g 二水氯化钡，精确到 0.0001g，记录每瓶加入的氯化钡的质量 m_4，加入约 5mL 1∶2 的盐酸，静置一段时间后，加入 3~5mL 的三乙醇胺、20mL 蒸馏水，加入 10mL pH 值为 10 的缓冲溶液，调整 pH 值至 10，加入少量铬黑 T，此时溶液呈粉红色。

（2）将酸式滴定管用 EDTA 润洗 3 次，使用 0.05 mol/L 的 EDTA 将上述锥形瓶的液体进行滴定，使溶液呈现蓝色，注意读取滴定管的前后两次刻度；分别计算出硫酸镁含量后再取均值。

数据计算：

$$\text{硫酸镁含量} = \left(\frac{m_4}{244.27} - \frac{(v_2 - v_1) \times 0.05}{1000} \right) \times \frac{500 \times 120.3676}{20 \times m_3} \times 100\%$$

式中：v_2 为每次滴定 EDTA 使用量；v_1 为镁含量滴定 EDTA 使用量均值；0.05 为 EDTA 的浓度；20 为锥形瓶中溶液 C 的体积；500 为溶液 A 的总体积；120.3676 为硫酸镁分子量；m_3 为配制溶液用硫酸镁的质量；m_4 为每瓶使用二水氯化钡质量。

应对上述实验重复 3 次，对硫酸镁（灼烧后）含量结果取均值。

3）不溶物

（1）取 20g 七水硫酸镁，置于 100mL 烧杯中，精确到 0.01g，质量记为 m_5，使用称量过的滤纸进行过滤，烧杯及滤渣用蒸馏水冲洗 3 次，使用 0.05mol/L 的氯化钡溶液检测滤液，直至滤液无白色沉淀，则视为过滤完毕。

（2）将滤纸、滤渣转移至预先称量过的干净烧杯中，在（105±5）℃的恒温干燥箱中烘干至恒重，记为 m_6。

数据计算：

$$不溶物含量=\frac{m_6-烧杯质量-滤纸质量}{m_5}\times100\%$$

式中：m_5 为七水硫酸镁的质量；m_6 为烘干后烧杯及内容物总质量。

2.2.3　磷酸盐

除了常见的氯化镁、硫酸镁，磷酸盐还可以与氧化镁配合成为胶凝材料，通过中和反应生成一定的强度相。确切来说，这里的磷酸盐需要具有一定的酸性，如磷酸氢盐、磷酸二氢盐，目前研究较多的、效果较好的，主要包括磷酸二氢铵、磷酸二氢钾两种（图 2.5），其他的磷酸盐类制品，如正磷酸、磷酸二氢钠、磷酸一氢盐等，虽然也可以与

图 2.5　磷酸二氢钾

氧化镁反应，生成一定的强度相，但其与氧化镁反应的产物，要么具有水溶性（正磷酸等），要么结晶程度低或形成无定形结构（磷酸二氢钠等），使得制品结构中存在大量微裂纹，影响制品的性能。

1. 磷酸盐的来源

磷酸盐制品主要来源于磷矿的开采。我国磷矿资源主要分布在云、贵、川、湘、

鄂，这些地区磷矿总储量占全国的 74.5% 左右。磷矿的存在形式主要为磷灰石，根据其组成元素的差异，可分为氟磷灰石、氯磷灰石以及羟基磷灰石等。

磷矿主要源自沉积岩的变质作用，也有些矿床是由生物化学作用产生，如西沙群岛的以羟基磷灰石形式存在的鸟粪磷矿床。实际上，我国的磷矿资源虽然丰富，但高品位的、以磷灰石为主要成分的磷矿石占比较低，大多数磷矿资源是细碎的隐晶质与脉石等互相夹杂形成的磷矿块，这给磷矿的开发利用带来一定的难度。

2. 磷酸盐的生产工艺

磷矿除了以磷矿石的形式存在，还有大量以磷矿块形式存在的矿床。磷矿块中的磷元素往往以非晶体或含磷胶质体的形式存在，这对矿产精制提出了更高的要求。

胶磷矿中除含有磷灰石、磷酸盐等目标碎屑，脉石中还存在大量的碳酸盐矿物（如方解石、白云石等）、硅质矿物（如石英、长石、无定形二氧化硅等），这些杂质需要在选矿阶段予以去除。原矿经筛分、磨矿、脱泥后，先用正浮选去除硅质杂质，再通过反浮选去除白云石、方解石等。

磷矿石经选矿后，主要采用热法或湿法进行加工。热法磷酸工艺是利用硅石、焦炭等，在高温下将磷矿石中的磷元素还原成黄磷，再将黄磷进一步加工成纯度较高的磷酸。湿法一般采用硫酸进行分解，生成磷酸盐以及磷石膏。磷酸盐经过进一步精制，用于生产磷酸、磷肥、有机磷、磷酸铁锂、六氟磷酸锂以及精细化工用磷酸盐制品。

1）磷酸二氢铵的生产

磷酸二氢铵常被用作化肥、食品添加剂以及防火剂等，是磷化工行业中十分重要的产品。磷酸二氢铵一般采用热法、湿法等方式进行生产。

（1）热法

热法通常使用一定浓度的热法磷酸与氨气直接反应，待中和至一定 pH 值后，对母液进行过滤，可制得纯度较高的磷酸二氢铵产品。热法生产的能耗较高，污染较大，成本没有优势。

（2）湿法

湿法采用预先脱氟、脱硫的湿法磷酸进行生产，向湿法磷酸中通入氨气后，通过浓缩、结晶等步骤制得磷酸二氢铵。

2）磷酸二氢钾的生产

磷酸二氢钾作为一种被广泛应用于化工、农业、医药、食品等行业的无机磷酸盐产品，生产方法较为成熟，主要使用中和法、萃取法、离子交换法、复分解法与直接法等生产工艺。

（1）中和法

中和法一般采用磷酸与氢氧化钾或者碳酸钾，通过中和反应制得磷酸二氢钾。该方法工艺简单，纯度较高，但需要使用氢氧化钾、碳酸钾等原料，成本偏高。

（2）萃取法

萃取法主要分为无机萃取法与有机萃取法两条技术路线。无机萃取法工艺简单，可直接利用磷矿粉，与无机酸、钾盐等直接反应，直接生产磷酸二氢钾，还可联产磷酸、磷肥等含磷化工产品。

有机萃取法一般是借助有机溶剂，将在有机溶剂中溶解度不同的无机盐进行分离。生产中常用三乙醇胺、叔胺等作为有机溶剂，将磷酸与氯化钾反应生成的氯化氢富集到有机溶剂中，促进反应向磷酸二氢钾的生成方向进行，磷酸二氢钾可通过控制温度促使其结晶分离。有机溶剂可在处理后回收并循环使用。

（3）离子交换法

离子交换法是合成化学业内常用的合成工艺，在生产磷酸二氢钾时，一般分为阳离子交换法与阴离子交换法两种。

阳离子交换法是将氯化钾溶液使用强酸性苯乙烯系阳离子交换树脂进行处理，把钾离子吸附到树脂上，再使用磷酸二氢铵溶液处理离子交换树脂，利用铵根离子将钾离子置换到溶液中，制成磷酸二氢钾，纯度可满足农用标准。

阴离子交换法使用弱碱性苯乙烯阴离子交换树脂，先对磷酸进行吸附处理，再用氯化钾溶液淋洗吸附过后的树脂，制取磷酸氢二钾。吸附氯离子的离子交换树脂在后续的转型工序中，还可联产氯化铵。该方法生产的磷酸氢二钾纯度更高，可满足工业级的应用。

（4）复分解法

复分解法是使用氯化钾或者醋酸钾，与磷酸以及酸式磷酸盐反应，通过不断分离出副产物（如氯化氢气体、醋酸、氯化物等），促使反应向正向进行。

（5）直接法

直接法是先用浓硫酸与氯化钾反应，制得硫酸氢钾，再将硫酸氢钾与硫酸混合，与磷矿石反应，经分离提纯制得磷酸二氢钾成品。直接法工艺较为简单，但产品纯度不高。

（6）多步法

多步法可直接利用湿法磷酸产品生产磷酸氢二钾，免去了磷酸提纯的步骤。湿法磷酸在絮凝剂的作用下沉淀后，与碳酰胺反应制得磷酸脲，再将过滤后的磷酸脲与苛性钾反应，溶液经过滤后得到高纯度磷酸二氢钾，滤液中的碳酰胺可回收重复利用。多步法可使用纯度较低的磷酸原料，极大地节约了生产成本，生产中未使用有机溶剂，生产工艺较为精简且环保。

3. 磷酸盐的规格指标

鉴于本书主要涉及镁质系列产品相关产业介绍，本节涉及的磷酸盐以满足磷酸镁质胶凝材料生产为标准，仅对常用的磷酸二氢铵、磷酸二氢钾的相关指标作简要介绍。

（1）磷酸二氢铵相关指标

磷酸二氢铵相关指标见表2.7。

表 2.7　工业磷酸二氢铵相关指标

检测项目		标准		
		Ⅰ类	Ⅱ类	Ⅲ类
纯度（ω/%）	以 $NH_4H_2PO_4$ 计 /ω%	≥99.0	≥98.5	≥98.0
	以 P_2O_5 计 /ω%	≥61.1	≥60.8	≥60.5
	以 N 计 /ω%	≥12.0	≥11.8	≥11.5
砷（As）/ω%		≤0.0050	—	≤0.0015
氟化物（以 F 计）/ω%		≤0.02	—	—
硫酸盐（以 SO_4^{2-} 计）/ω%		≤0.5	≤0.9	—
含水量 /ω%		≤0.2	≤0.3	≤0.5
水不溶物 /ω%		≤0.1	≤0.2	≤0.2
pH 值（10g/L 溶液）		≤4.2~4.8		

上述标准参考自《工业磷酸二氢铵》HG/T 4133—2021，实际生产中，建议使用Ⅰ类磷酸二氢铵。

（2）磷酸二氢钾相关指标

磷酸二氢钾相关指标见表2.8。

表 2.8　工业磷酸二氢钾相关指标

项目	指标		
	优等品	一等品	合格品
纯度（以 KH_2PO_4 计）/ ω%	≥99.0	≥98.0	≥97.0
氧化钾 / ω%	≥34.0	≥33.5	≥33.0
水分 / ω%	≤0.5	≤1.0	≤2.0
氯化物 / ω%	≤0.05	≤0.2	—
铁 / ω%	≤0.003	≤0.008	—
砷 / ω%	≤0.005	≤0.015	—
重金属 / ω%	≤0.005	≤0.008	—
水不溶物 / ω%	≤0.1	≤0.2	≤0.5
pH 值（30g/L 溶液）	4.3～4.7		

上述标准参考自《工业磷酸二氢钾》HG/T 4511—2013，实际生产中，建议使用优等品磷酸二氢钾。

4. 磷酸盐的质量检测

1）磷酸二氢铵指标的测定

磷酸二氢铵暴露于空气中存放，容易失去少部分氨，在磷酸镁水泥形成强度相的过程中，磷酸根与氨都是不可或缺的一部分，因此，对原材料磷酸二氢铵的磷酸根以及氨含量进行检测是很有必要的。

（1）纯度

参照《工业磷酸二氢铵》HG/T 4133—2021 相关规定，使用磷钼酸喹啉重量法，可对磷酸根含量进行定量检测，继而通过公式得到磷酸二氢铵的纯度。

试剂：1∶1 硝酸溶液，喹钼柠酮溶液。

仪器：分析天平（0.0001g）、玻璃烧杯（100mL、250mL）、500mL 容量瓶、烘箱、玻璃砂芯坩埚（滤板孔径 5～15μm）。

磷钼酸喹啉重量法测磷酸根含量步骤：取约 1.0000g 磷酸二氢铵样品（精确到 0.0001g），置于 100mL 烧杯中，加水溶解后，使用 500mL 容量瓶定容。取 20ml 磷酸二氢铵溶液置于 250mL 烧杯中，加入 10mL 硝酸溶液后，加水至约 100mL，加入 50mL 喹钼柠酮溶液后，盖上表面皿，置于（75±5）℃水浴锅中保温 30s。保温过程中，切忌使用明火以及搅拌，同时使用 20mL 蒸馏水代替磷酸二氢铵溶液，作为空白组与磷酸二氢铵组作相同处理。搅拌以加快冷却，使用预先在（180±5）℃下烘干至恒重的玻璃砂芯坩埚进行抽滤，烧杯中的溶液连同沉淀务必全部转移至坩埚中，沉淀经洗涤过后，连同玻璃砂芯坩埚一同置于（180±5）℃下干燥至恒重。

以 P_2O_5 计的纯度可按下列公式计算（精确至 0.01%）：

$$\omega_1 = \frac{(m_2 - m_1) \times 0.03208}{m(20/500)} \times 100\%$$

式中：ω_1 为磷酸二氢铵以 P_2O_5 计的纯度，单位 %；m 为称取的磷酸二氢铵质量，单位 g；m_1 为磷酸二氢铵组的磷钼酸喹啉沉淀质量，单位 g；m_2 为空白组沉淀质量，单位 g；0.03208 为磷钼酸喹啉与五氧化二磷换算系数。

若以 $NH_4H_2PO_4$ 计的纯度可按下列公式换算（精确至 0.01%）：

$$\omega_2 = 1.6207 \times \omega_1 \times 100\%$$

式中：ω_2 为磷酸二氢铵以 $NH_4H_2PO_4$ 计的纯度，单位 %；ω_1 为磷酸二氢铵以 P_2O_5 计的纯度，单位 %；1.6207 为磷酸二氢铵与五氧化二磷换算系数。

（2）总氮含量

参照《磷酸一铵、磷酸二铵的测定方法：总氮含量》GB/T 10209.1—2008 中的蒸馏-反滴定法，通过蒸馏将磷酸二氢铵中的氨气分离出来，并使用一定量的硫酸对其进行吸收，再使用氢氧化钠溶液对过量的硫酸进行反滴定。上述方法对仪器以及操作人员的要求较高，在此不再赘述。

2）磷酸二氢钾指标的测定

在生产磷酸镁制品过程中，使用磷酸二氢铵与氧化镁调制料浆时，容易释放出氨气，对生产者有一定的危害，市场上大多采用磷酸二氢钾代替磷酸二氢铵来调制磷酸镁料浆。由于磷酸二氢钾较为稳定，实际生产中，可对磷酸根以及钾元素进行定量检测。

（1）纯度

参照《工业磷酸二氢钾》HG/T 4511—2013 相关规定，使用磷钼酸喹啉重量法，可对磷酸根含量进行定量检测，继而通过公式得到磷酸二氢钾的纯度。具体操作步骤与前述磷酸二氢铵纯度检测基本一致，在换算时要注意换算系数的变化。

以 $NH_4H_2PO_4$ 计的纯度可按下列公式计算（精确至 0.01%）：

$$\omega_3 = \frac{(m_4 - m_3) \times 0.0615}{m(20/500)} \times 100\%$$

式中：ω_3 为磷酸二氢钾以 KH_2PO_4 计的纯度，单位 %；m_3 为磷酸二氢钾组的磷钼酸喹啉沉淀质量，单位 g；m_4 为空白组沉淀质量，单位 g；0.0615 为磷钼酸喹啉与磷酸二氢钾换算系数；

除磷钼酸重量法外，还可采用容量法测定磷酸二氢钾纯度。

试剂：氯化钠，1mol/L NaOH 溶液。

仪器：分析天平（0.0001g）、玻璃烧杯（250mL）、碱式滴定管、烘箱、干燥器、pH 值计（精度为 0.02pH 值单位）、电磁搅拌器。

容量法测磷酸二氢钾浓度的步骤为：将磷酸二氢钾在（105±5）℃下预先烘干 2h 后，准确称取约 3.0g（精确到 0.0002g），置于 250mL 烧杯中，使用 80mL 蒸馏水溶解，另加入约 5g 氯化钠后，将烧杯置于电磁搅拌器上搅拌溶解；使用氢氧化钠溶液对上述磷酸二氢钾混合溶液进行滴定，通过 pH 值计检测溶液 pH 值变化，待 pH 值为 9.1 时，即滴定终点；滴定时注意设置空白组，空白组不添加磷酸二氢钾，其他处理方式与实验组相同，空白组与实验组注意设置平行组，平行组结果差距不宜大于 3‰。

磷酸二氢钾纯度可按照以下公式计算：

$$\omega_4 = \frac{(v_2 - v_1) \times c \times 0.1361}{m_5} \times 100\%$$

式中：ω_4 为磷酸二氢钾以 $NH_4H_2PO_4$ 计的纯度，单位 %；v_2 为实验组氢氧化钠溶液用量，单位 mL；v_1 为空白组氢氧化钠溶液用量，单位 mL；c 为氢氧化钠溶液实际浓度；m_5 为磷酸二氢钾实际用量；0.1361 为换算系数。

（2）氧化钾含量

按照《工业磷酸二氢钾》HG/T 4511—2013 提及的步骤，采用四苯硼钾重量法测定氧化钾含量。

试剂：37% 甲醛溶液，15g/L 四苯硼钠溶液，1.5g/L 四苯硼钠溶液，40g/L EDTA 溶液，10mol/L 氢氧化钠溶液，酚酞试剂。

仪器：分析天平（0.0001g）、玻璃烧杯（250mL）、250mL 容量瓶、25mL 移液管、烘箱、玻璃砂芯坩埚（滤板孔径 5~15μm）、电炉、通风橱。

四苯硼钾重量法测氧化钾含量的步骤为：磷酸二氢钾预先在（105±5）℃下烘干 2h 后，取约 1.2g（精确到 0.0002g）置于 250mL 烧杯中，加入约 150mL 蒸馏水后，加热煮沸 30min，待冷却后，使用 250ml 容量瓶定容，空白组除不加入磷酸二氢钾，以相同步骤处理、定容。

用移液管准确移取 25mL 待测试样至 250mL 烧杯中，加入 20mL EDTA 溶液掩蔽其他阳离子干扰，加入少量酚酞试剂后，缓慢滴加氢氧化钠溶液至溶液刚开始呈现红色，继续滴加 1mL 氢氧化钠溶液以及 0.15mL 甲醛溶液，若此时红色消失，可补加氢氧化钠溶液至红色复现。

将溶液在通风橱内加热煮沸 15min，冷却后观察红色是否消失，若红色消失可补加氢氧化钠溶液至红色复现；在搅拌条件下，向溶液中滴加四苯硼钠溶液，加入量按预估的氧化钾的质量计算，每 1mg 氧化钾，加入 0.5mL 四苯硼钠溶液，并在此基础上额外加入 7mL 四苯硼钠溶液；溶液静置 15min 后，转移至预先在（105±5）℃下烘干至恒重的玻璃砂坩埚中，使用不超过 40mL 的四苯硼钠洗涤液分多次冲洗沉淀，再用 5mL 蒸馏水洗涤 3 次，而后将玻璃砂芯坩埚置于（105±5）℃下烘干至恒重。

氧化钾的含量可按下列公式计算（精确至 0.01%）：

$$\omega_5 = \frac{(m_6 - m_7) \times 0.1314}{m_8(25/250)} \times 100\%$$

式中：ω_5 为氧化钾含量，单位 %；m_6 为磷酸二氢钾组的四苯硼钾沉淀质量，单位 g；m_7 为空白组沉淀质量，单位 g；m_8 为磷酸氢二钾实际取样量，单位 g；0.1314 为四苯硼钾与氧化钾换算系数。

2.3　改性材料

改性材料在制品生产中起到很重要的作用，在生产配方中必不可少。改性到位，制品结构稳定，各力学性能优异；改性不当，制品性能大大受损。改性技术是一门科学，改性材料的使用仅是材料改性的手段之一。广义上改性还包括配比改性、工艺改性、养护方式等，本书所讲为狭义上的概念，即通过特种化工原料组合优化料浆及制品理化性能。从某种意义上讲，改性技术的发展是以材料科学进步为前提的，改性材料的发展是材料优化提升的根本。

改性剂种类繁多，本书改性剂以镁质胶凝材料种类划分为氯氧镁改性剂、硫氧镁改性剂、硫氯复合改性剂和磷酸镁改性剂四类。

从使用范围可划分为专用改性剂和通用改性剂。专用改性剂（图 2.6）分为氯氧镁专用改性剂、硫氧镁专用改性剂、硫氯复合专用改性剂、磷酸镁专用改性剂和晶种型改性剂。其中氯氧镁专用改性剂包括促凝增强剂（GX-0#）、缓凝抗卤剂

（GX-1#）、抗卤增强剂（GX-4#）、促凝抗卤剂（GX-8#）、增韧降溶剂（GX-12#）
等；硫氧镁专用改性剂包括硫氧镁改性剂（GX-15#）、中性硫氧镁改性剂（GX-15-
2#）。通用改性剂使用范围广，分为发泡剂、防水剂、促凝剂、消泡剂、固化剂、偶
联剂和脱模剂等（图 2.7）。本节以专用改性剂和通用改性剂展开论述。

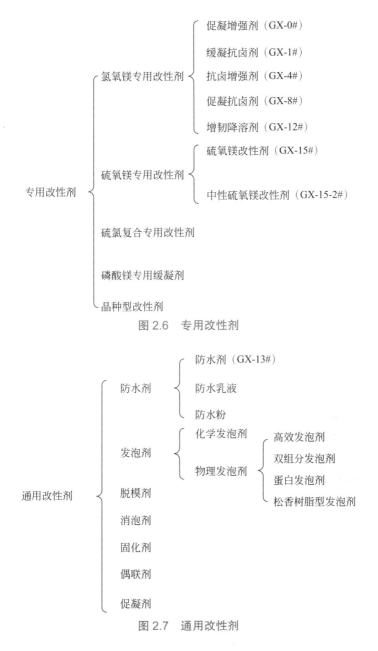

图 2.6　专用改性剂

图 2.7　通用改性剂

2.3.1　专用改性剂

在菱镁水泥料浆中加入改性剂，可以改善菱镁制品的结构，提高菱镁水泥的性能，节约菱镁水泥的用量，提高施工速度，具有显著的经济和社会效益。

为解决菱镁材料制品在实际使用中遇到的上述问题，山东镁嘉图新型材料科技有限公司（MJT）经多年潜心研发，不断创新突破，开发出下列多种改性剂产品。并遵循《菱镁胶凝材料改性剂》WB/T 1023—2005 标准。该标准详细规定了菱镁胶凝材料改性剂的技术要求、试验方法、检验规则等要求，后续章节亦按照该标准来介绍改性剂产品。

1. 氯氧镁专用改性剂

1）促凝增强剂（GX-0#）（图 2.8）
（1）定义及机理

促凝增强剂（flash setting and reinforcing agent）：在 0~10℃低温下能缩短菱镁胶凝材料的凝结时间、提高制品早期强度的外加剂。

图 2.8　促凝增强剂（GX-0#）

影响菱镁胶凝材料凝结速度的因素很多。相同条件下，氧化镁的活性越高，反应速度越快；环境温度及原料温度越高，反应速度越快；卤水浓度越高，反应速度越快。菱镁胶凝材料反应速度的快慢，对菱镁制品性能的影响各有利弊。在低温条件下，或是体系中活性氧化镁含量较低时，菱镁材料的反应速度会减慢，固化时间会延长，导致模具周转时间延长，生产效率降低，更有甚者会影响菱镁材料的晶体结构，使得制品性能大幅下降。适当地加快反应速度，减少制品的凝结时间，可以提高菱镁制品的早期强度，缩短模具周转时间，提高生产效率。

MJT 针对低温致使的菱镁材料固化效率低的情况，开发出不同种类的低温早强系列产品，可满足 0~10℃环境下的菱镁制品生产需求，并可做到在无升温措施的条件下 24h 脱模。

结合化学热力学中的热力学函数，低温影响各阶段反应速率，从而影响 5 相的生成，促凝增强剂（GX-0#）提高制品固化速度以及各龄期的强度。通过研究发现，与未添加促凝增强剂（GX-0#）的 MOC 体系进行对比，$MgCl_2$ 的相对含量相等，而 $[Mg_x(OH)_y(H_2O)_z]^{(2x-y)+}$ 的浓度有差异，这是由于不同反应条件下 MgO 在 $MgCl_2$ 溶液中的反应和单核配合物的水解桥接反应速率不同造成的。MgO 在 $MgCl_2$ 溶液中的水化过程中，溶解的 $[Mg(OH)(H_2O)_5]^+$ 可以包裹在 MgO 颗粒表面，形成双电层水化屏蔽膜。低温条件可以提高水化屏蔽膜的表面张力，从而抑制 $[Mg(OH)(H_2O)_5]^+$ 的进一步扩散。一般来说，静电斥力可以减弱双电层的表面张力，从而改变 MgO 表面的 Zeta 电位，增加 $[Mg(OH)(H_2O)_5]^+$ 从 MgO 表面扩散的速率。显然，加入了促凝增强剂（GX-0#），MOC 体系的 Zeta 电位提高，较强的排斥力促进 $[Mg(OH)(H_2O)_5]^+$ 屏蔽层扩散，使溶液中单核配合物的浓度迅速提高，促进了单核配合物的水解桥接反应速度，从而加快了 MOC 体系的水化反应速率，起到了促凝的作用。同时减少 $Mg(OH)_2$ 生成量，使晶体变得更加细长，微观结构更加致密，所以产品的后期强度也有所提高。

具体的反应过程：首先，在改性剂的作用下，体系屏蔽层 $[Mg(OH)(H_2O)_5]^+$ 与改性剂发生络合反应；然后，$[(H_2O)_5Mg(OH)]^+$ 或 $[Mg(H_2O)_6]^{2+}$ 以"羟基桥"或"水桥"的形式相互连接，形成一系列的 $[Mg_x(OH)_y(H_2O)_z]^{(2x-y)+}$，释放改性剂；接着，$[Mg_x(OH)_y(H_2O)_z]^{(2x-y)+}$ 与溶液中的 Cl^- 和 H_2O 或 OH^- 反应生成水合物（5 相），反应方程式如下：

$$MgO + H^+(aq) + 5H_2O \Longrightarrow [Mg(OH)(H_2O)_5]^+ (aq) \tag{2.4}$$

$$[Mg(OH)(H_2O)_5]^+ + GX\text{-}0\# \Longrightarrow [[Mg\text{-}(OH)\text{-}(H_2O)_5\text{-}GX\text{-}0\#]^+ \tag{2.5}$$

$$[(H_2O)_5\text{-}Mg\text{-}(OH)\text{-}GX\text{-}0\#]^+ + [H_2O\text{-}Mg\text{-}(OH)\text{-}(H_2O)_4\text{-}GX\text{-}0\#]^+ \Longleftrightarrow$$
$$[(H_2O)_5Mg\text{-}OH\text{-}Mg(OH)(H_2O)_4]^{2+} + H_2O + 2GX\text{-}0\# \tag{2.6}$$

$$[Mg_x(OH)_y(H_2O)_z]^{(2x-y)+} + mCl^- + (2x-y-m)OH^- \longrightarrow$$
$$m[Mg_3(OH)_5(H_2O)_3]\text{-}Cl\text{-}H_2O（5 相） \tag{2.7}$$

（2）使用方法及注意事项

促凝增强剂（GX-0#）用量一般为轻烧氧化镁质量的 0.5%~1%，使用时直接加入已陈化清澈的卤水中，先把改性剂在卤水中搅拌分散后，再加入氧化镁及粉料搅拌，以免改性剂在粉料中不易分散，影响改性效果。

促凝增强剂（GX-0#）为弱酸性液体，不能与碱性物质共存。冬季生产时结合无水氯化镁同时使用效果更佳。

（3）储存及运输

① 储存 25℃以下阴凉环境、密封盖好，促凝增强剂（GX-0#）保质期 1 年。

② 属于环保材料，无毒无害、不易燃易爆，可按一般化学品运输。

（4）产品使用效果

试验温度 10℃，相同原材料及原料配比，测试不同添加量促凝增强剂（GX-0#）对初凝时间及强度的影响，具体结果见表 2.9。

表 2.9 促凝增强剂（GX-0#）使用效果

添加量 /%	初凝时间 /min	1d 抗压强度 /MPa	28d 抗压强度 /MPa
0.0	360	55.02	105.8
0.3	180	65.32	112.48
0.6	120	71.56	115.78
1.0	180	56.37	109.74
2.0	300	46.77	89.93

由表 2.9 可知，随着促凝增强剂（GX-0#）用量不断加大，菱镁水泥的初凝时间缩短，抗压强度提高。超出推荐用量时促凝、增强效果不明显，甚至加入量过多时会起反作用。

2）缓凝抗卤剂（GX-1#）（图 2.9）

（1）定义

缓凝剂（retarder）：能够延长菱镁胶凝材料凝结时间的外加剂。

在高温季节，菱镁胶凝材料凝结速度较快，容易在浇筑或施工前凝结硬化。菱镁胶凝材料凝结过程中不断放热，反应速度较快时，制品急剧、大量地放热会导致制品膨胀，进而开裂。在菱镁胶凝材料中掺入适量的缓凝剂可以改善这一现象。

图 2.9 缓凝抗卤剂（GX-1#）

（2）功能及原理

氯氧镁缓凝机理的主流观点为沉淀假说、络盐假说、吸附假说以及成核生成假说。在氧化镁颗粒表面形成包裹层可以抑制氯氧镁的水化，减缓氯氧镁的凝结。

经研究不同缓凝剂对氯氧镁水泥凝结时间、抗压强度、耐水性的影响，并通过 X 射线衍射仪分析不同水化产物，发现氯氧镁水泥的凝结时间随缓凝剂添加量的增大而不断延长，同时降低氯氧镁水泥的抗压强度。这是因为缓凝剂影响氯氧镁水泥中的孔隙结构及水化产物 5·1·8 相的形成。

经过多年潜心研究，MJT 研发的缓凝剂，不仅能延缓高温环境（25~40℃）下菱镁水泥的固化速度，提高料浆可操作性能，同时还能提高制品的各项性能。

现在大部分关于氯氧镁水泥缓凝剂的研究方向主要侧重于凝结时间、耐水性能和强度方面。缓凝抗卤剂（GX-1#）首先和料浆中的氧化镁反应生成一层"薄膜"覆盖在 5·1·8 晶种的表面，降低 5·1·8 晶种的发育速度，同时覆盖在轻烧氧化镁表面减缓氧化镁形成单核速度，降低水化热峰值，防止板材烧芯。缓凝抗卤剂（GX-1#）还会和氯氧镁水泥中的原料卤水发生反应，生成不溶于水的产物填充制品孔隙，减小制品的孔隙率，增加氯氧镁水泥的抗水性，同时抑制氯氧镁水泥制品返卤泛霜现象。

（3）使用方法及注意事项

用量一般为轻烧氧化镁质量的 0.5%~1%，使用时直接加入料浆搅匀即可。

缓凝抗卤剂（GX-1#）为酸性液体，不能与碱性物质共存。

（4）储存及运输

A. 储存于 25℃以下阴凉环境，密封盖好，保质期 1 年。

B. 属于环保材料，无毒无害、不易燃易爆，可按一般化学品运输。

（5）产品使用效果

试验温度 30℃，相同原材料与配比。测试加入不同添加量的缓凝抗卤剂（GX-1#）对初凝时间的影响；试块养护 15d 后，检测游离氯含量，结果见表 2.10。

表 2.10　缓凝抗卤剂（GX-1#）对氯氧镁水泥初凝时间及游离氯离子含量的影响

添加量 /%	初凝时间 /min	游离氯离子含量 /%
0.0	90	6.0
0.3	120	3.1
0.5	155	1.48
0.7	187	1.35
1.0	210	1.2

由表 2.10 可知，随着缓凝抗卤剂（GX-1#）添加量增加，料浆的初凝时间逐渐延长，游离氯离子含量逐渐降低。经测试，随着缓凝抗卤剂（GX-1#）的加入，制品依旧没有发现返卤的情况，有利于制品的长期使用。

3）抗卤增强剂（GX-4#）（图 2.10）

抗卤增强剂（halogenide reistant and reinforcing agent）：能够提高菱镁复合材料制品的抗水性、抗吸潮返卤能力并提高制品强度的外加剂。

图 2.10　抗卤增强剂（GX-4#）

（1）形成原因及解决方案

氯氧镁水泥硬化体中的主要反应产物是 $3Mg(OH)_2$-$MgCl_2$-$8H_2O$（3 相）、$5Mg(OH)_2$-$MgCl_2$-$8H_2O$（5 相）和 $Mg(OH)_2$ 相。硬化体的机械强度主要来自 5 相和 3 相，特别是 5 相。5 相是一个不稳定相，在潮湿条件下，5 相会发生相变，使硬化体的机械强度降低。在生产过程中，人们为满足操作需要来调整料浆的和易性，这种情况下必然导致氯化镁和水的过剩，拌和物中过剩的氯化镁在制品表面吸潮结露，风干后又形成返霜。用水过大会使制品内部存在较多的毛细孔隙，氯化镁中含有的氯化钠、氯化钾等杂质，在制品凝结过程中不和氧化镁配位或螯合，这些杂质在固化后的制品中以游离状态被吸附或包裹在结晶体内。通常卤水杂质含量越多，吸潮返卤现象就越严重。同时由于毛细作用的存在，水汽渗透到制品内部引起制品内部湿度过大，长时间的润湿会导致菱镁结晶体破坏，干湿交替作用产生的内应力也会加剧制品损坏。

为提高氯氧镁水泥的耐水性，目前主要采用如下办法：①在水泥浆体中掺加防水分散性乳液或其他防水填充物，通过降低氯氧镁水泥的孔隙率，即改善孔隙结构，阻止水分子向氯氧镁水泥渗透，从而保护 5 相不被破坏；②掺入憎水剂，在氯氧镁水泥孔隙形成一层薄膜，降低水在氯氧镁水泥孔隙表面的接触角，抑制水分渗透；③掺入耐酸水硬性胶凝材料，如矾土水泥、复合矿渣等，耐酸水硬性胶凝材料硬化形成新的强度结构网，抑制水分侵蚀氯氧镁水泥，进而破坏硬化体的强度。经过实验验证发现，①②两种方法因加入的防水剂本身耐自然风化腐蚀的能力不强，对氯氧镁水泥制品防水性能的提高不足；而方法③配制的氯氧镁水泥的强度较低，而且弹性不足。综合上述考虑，经大量对比实验，我们研制了较理想的氯氧镁水泥抗卤剂 - 抗卤增强剂（GX-4#）及促凝抗卤剂（GX-8#），不仅大大提高了水泥的耐水性，而且改善了耐久性。

（2）原理及功能

抗卤增强剂（GX-4#）是一款复合改性剂，其表面活性成分可以调整物料的表面吸附程度，同时引入一些憎水性物质改变 5 相晶格结构，并在晶相间穿插连生，构成一个稳定空间结构网，阻塞毛细通道降低毛细现象。抗卤增强剂（GX-4#）中的分散剂成分可以在短时间内使轻烧氧化镁和氯化镁充分接触反应，提高轻烧氧化镁在卤水中的分散性，增加活性 MgO 与 $MgCl_2$ 的接触面积，使生成的晶相更细小，搭接更紧密，从而提高菱镁水泥强度，具有较低的表观孔隙度，使其具有较低的吸水率和较高的耐水性。

功能：

① 耐水性高：菱镁水泥通过添加抗卤增强剂（GX-4#），能够显著提高其防水性能，使其在潮湿环境下具有较好的耐久性。

② 吸水率低：抗卤增强剂（GX-4#）降低了菱镁水泥的孔隙率，使其吸水率较低，能够有效防止水分渗透和对结构相的损害。

③ 力学性能高：添加抗卤增强剂（GX-4#）能够增强菱镁水泥的力学强度，提高其抗压强度。

④ 热稳定性好：菱镁水泥添加抗卤增强剂（GX-4#）可提高其热稳定性，使其在高温环境下保持较好的性能。

（3）使用方法及注意事项

用量一般为轻烧氧化镁质量的 0.6%~0.8%，具体用量需要根据轻烧氧化镁活性、生产温度、制品要求等因素进行调整。使用时将其加入已混合均匀的料浆中搅拌均匀即可。

抗卤增强剂（GX-4#）为碱性液体，不能与酸性物质共存。

（4）储存、运输及注意事项

适宜在 0~30℃的阴凉避光环境中密闭储存，保质期 1 年。

为非危险品，可按一般物品运输。一旦接触皮肤或溅入眼中，需及时用大量清水冲洗；如果误食，需立即就医检查。

（5）产品使用效果

在 20℃条件，以净浆为实验，使用相同原材料与配比，测试不同用量的抗卤增强剂（GX-4#）对抗压强度、软化系数及游离氯离子含量影响，结果见表 2.11。

表 2.11　抗卤增强剂（GX-4#）使用效果

添加量 /%	抗压强度 /MPa		泡水 28d 软化系数	游离氯离子含量 /%
	7d	28d		
0.0	65.03	70.21	0.78	6
0.3	74.45	80.6	0.89	2.8
0.6	82.34	91.2	0.93	1.45
1.0	80.33	87.15	0.91	1.45

　　通过表 2.11 可知，添加抗卤增强剂（GX-4#）后，样块抗压强度明显提高，28d 软化系数提高至 0.9 左右，游离氯离子含量随着改性剂用量的加大而减小。说明添加抗卤增强剂（GX-4#）的样块具有显著提高制品耐水性的作用。

　　4）促凝抗卤剂（GX-8#）（图 2.11）

　　（1）定义及机理

　　促凝抗卤剂（GX-8#）提高制品的耐水性能，增加制品的表面光滑度，消除气孔，抑制菱镁制品的开裂、发霉变色等异常。促凝抗卤剂（GX-8#）不仅能加速晶种形成，提高镁水泥固化速度，还能改变体系的熵，促进化学反应向着 5 相晶体生成的方向进行，特别适合日均气温 10℃ 左右的环境下菱镁制品的生产。此外，促凝抗卤剂中的物质还可以在菱镁晶体表面和毛细孔道内形成一层憎水薄膜，使制品中的晶体结构免受水的侵蚀，显著提高制品的抗卤性能。

图 2.11　促凝抗卤剂（GX-8#）

　　（2）使用方法及注意事项

　　促凝抗卤剂（GX-8#）用量一般为轻烧氧化镁质量的 0.5%~1%，具体用量可根据轻烧氧化镁的活性等因素进行微调。使用时均匀缓慢地加入混合均匀的料浆中即可。

促凝抗卤剂（GX-8#）为碱性液体，不能与酸性物质共存。

　　（3）储存及运输

　　① 储存于 25℃ 以下阴凉环境、密封盖好，促凝抗卤剂（GX-8#）保质期 1 年。

　　② 属于环保材料，无毒无害、不易燃易爆，可按一般化学品运输。

（4）产品使用效果

试验温度 10℃，相同原材料及原料配比，测试不同添加量促凝抗卤剂（GX-8#）对初凝时间的影响并制备标准试块，养护 15d 后检测抗卤性，结果见表 2.12。

表 2.12　促凝抗卤剂（GX-8#）使用效果

添加量 /%	初凝时间 /min	15d 抗卤性测试
0.0	360	表面有水珠
0.3	290	表面轻微潮湿
0.5	200	表面干燥
0.8	145	表面干燥
1.0	110	表面干燥

由表 2.12 可知，低温条件下，随着促凝抗卤剂（GX-8#）加入量的加大，初凝时间逐渐缩短，抗卤性能提高，当加入量大于 0.5% 时即可产生良好的抗卤性能。

5）增韧降溶剂（GX-12#）（图 2.12）

增韧剂（toughening agent）：能够提高菱镁胶凝材料韧性的外加剂。

（1）形成原因及解决方案

菱镁水泥具有快凝快硬、强度高、流动性好、易操作等优点，但其脆性严重限制了它的应用。综合国内外改善菱镁水泥韧性的研究，主要的增韧改性方式为添加聚合物乳液、短切纤维、玻璃纤维、微细钢纤维和纤维织物等。聚合物乳液改性菱镁水泥时会在裂纹扩展过程中起到抑制作用，可改善制品的变形，但其用量大，制品的最终强度也会降低，而且影响料浆的工作性能；使用短切纤维、玻璃纤维、微细钢纤维和纤维织物进行增韧时，纤维的断裂可消耗制品开裂的应力，还可以通过纤维的桥联等作用阻止微裂纹的扩展，提高菱镁体系的黏结性、

图 2.12　增韧降溶剂（GX-12#）

抗裂性及抗冲击性能。不同模量纤维对菱镁水泥的增韧效果具有较大差异，需要根据实际需求选择对应种类、规格的纤维。

菱镁水泥作为一种脆性材料，其增韧改性可参考陶瓷增韧技术，例如增加氧化

镁颗粒细度，使用颗粒大小形状均匀、化学纯度和结构单一性好的氧化镁，可抑制晶体异常增长，使晶体结构紧密排列，但是考虑到可行性以及成本等因素，这些方法都很难在实际工程中应用。对此 MJT 合成出增韧降溶剂（GX-12#）。

（2）功能及作用原理

增韧降溶剂（GX-12#）可在菱镁制品内部形成连续网状结构，填充于各晶相之间，不仅能增加各晶相结合的紧密程度，还能提高产品软化系数。

（3）使用方法及注意事项

增韧降溶剂（GX-12#）用量一般为轻烧氧化镁质量的 0.5%~1%，具体用量可根据现场情况进行微调。使用时加入到混合均匀的镁基料浆中搅拌均匀即可。

增韧降溶剂（GX-12#）使用前不得与其他改性剂混合，否则会与其他物质相互反应而失效。

（4）储存及运输

在避光环境中密闭储存，避免与强酸强碱接触，保质期 1 年。

属于环保材料，无毒无害、不易燃易爆，可按一般化学品运输。

（5）产品使用效果

试验温度 20℃下，使用相同原材料与配比，测试不同添加量的增韧降溶剂（GX-12#）对制品抗折性能影响，结果见表 2.13。

表 2.13　增韧降溶剂（GX-12#）增韧效果

添加量 /%	0.0	0.3	0.5	0.7	1.0	2.0
7d 抗折强度 /MPa	12.4	13.5	14.4	15.2	15.8	16.2
28d 抗折强度 /MPa	11	13.2	14.3	15	15.6	15.5

由表 2.13 可知，试块的抗折强度随着改性剂用量增加而提高，当加入量大于 1% 时，增强效果趋缓。

2. 硫氧镁专用改性剂

增强剂（fortifier）：能够提高菱镁胶凝材料力学性能的外加剂。

（1）硫氧镁水泥的应用难点与解决方案

氯氧镁水泥制品存在吸潮返卤、返霜泛碱、风化等隐患，耐久性较差。对此，人们发明出硫氧镁水泥。硫氧镁水泥具有氯氧镁水泥的诸多优点，如质轻、防火耐温、保温隔热、低碳环保等。此外，硫氧镁水泥还具有不易腐蚀金属、不返卤等优点，这为镁质胶凝材料的发展提供了新方向。硫氧镁水泥的生产能耗低，不仅调和剂硫酸镁能从工业废弃物中回收，氧化镁的煅烧温度较水泥要低一些，硫氧镁制品还能将 CO_2 永久吸附，这符合国家减碳计划。总体而言，硫氧镁水泥是一种性能优异，绿色低碳的材料。

硫氧镁水泥的主要物相为 5·1·3 相、3·1·8 相、1·2·3 相、1·1·5 相，经研究改性硫氧镁水泥的主要稳定强度相为 5·1·7 相。5·1·7 相在水中的溶解度较低，在水中是稳定相，这也是改性硫氧镁水泥的耐水性高于氯氧镁水泥的原因。

在实际使用中，硫氧镁水泥存在着力学强度低、易开裂等缺点，对此 MJT 技术部通过研究发现，通过降低硬化水泥石毛细管孔隙率，进而减少材料内部的孔隙，可以提高材料密实性，提高硫氧镁水泥的强度。根据上述原理研发出硫氧镁改性剂系列产品，本处主要介绍硫氧镁改性剂（GX-15#）（图 2.13）和硫氧镁中性改性剂（GX-15-2#）（图 2.14）。

图 2.13　硫氧镁改性剂（GX-15#）

图 2.14　硫氧镁中性改性剂（GX-15-2#）

（2）功能及作用原理

硫氧镁改性剂加入料浆后，首先，改性剂与胶凝体系中的 $\left[Mg(H_2O)_xOH\right]^+$ 水化膜作用形成有机-镁络合层 $\left[CA^{n-} \rightarrow Mg(OH)(H_2O)_{x-1}\right]$，氧化镁表面水化层的正电荷减少，降低了 $\left[Mg(H_2O)_xOH\right]^+$ 表面能，抑制了其与水反应形成 $Mg(OH)_2$ 的速率。同时有机-镁络合层不断吸附 SO_4^{2-} 和 Mg^{2+}，有机-镁络合层在 SO_4^{2-} 溶液中产生低结晶的相核 5·1·7 相，新强度相生成后，硫氧镁改性剂会被重新释放出，继续络合 $\left[Mg(H_2O)_xOH\right]^+$ 生成有机-镁络合层。5·1·7 相以针状晶体或晶须的形式存在，使得硫氧镁水泥试件结构更加密实，继而有所提高，并会显著提升硫氧镁水泥的耐水性能。其次，硫氧镁改性剂可延长硫氧镁水泥初凝时间，降低硫氧镁水泥制品收缩率，进而抑制硫氧镁水泥在空气中的开裂。

（3）使用方法及注意事项

硫氧镁改性剂添加量为轻烧氧化镁质量的 0.5%~1%，具体用量需要根据轻烧氧化镁活性、生产温度、制品要求等因素进行调整。使用时需要将硫氧镁改性剂（GX-15# 或 GX-15-2#）加入硫酸镁溶液并分散均匀。

硫氧镁改性剂（GX-15#）和硫氧镁中性改性剂（GX-15-2#）对于制品的强度、软化系数以及抗裂都有明显提高。但两种改性剂对反应速率的影响各不相同，硫氧镁改性剂（GX-15#）缓凝效果更加明显，适合夏季高温时使用；硫氧镁中性改性剂（GX-15-2#）适合于气温较低时使用。

（4）储存及运输

硫氧镁改性剂适宜在 10~30℃的阴凉避光环境中密闭储存，保质期 1 年。硫氧镁改性剂为非危险品，可按一般物品运输。一旦接触皮肤或溅入眼中，需及时用大量清水冲洗；如果误食，需立即就医检查。

（5）产品使用效果

通过实验室制备标准净浆测定凝结时间和制作标准试块检测强度，具体测试结果见表 2.14。

表 2.14　硫氧镁改性剂（GX-15#）使用效果

添加量 /%	初凝时间 /min	3d 抗压强度 /MPa	28d 抗压强度 /MPa
0.0	135	*	*
0.3	195	17.6	47.36
0.5	230	20.7	49.42
0.8	290	33.2	52.38
1.0	325	41.75	56.26
1.5	480	35.7	56.25

* 表示开裂。

结论：由表 2.14 可知，硫氧镁改性剂的缓凝效果随用量的增加而更加明显。不加改性剂的试块 3d 左右会产生较多裂纹，严重影响试块强度；随着改性剂用量增加，试块裂纹减少，抗压强度增大；硫氧镁改性剂用量超过 1% 时，使用效果提高有限。

3. 硫氯复合专用改性剂

（1）形成原因及解决方案

四元胶凝体系－硫氯复合镁水泥具有各自三元体系优缺点，氯氧镁水泥具有轻质、高强、隔热、不燃等优点，但其具有耐水性差、锈蚀钢筋等缺点。硫氧镁水泥耐水性好，但其力学性能低、易开裂。为了进一步改性镁质胶凝材料，采用镁质胶凝材料复合体系。针对硫氯复合镁水泥存在耐水和开裂问题，MJT 技术部从硫氯复合镁水泥的水化机理等角度出发，研究出硫氯复合改性剂，提高硫氯复合镁水泥力学性能和耐水性。

（2）原理及功能

硫氯复合改性剂加入料浆后，首先，改性剂与胶凝体系中的水镁离子络合形成有机镁络合层，降低水镁离子对氧化镁的包裹作用。有机镁络合层会直接与溶液中的 Cl^-、SO_4^{2-}、OH^-、Mg^{2+} 反应生成 5·1·8 相和 5·1·7 相，提高强度晶相的生成率。5·1·8 相和 5·1·7 相存在竞争关系，同时阻碍了 $Mg(OH)_2$ 的产生，减少试件体积膨胀率，同时调整晶相之间的搭建，降低硬化水泥石毛细管孔隙率，从而使得硫氯复合镁水泥试件结构更加密实，继而提高强度，从而会显著提升硫氯镁水泥的耐水性能。且硫氯复合改性剂中的组分与该四元体系离子反应生成物质堵塞毛细孔道，提高制品耐水性。

（3）使用方法

硫氯复合改性剂添加量为轻烧氧化镁质量的 0.5%～2%，具体用量需要根据轻烧氧化镁活性、生产温度、制品要求等因素进行调整。使用时直接加入到混合料浆中。

（4）储存、运输及注意事项

硫氯复合改性剂适宜在 10～30℃的阴凉避光环境中密闭储存，保质期 1 年。

硫氯复合改性剂为非危险品，可按一般物品运输。一旦接触皮肤或溅入眼中，需及时用大量清水冲洗；如果误食，需立即就医检查。

（5）使用效果

通过实验室制备标准净浆测定软化系数和制作标准试块检测强度。添加 1% 硫氯复合改性剂后试块浸水 28d 后，软化系数为 0.94。经过跟踪发现，其具有长期耐水性。并且随着改性剂用量增加，抗压强度增大，但用量超过 2% 时，使用效果提高有限。

4. 磷酸镁专用缓凝剂

（1）形成原因及解决方案

磷酸镁水泥是一种快硬水泥，早期强度高，具有良好的力学性能、耐久性、耐火性、耐磨性、胶结性和较低的渗透性，为此通常用于快速修补、生物修复等领域。磷酸镁水泥的水化反应剧烈，凝结速度过快，工程操作就比较困难。为此 MJT 从磷酸镁水泥的水化机理等角度出发，对磷酸镁水泥缓凝剂及缓凝机理展开了研究，研发出了磷酸镁缓凝剂，在减缓磷酸镁水化反应同时提高了磷酸镁水泥的力学性能。

（2）原理及功能

磷酸镁缓凝剂可与 MgO 结合，生成无定型或低结晶度的矿物沉淀，减缓溶液中镁的消耗，溶液中的 Mg^{2+} 和 K^+ 补偿相应负电荷，保持电荷平衡，水化过程中无定型矿物的存在，稳定了体系的 pH 值，减缓了水化产物结晶与生长。同时磷酸镁缓凝剂的羟基与碱性氧化物表面的羟基形成氢键发生强烈吸附，形成的聚合物吸附在水化产物表面，阻碍 MgO 的溶解与水化产物的结晶。水化晶体表面聚合物的存在，有利于加强晶体间结合力，减小水化晶体的平均尺寸，提高了磷酸镁水泥的性能。

（3）使用方法及注意事项

用量一般为重烧氧化镁质量的 1.5%~8%，使用时直接加入混合料浆中。

磷酸镁缓凝剂为酸性液体，不能与碱性物质共存。

（4）储存及运输

① 储存于 25℃以下阴凉环境、密封盖好，磷酸镁缓凝剂保质期 1 年。

② 属于环保材料，无毒无害、不易燃易爆，可按一般化学品运输。

（5）产品使用效果

磷酸镁凝结时间随着磷酸镁缓凝剂掺量的增加而增长，由零掺量组的 15.25min 逐渐延长至 6% 掺量组的 1h。水化热检测结果与凝结时间变化趋势相同，水化热放热速率曲线中到达第一个放热峰峰值的时间随磷酸镁缓凝剂掺量增加逐渐延迟，第二个放热峰的时间也随磷酸镁缓凝剂掺量的增加而延后。加入磷酸镁缓凝剂的磷酸镁水泥各龄期的抗压强度均呈先上升后下降的趋势，28d 时抗压强度在掺量为 6% 时达到最大 65.1MPa，高于空白组 28d 时的抗压强度 60.2MPa。结合磷酸镁的微观形貌可知，磷酸镁缓凝剂使磷酸镁早期生成更多的无定形非晶产物，后期转化为鸟粪石晶体，使体系中的水化产物增多，抗压强度增大。

5. 晶种型改性剂

按照经典成核理论来看，镁基材料在固化的过程，水合物相需要先形成较大的团簇，继而再生成晶核，最后体系内的粒子以晶核为模板有序排列，逐渐固化成型。因此，体系内晶核的生成速度制约着镁基体系的固化速度，晶核生成速度快，镁基料浆反应速度也就加快。为了提高体系内晶核的生成速度，可以人为向体系中添加晶核类物质，从而免去镁基体系内晶核的自发生成过程，这类人为添加的晶核类物质通常称为晶种型改性剂。

为提高镁基体系的固化速度，可根据镁基体系的不同，选择相应品类的晶种型改性剂，如氯氧镁晶种型改性剂、硫氧镁晶种型改性剂、硫氯复合晶种型改性剂等。比如，在氯氧镁体系中加入晶种型改性剂，可加快料浆固化的速度，促进 5 相的生成。氯氧镁晶种型改性剂的加入，使得氯氧镁料浆以晶种为核心，迅速生长，这不仅加快了料浆固化的速度，还促使料浆以晶种为蓝本，形成有序排列的晶相，增加了 5 相结构在料浆中的比重，提高镁基制品的强度。

此外，通过对生产条件的控制，可以制得长径比较高的晶种产品，作为某些纤维的代替品来使用。比如，在氯氧镁工艺品中加入一定量的硫氧镁晶种，可提高氯氧镁工艺品的耐水能力，从而抑制工艺品的开裂。

1）晶种型改性剂功能

（1）促凝效果

按照《水泥标准稠度用水量、凝结时间、安定性检验方法》GB/T 1346—2011测试方法，对镁基净浆的凝结时间进行测定。空白组净浆按照轻烧氧化镁：卤水 =1:1 调制，实验组额外加入一定量合成晶种。净浆中的轻烧氧化镁活性含量为60%，卤水波美度为 27，具体配比见表 2.15。

表 2.15　晶种型改性剂促凝实验配比与凝结时间

组别	轻烧氧化镁 /g	卤水 /g	外加剂 /g	初凝时间 /min	终凝时间 /min
空白组			0	230	350
实验组 1	300	300	3	210	340
实验组 2			9	180	330
实验组 3			15	160	305

在氯氧镁净浆中加入合成晶种后，料浆凝结速度大大加快。后续的实验中发现晶种对氯氧镁料浆促凝效果有一定的极限，具体掺加量要结合制品以及工艺来确定。

（2）增强效果

按照 T/CMMA 7—2019 标准制作氯氧镁试块，空白组原材料为市售活性 60% 的轻烧氧化镁，27°Bé 的卤水。实验组配料为空白组基础上加入一定量的合成晶种，见表 2.16。

表 2.16　空白组以及实验组配料方案

组别	轻烧氧化镁 /kg	卤水 /kg	外加剂 /g
空白	5	4.2	0
实验组 1			50
实验组 2			150
实验组 3			250

试块在标准条件下分别养护 1d、7d、28d，并根据 T/CMMA 7—2019 标准测试块的各龄期的强度见表 2.17。

表 2.17　各组别各龄期抗压强度表

组别	抗压强度 /MPa		
	1d	7d	28d
空白	24.9	55.2	90.2
实验组 1	27.6	66.2	91.4
实验组 2	29.5	70.5	92.6
实验组 3	28.3	67.3	91.9

由表 2.17 可明显看出，晶种型改性剂对制品 1d、7d 期均有明显的增强效果，且对 28d 无负面影响。

（3）增韧效果

按照 T/CMMA 7—2019 标准制作氯氧镁试块，空白组原材料为市售活性 60% 的轻烧氧化镁，27°Bé 的卤水。实验组配料为空白组基础上加入一定量的硫氧镁晶种型改性剂，见表 2.18。

表 2.18　空白组以及实验组配料方案

组别	轻烧氧化镁 /kg	卤水 /kg	外加剂 /g
空白			0
实验组 1	5	4.2	50
实验组 2			150
实验组 3			250

试块在标准条件下分别养护 1d、3d、7d，并根据 T/CMMA 7—2019 标准测试块的各龄期的强度见表 2.19。

表 2.19　各组别各龄期抗压强度表

组别	抗折强度 /MPa		
	1d	3d	7d
空白	9.66	10.10	10.31
实验组 1	11.81	12.42	12.60
实验组 2	13.08	13.36	13.55
实验组 3	13.76	14.15	14.23

由表 2.19 可明显看出，晶种型改性剂对制品 1d、3d、7d 期均有明显的增韧效果。

2）使用方法及注意事项

晶种型改性剂为悬浊液，应密封保存。使用时，按轻烧氧化镁质量的 1%~5% 加入料浆中即可。

2.3.2　通用改性剂

1. 防水剂（GX-13#、防水乳液、防水粉）

防水剂（water-proofing additive）：又称抗渗剂，通过物理和化学作用，减少内部孔隙生成，堵塞和切断毛细孔道，从而提高抗渗性的外加剂。

防水剂按组分不同分为无机防水剂、有机防水剂和复合防水剂。无机防水剂主要包括氯盐防水剂、氯化铁防水剂、硅酸钠防水剂、无机铝盐防水剂等。有机防水剂主要包括有机硅类防水剂、金属皂类防水剂、乳液类防水剂和复合型防水剂。

菱镁水泥是一种多孔材料，孔隙和缝隙影响材料强度，而且空气中水分会内渗侵蚀硬化体，从而影响制品的使用寿命。为解决该问题，通常在制品表面喷涂防水剂或内掺防水剂。

经大量实验研究发现 2.0% 的水玻璃可以改善硫氧镁水泥耐水性；填料也影响硫氧镁水泥工艺品耐水性能，尤其添加 15% 活性填料及 1.5% 外加剂的硫氧镁水泥工艺品耐水性最好，其软化系数达 0.89；不同防水剂也可以提高硫氧镁水泥耐水性，也提高硫氧镁水泥力学性能。对此，MJT 经不懈努力，研制了理想的防水剂（GX-13#）、防水乳液及防水粉。

（1）原理及功能

防水剂（GX-13#）（图 2.15）主要应用于镁质胶凝材料制品防水，因其亲水及疏水效应在镁水泥孔隙周围形成憎水层，同时改善镁水泥的晶体结构，通过化学改性使镁水泥主要强度晶体即 5·1·7 或 5·1·8 晶体变细小，晶体直接结合得更紧密，减小孔隙率，降低了水分的内渗溶蚀破坏作用，从而增加镁质胶凝材料制品的耐水性。

防水乳液（图 2.16）是一种针对无机胶凝材料研制的以乳化聚合物为主要成分的防水材料，在无机胶凝材料中具有很好的溶解性，有极好的相容性，防水乳液分子结构中的硅醇基与胶凝材料中的游离羟基发生脱水反应，形成优异的憎水层，同时在无机胶凝材料体系产生反毛细管压力，增加无机胶凝材料密实性，使其具有良好的渗透结晶性及优异的耐水、耐碱性能。

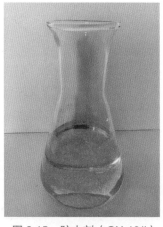

图 2.15　防水剂（GX-13#）

图 2.16　防水乳液

防水粉（图 2.17）与轻烧氧化镁中的钙镁离子发生反应生成沉淀和凝胶，减少或堵塞孔隙，具有憎水性能的微小颗粒聚集在一起，其颗粒间的微小孔隙能产生反毛细管压力，从而平衡外界水压，起到防水作用。防水粉可有效降低制品的吸水率，提高抗冻效果，延长制品使用年限。

图 2.17　防水粉

（2）使用方法及注意事项

防水剂（GX-13#）加入配制料浆中搅拌均匀。用量一般为轻烧氧化镁质量的 0.5%~1%。

防水乳液加入配制料浆中搅拌均匀，用量一般为轻烧氧化镁质量的 0.5%~1%。

防水粉与干粉料复配或直接加入料浆中，用量一般为轻烧氧化镁质量的 0.5%~1%。

（3）储存及运输

防水剂储存 25℃以下阴凉环境、密封盖好，保质期 1 年。粉体直接密封保存。均属于环保材料，无毒无害、不易燃易爆，可按一般化学品运输。

（4）产品使用效果

添加防水剂（GX-13#）、防水乳液及防水粉，在一定程度上可提高菱镁水泥样品的力学性能和耐水性。其中添加 1% 防水剂（GX-13#）样品的抗压强度比未添加防水剂的样品高出 7.58%，原因是添加防水剂（GX-13#）硬化体内部晶体发生转变，从而提高样品抗压强度。添加防水乳液及防水粉能显著增大表面的接触角，降低制品吸水率，从而提高产品的软化系数。以上两种防水剂具有优良的疏水性，其能硬化体内部孔隙形成憎水膜，降低吸水率，减少内渗和水侵蚀作用，从而提高了制品的防水性能。所制备的氯氧镁水泥试块泡水 28d 的软化系数为 0.94，抗压强度高于 85MPa。拓宽了氯氧镁水泥的应用领域。

2. 发泡剂

泡沫混凝土是普通混凝土的一种改进方式。传统的混凝土自重较大，在混凝土中加入发泡剂发泡泡沫，可形成轻质高强、保温隔热性能良好的泡沫混凝土。

发泡剂（foaming agent）是指能够使对象获得均匀分散气泡从而实现轻质化的物质。在获取气泡方式上，发泡剂可分为化学发泡剂和物理发泡剂两大类。

化学发泡剂：理论上只要能发生化学反应放出气体的物质都可作为化学发泡剂，但实际中化学发泡剂的选择要受到反应条件、运输和储藏的稳定性、发气速率等多种因素的约束。目前使用的化学发泡剂主要有双氧水、铝粉、碳化钙及铵盐等，其中最常用的是双氧水，其次是铝粉。

物理发泡剂是指能够降低液体表面张力，产生大量均匀而稳定的泡沫，用以生产发泡水泥的外加剂。

化学发泡：近年来，随着国家对建筑材料防火性能的要求逐渐提高，传统的有机保温材料已达不到防火性能要求。因此，国内逐渐出现化学发泡制备泡沫混凝土，而且很多研究学者成功制备出低密度泡沫混凝土。硅酸盐胶凝材料采用双氧水作为化学发泡剂，制备出干体积密度低于 $250kg/m^3$ 的超轻泡沫混凝土。0.44～0.52 的水灰比，掺加 6%～7% 双氧水制备的泡沫混凝土具有优良的宏观性能和孔结构。

双氧水在水泥的碱性环境中具有较高的分解率，因此使用双氧水作为水泥的发泡剂是可行的。且随着水温的升高，发泡速度加快，而发泡时间则会随着发泡剂掺量的增加而延长。但随着双氧水掺量的增加，泡沫混凝土的干表观密度、抗压强度和导热系数均呈下降趋势，而孔隙率逐渐增大，吸水率则呈先增加后减少的趋势。为此许多学者研究稳泡剂，并改善发泡水泥气孔。在此基础上利用双氧水化学发泡法制备出干表观密度为 $100～180kg/m^3$ 的超轻发泡水泥保温板。

此外，同时使用铝粉和双氧水两种发泡剂也能获得孔隙率较高的制品，但铝粉发泡制品的孔隙率高于双氧水发泡制品。最初在水泥中掺入石灰，利用铝粉进行发泡，可以制备出抗压强度为 11.61MPa 的泡沫混凝土，其热导率仅提高了 6%。此后通过加入水玻璃和 NaOH 激发剂，以粉煤灰作为胶凝材料，并使用 30% 的双氧水作为发泡剂，制备出干表观密度为 $400～600kg/m^3$ 的泡沫混凝土。该混凝土的抗压强度最高可达 3.4MPa，导热系数最低为 0.0826W/（m·K）。

经研究发现，氯氧镁泡沫混凝土的力学性能和保温性能均优于硅酸盐泡沫材料。水胶比严重影响泡沫混凝土的性能，发现当水胶比小于 0.81 时，孔隙尺寸较小、形状不规则且连通性强；当水胶比大于 0.8 时，孔隙呈圆形或膨胀状，孔径分布范围扩大。但随着水胶比的增加，细孔数量减少而大孔数量增加，进而导致泡沫混凝土孔隙率上升而强度降低。此外，泡沫混凝土具有优异的保温性能。干密度为 $1000～1200kg/m^3$ 时，导热系数为 0.23～0.42 W/（m·K）。然而，这一导热系数仍无法满足某些应用需求。为了解决这一问题，采用双氧水作为发泡剂的化学发泡法制备泡沫混凝土的方法，并对其热性能和其他性能进行了评估。随着双氧水的增加，高速发泡产生的微泡和水泥浆中的微闭泡数量增多，进而导致泡沫混凝土体积增大而干表观密度降低。

改变氯氧镁水泥泡沫混凝土的摩尔比和添加不同剂量的双氧水、粉煤灰和抗卤剂可以显著改变其内部孔隙结构，从而影响其力学性能、耐水性和保温性能。摩尔比主要影响 5·1·8 强度相的比例，从而影响氯氧镁水泥泡沫混凝土的强度性能；添加双氧水有利于提高氯氧镁水泥泡沫混凝土的保温性能，但会影响机械性能和耐水性。具体来说，双氧水作为发泡剂，随着发泡剂用量的增加，高速发泡过程中会产生更多的微小气泡，然后在水泥浆中产生更多的封闭微小气泡，从而提高氯氧镁水泥泡沫混凝土的体积，降低干密度。氯氧镁水泥泡沫混凝土的干密度越小，固相比例越低，传热通过热传导的比例越小，热传递效率越低，因此导热系数会降低，热绝缘性能会提高。但双氧水的增加会导致氯氧镁水泥泡沫混凝土内部孔隙结构的变化，孔壁变薄，孔隙结构变得松散，增加了材料与水的接触面积，导致吸水量增加，并加速了与水接触的水化晶体产物的分解速率，因此强度降低，耐水性变差；添加粉煤灰有助于提高氯氧镁水泥泡沫混凝土的保温性能，但过量的粉煤灰会影响其强度性能。添加抗卤剂主要改善氯氧镁水泥泡沫混凝土的耐水性。

结合 SEM 分析不同类型氯氧镁水泥泡沫混凝土的结构特征，发现垂向具有气泡分层特点。这是由于双氧水发泡剂混入料浆后自身发生化学反应放出气体，在该区域内产生气体压力，气体压力引起切应力，当切应力大于料浆的极限切应力时，气泡体积增大，在浆体内形成大小不同的气泡。大小不同的气泡之间的附加压力不同，其内部气体压强也不同，当两者相遇时，就会从小气泡向大气泡排气，当小气泡相互合并且形成大气泡，而大气泡浮力大，流动性的水泥浆料在重力作用下沿着气泡壁不断下沉，此时大气泡继续往上方移动。此外，因发泡剂放气速度与气孔壁强度发展难以达到同步，多因素作用下导致化学发泡方式获得的 MOC 混凝土呈上下层气孔大小不均一的现象。但物理发泡方式中气泡自身作为浆体的一个组分，对料浆凝固时间的要求比较宽松，更容易精确把控泡沫混凝土的整体性。虽然在物理发泡方式中由于机械搅拌力使小气泡相互结合形成少量大气泡，但是机械搅拌也使大气孔混入泡沫混凝土内部任何位置，因此，采用物理发泡方式更能获得均匀气孔的氯氧镁水泥泡沫混凝土。但仍有少量镁基化学发泡成品投放市场。例如 MJT 参与研发的人造磨脚石，是镁质胶凝材料经化学发泡制成的、容重为 600kg/m³ 左右的菱镁多孔硬化体。大、小孔径参考配比见表 2.20 和表 2.21。

表 2.20　大孔径参考配比　　　　　　　　　　　　　　　　（单位：kg）

轻烧氧化镁	卤水（25°Bé）	滑石粉	缓凝抗卤剂（GX-1#）	50% 双氧水
100	120	25	0.5～1	5

表 2.21　小孔径参考配比　　　　　　　　　　　　　　　　（单位：kg）

轻烧氧化镁	卤水（27°Bé）	缓凝抗卤剂（GX-1#）	50% 双氧水
100	85	0.5～1	5

物理发泡：20 世纪 50 年代初，我国就开发出松香皂和松香热聚物两种发泡剂，并用于砂浆和发泡水泥，这是我国的第一代发泡剂。20 世纪 80 年代后，随着我国表面活性剂工业的兴起，合成类表面活性剂型发泡剂成为发泡剂系列产品中的主要品种，这是我国第二代发泡剂。20 世纪末期，日韩等发达国家的高性能蛋白型发泡剂进入我国市场，因其高稳定性的优势，得到了较大的应用。动物蛋白发泡剂和植物蛋白发泡剂是我国第三代发泡剂。三代发泡剂比较：松香类发泡剂起泡力与稳泡性均较低，合成类发泡剂虽然起泡力很好但稳泡性较差，蛋白类发泡剂稳定性好但起泡力低。为此出现了第四代复合型发泡剂。复合研究方法有 4 种：①互补法，当多元复合时，各有各的优势，可以实现优势互补，把单一成分最欠缺的东西补救起来，使不完善的性能完善起来；②协同法，多元复合虽不能互补，但可以协同。本来二者或三者的性能在某一方面都不够好，但当多元复合之后，就可以产生"1+1+1>3"的协同效应，效果大大增强；③增效法，单一成分的发泡剂在某一方面的效果不好时，可以使用增效成分来加强，使它由劣变优；④增加功能法，当某些发泡剂的功能少，缺乏我们对某一功能的需求时，可以通过加入外加剂增加该方面功能。对此，MJT 研发出以下几种复合发泡剂。

1）高效发泡剂（GX-7#）

（1）简介

MJT 经过调整研发出具有发泡倍数高、泡沫稳定性好、泌水量低等优点的高效发泡剂（GX-7#）（图 2.18），可用于发泡菱镁水泥生产，成本低且绿色环保。在生产使用中，因发泡体系稳定，可以节约原

图 2.18　高效发泡剂（GX-7#）

材料用量，并降低板材容重。同时泡沫含水率低，有助于缩短发泡防火板等制品的脱模及养护时间。

（2）使用方法及注意事项

① 准确称量高效发泡剂（GX-7#），然后加入 80~160 倍清水稀释，配成发泡液，气温较低时适当降低稀释倍数；

② 结合制品要求确定每个立方发泡剂加量，发泡剂加量随制品的容重而增减，制品的设计容重高，则减少发泡剂用量，制品的设计容重低，则增加发泡剂用量；

③ 使用发泡机，将发泡液通过发泡机发成泡沫，将泡沫按照既定用量加入搅拌机中混合均匀。

使用高效发泡剂（GX-7#）生产发泡制品一定要注意原材料质量、动态配比、生产工艺等要素的控制。

高效发泡剂（GX-7#）为碱性液体，不能与酸性物质共存。

（3）技术参数

① 发泡倍数高：15~27 倍；

② 稀释倍数高：1：80~160 倍；

③ 泡沫容重低：50~60g/L；

④ 稳泡性好：1h 沉降距≤5mm；

⑤ 泌水量低：1h≤40ml；

⑥ 耗用量低：每生产 $1m^3$ 的防火门芯板高效发泡剂（GX-7#）用量约 0.5kg（容重为 $300kg/m^3$）。

（4）储存及运输

① 储存于 25℃的阴凉环境下，密封保质期为 1 年。

② 产品属于绿色环保材料，无毒无害、不易燃易爆，不伤手，可按一般化学品运输。

2）双组分发泡剂

（1）简介

双组分发泡剂由起泡剂和稳泡剂组成（图 2.19），根据需求按起泡剂：稳泡剂 = 9：1 或 8：2 兑水稀释后使用。

起泡剂选用进口优质天然植物高分子材料为原料，经一系列复杂的化学反应生成，产品为深红棕色液体。该发泡剂对硬水不敏感，无毒、无味、无沉淀物。对水泥和金属无腐蚀性，对环境不产生污染。产品可长期储存，不易变质，如有部分沉

图 2.19　双组分发泡剂

（a）发泡剂；（b）稳泡剂

淀，沉淀物为有效成分，使用前搅拌均匀即可。

稳泡剂能够控制气泡液膜的结构稳定性，使表面活性剂分子在气泡的液膜有秩序分布，赋予泡沫良好的弹性和自修复能力，是延长和稳定泡沫长久性能的活性物质。

（2）使用方法及注意事项

① 准确称量起泡剂、稳泡剂，然后加入 30~50 倍清水稀释，配成发泡液，气温较低时适当降低稀释倍数；

② 结合制品要求确定每个立方发泡剂加量，随密度增减而变化，密度升高时减少，密度下降时增加；

③ 使用发泡机，将发泡液通过发泡机发成泡沫，将泡沫按照既定用量加入搅拌机中混合均匀。

使用双组分发泡剂生产发泡制品时一定要注意原材料质量、动态配比、生产工艺等要素的控制。

（3）主要特点

① 采用先进的闭孔泡沫工艺，起泡性能优异，稳泡性极佳，泡沫半消时间120min 以上，泡沫细密直径在 0.1~1mm，且大小均匀。

② 既可以做菱镁胶凝材料的发泡，也可以做水泥混凝土的发泡。

③ 稀释倍数高，可以稀释 30~50 倍，降低了生产成本。

④ 超强憎水性，闭孔率高，使得吸水率较低，憎水性强，保温隔热性能更好。

⑤ 绿色环保，无毒无腐蚀性，使用安全。

⑥ 每个立方加量 0.3~0.7kg 发泡剂，随密度增减而变化，密度升高时减少，密度下降时增加。

（4）储存及运输

① 储存于 25℃的阴凉环境下，密封保质期为 1 年。

② 产品属于绿色环保材料，无毒无害、不易燃易爆、不伤手，可按一般化学品运输。

（5）产品使用效果

个别地区的门芯板厂家采购的硫酸镁多为农业级，反应过程中氨气释放影响泡沫稳定性导致塌陷；再加上部分厂家选用软管泵来泵送发泡料浆导致破泡率提高 15% 以上，普通单组分发泡剂已无法满足如此苛刻的使用要求。而双组分发泡剂通过调整 A、B 组分比例及稀释倍数，成功解决了泵送稳定性问题。目前，该发泡剂已成功用于硫氧镁立模防火门芯、立模浇筑隔墙板等对稳泡性要求高的发泡制品。

3）蛋白发泡剂

（1）简介

蛋白型发泡剂（图 2.20）的起泡性能不及阴离子表面活性剂，但具有泡沫稳定、性能优良的优点，使其在市场上也占有一席之地。蛋白型发泡剂主要分为植物蛋白发泡剂及动物蛋白发泡剂，植物蛋白发泡剂主要有茶皂素型和皂角苷型两种；动物蛋白发泡剂以精选的动物（牛、羊）角质蛋白为主要原材料，经一系列水解反应，加温溶解、稀释、过滤、高温缩水而成。其采用进口先进设备和最新制造工艺生产，生产过程实行严格的品质管理。产品呈暗褐色黏性液体，杂质含量低，刺激性气味较轻，品质均匀，质量一致性好，具有良好的起泡性和优异的泡沫稳定性。

图 2.20　蛋白发泡剂

（2）使用方法及注意事项

① 准确称量动物蛋白发泡剂，然后加入 30~40 倍清水稀释，配成发泡液，气温较低时需适当降低稀释倍数；

② 结合制品要求确定每立方米发泡剂加量，随密度增减而变化，密度升高时减少，密度下降时增加；

③ 使用发泡机，将发泡液通过发泡机发成泡沫，将泡沫按照既定用量加入搅拌机中混合均匀。

使用蛋白发泡剂生产发泡制品一定要注意原材料质量、动态配比、生产工艺等要素的控制。

（3）性能优势

① 由于用该发泡剂产生的泡沫表面强度高，泡沫稳定，用其制作的发泡水泥制品内气泡呈相互独立的封闭状态，气泡与气泡之间不连通，抗渗透性好。

② 在同样密度下与用其他发泡剂制作的发泡产品相比，其密封性和保温性较好，强度高。

③ 优异的泡沫稳定性使得发泡水泥浆料一次性浇注高度可达 1.5m 以上而不塌陷，适用于发泡砖、轻质板材、轻质墙体、菱镁制品的生产。

（4）储存运输及注意事项

① 密封存放于阴凉、通风的库房内，温度 25℃，若长时间受阳光直射及温度过高或过低均影响发泡。

② 产品属于绿色环保材料，无毒无害、不易燃易爆、不伤手，可按一般化学品运输。

（5）适用范围

该发泡剂主要用于镁基防火门芯无边框式生产、水泥防火门芯板、水泥发泡隔墙板、发泡保温板、外墙自保温砌块等制品生产，也可用于发泡水泥回填。

4）松香树脂型发泡剂

松香树脂型发泡剂是应用最早的一类发泡剂，由于发泡剂不断发展，使其逐渐成为市场上较低档次的发泡剂，主要以含有芳香烃、芳香醇、芳香醛等的松香为原料制成。松香树脂发泡剂最初均是作为混凝土砂浆引气剂来开发应用的，后来又扩展应用为泡沫混凝土的发泡剂，是应用最早的一类传统发泡剂，也是市场上最常见的低档发泡剂。松香热聚物的生产成本较高，由于原料涉及苯酚，故而存在一些安全问题，所以应用较少；而松香皂的生产工艺简单且成本低廉，并且泡沫稳定性更好。这是由于松香皂中的羧基官能团与水泥中 Ca^{2+} 反应，生成了一种不溶性钙盐，从而提高了泡沫的稳定性。通过实验得知，松香和碱用量对皂化反应起着决定性作用，反应在液体沸腾状态下效果最好，制得的发泡剂性能优良，当碱纯度在 80%

以上，并且不含其他强电解质时，则纯度的高低对泡沫性能影响不大。另外在发泡液中添加少量的十二烷基硫酸钠，会大大提升泡沫稳定性。加入明胶、十二烷基苯磺酸钠可有效提高发泡体积及泡沫稳定时间。将松香树脂型发泡剂与毛发蛋白发泡剂进行对比，发现实际应用到泡沫混凝土中蛋白型的更好。碱的浓度也影响反应程度，最佳碱浓度为 20%~25%；分析非离子型表面活性剂对松香皂泡沫剂的影响，发现非离子表面活性剂的加入能产生细小气泡，溶液水溶性得到很好解决，能使溶液沉淀物在溶解过程中均匀分散，有利于泡沫稳定。

3. 促凝剂（促凝快干粉）（图 2.21）

菱镁促凝快干粉均能促进晶体发育，提高反应速度，缩短脱模时间。菱镁促凝快干粉是一种新型菱镁水泥改性剂，其中含有大量高活性物质，可在镁基料浆中迅速产生大量的游离 OH^- 根离子，提高氯氧镁胶凝材料体系的 pH 值，从而促进跟轻烧氧化镁的水化反应。与此同时，镁基促凝粉中的活性物质与卤水结合后，释放大量热量，提高料浆温度。众所周知，氯氧镁反应是一个放热反应，反应一旦激发，不断放出热量，从而形成一

图 2.21　促凝快干粉

个良性循环，进一步促进镁基材料固化速度，达到促凝、快干的效果。同时对氯氧镁水泥的前期强度及后期强度均有所提高。

（1）使用方法及注意事项

菱镁促凝快干粉用量一般为轻烧氧化镁质量的 3%~10%，具体用量可根据轻烧氧化镁的活性等因素进行微调。使用时均匀缓慢地加入混合均匀的料浆中即可。

菱镁促凝快干粉为碱性粉体，不能与酸性物质共存。同时存放时应注意防潮、防雨水渗漏。

（2）储存及运输

① 储存于 25℃以下阴凉环境，密封盖好，菱镁促凝快干粉保质期 3 个月。

② 属于环保材料，无毒无害、不易燃易爆，可按一般化学品运输。

（3）产品使用效果

试验温度 13℃，相同原材料及原料配比，测试不同添加量菱镁促凝快干粉对

初凝时间的影响，结果见表 2.22。

表 2.22 菱镁促凝快干粉促凝效果

添加量 /%	0	4	10	15	20
初凝时间 /min	300	272	250	230	193

由表 2.22 可知，随着菱镁促凝快干粉用量不断加大，菱镁水泥的初凝时间逐渐缩短。值得注意的是，不可一味地追求过快的凝结速度，因为凝结过快时，胶凝材料水化后留下的孔隙可能过多且大，而过快的水化速率会使浆体在固化过程中产生裂纹，这些都容易对材料后期性能产生不利影响。具体添加量需结合相关制品的要求调整。

4. 消泡剂

图 2.22 消泡剂

消泡剂（defoaming agent）（图 2.22）：能够减少菱镁胶凝材料中的气泡、气孔，提高制品密实度和强度的外加剂。

菱镁胶凝材料在拌和时，极易产生机械性气泡，这些气泡在制品硬化后形成气孔，这些气孔对大部分菱镁制品来说是缺陷，会影响制品的强度，同时也会影响制品的耐水性。尤其是菱镁工艺品，这类产品对外观要求很高。

消除气泡的方法包括物理方法和化学方法。物理方法是提高液膜两端气体的透过速率和泡膜的排液，使泡沫衰减因素大于稳定因素，从而减少泡沫数量。主要包括放置阻碍物如挡板或滤网、机械搅拌、高速离心、高频振动、超声波、静电、瞬间放电、冷冻、加热、射线照射、加压减压等。这些方法共同的缺点是使用受环境因素的制约性较强、消泡速率不高等，优点在于环保、重复利用率高。

化学方法主要包括化学反应法和添加消泡剂的方法。化学反应法是指通过加入化学试剂使其与起泡剂或发泡剂反应，生成难溶于水的产物，但是这种方法具有因不确定发泡剂成分、产生难溶性物质对体系设备产生危害等缺点。目前各行各业应用最广泛的是加入消泡剂,这种方法的优点在于消泡快、用量少、化学稳定性好等,但需要结合使用环境寻找合适、高效的消泡剂。

消泡剂按照存在形态分可分为固体颗粒型、乳液型、油型和膏型几大类;按消泡剂的化学结构和组成可以分为醇类、矿物油类、脂肪酸及脂肪酸酯类、磷酸酯类、有机硅类、酰胺类、聚醚类、聚醚改性聚硅氧烷类消泡剂。市场通用为矿物油类、有机硅类、聚醚类。矿物油类消泡剂通常由载体与活性剂等组成。载体是低表面张力的物质;活性剂的作用是抑制和消除泡沫。有机硅类消泡剂的缺点是溶解性较差,热稳定差,但具有消泡速度很快的优点。有机硅类消泡剂一般包括聚二甲基硅氧烷等。聚醚类消泡剂具有消泡快、抑泡效果好、热稳定性好等优点。聚醚类消泡剂包括聚氧丙烯氧化乙烯甘油醚等。

(1)原理及功能

消泡剂(GX-5#)采用国际先进的表面耐污染处理技术,引入了大量活性乳化剂,可快速均匀分散在料浆中,浸入液膜层,顶替原液膜表面上的溶剂,降低此处的表面张力,使得液膜内部受力不均,表面张力降低的部分被强烈地向四周牵引、延伸,最后破裂。消除或大幅减少制品中的气孔,提高制品密实度,从而提高制品的力学性能和软化系数。使产品更加美观,颜色更加耐久。

(2)使用方法及注意事项

消泡剂(GX-5#)直接加入料浆中搅拌均匀,用量一般为轻烧氧化镁质量的 0.3%~0.5%。具体添加量根据具体情况试验确定。消泡剂产品可直接使用,也可稀释后使用。

(3)储存及运输

消泡剂(GX-5#)需要在 10~30℃条件储存,不可置于热源附近或置于阳光下暴晒。不用时需要密封,避免细菌污染破乳。本品在低温条件下会发生冻结,如果发生冻结,融解后会出现破乳现象。为此在建议的储存温度储存,保质期 1 年。

消泡剂(GX-5#)运输中要密封,防潮、防强碱强酸、防止杂质混入。

(4)使用效果

许多菱镁产品对表面的气孔要求较高,加入消泡剂(GX-5#)后,表面气孔明显减少,密实度提高。以玻镁平板为例,加入 0.5% 的消泡剂(GX-5#)后,密实度提高 10%,表面气孔由原来的 15 个 $/10cm^2$(气孔直径 0.5~1mm,最大 2mm)减少至 1 个 $/10cm^2$(气孔最大直径 0.5mm)。

5. 固化剂

图 2.23　固化剂

固化剂（curing agent）（图 2.23）：是一类增进或控制固化反应的物质或混合物。

（1）形成原因及解决方案

菱镁制品生产过程中为降低生产成本或提高生产效率会提高卤水或硫酸镁调和剂的用量，但这会导致料浆流动度增加，减缓凝结速度，在固化养护过程中出现料浆滴落现象。对此，MJT 经不懈努力，研制了固化剂（GX-16#）。

（2）原理及功能

提高抗折强度：掺入固化剂的制品内部结构具有较强的膜效应，三维网状膜结构与水化产物形成聚合物密封层，填充至骨料基体与胶凝颗粒毛细孔隙之间，使浆体结构变得密实，改善了充填体韧性和黏结性能。

防止滴料：固化剂分子结构中包含亲水性和疏水性基团，能有效地将水性和油性物质混合在一起，同时通过高分子链之间的相互作用，形成三维网络结构，增加浆体黏度和稠度，防止固化养护过程中因固化慢出现料浆滴落现象。

提高耐水性能：固化剂加入氯氧镁水泥中，通过搅拌可使固化剂均匀分散，随水化反应的进行，制品中的水分逐渐减少，聚合物颗粒会凝聚在一起形成网状薄膜，阻止了水分的浸入，从而改善了氯氧镁水泥样品的耐水性能。

（3）使用方法及注意事项

加入量按轻烧氧化镁质量的 1%~5%，加入料浆中搅拌均匀即可。

（4）储存及运输

固化剂（GX-16#）需要在 10~30℃条件储存，不可置于热源附近或至于阳光下暴晒。不用时需要密封，避免细菌污染破乳。本品在低温条件下会发生冻结，如果发生冻结，融解后会出现破乳现象。为此在建议的储存温度储存，其余按一般化学品方法储存，保质期 1 年。

固化剂（GX-16#）运输中要密封，防潮、防强碱强酸、防止杂质混入。

（5）使用效果

以硫氧镁渗透板为例，能显著提高浆料黏性，同时提高对 EPS 颗粒的结合力，随着固化剂加入量的增加，料浆黏性逐步提高，使渗透板上架后，不会出现底面滴料现象。制品完全固化后，板材破泡率可达80%以上。如果不添加固化剂，基板通过浆料渗透后，料浆很容易从基板孔隙中渗出，产品出现密度低、结构强度差、易折断等问题。

6. 偶联剂

（1）定义

偶联剂（图2.24）是一种表面改性剂，可以改善有机物与无机物之间的界面作用。偶联剂作为有机物与无机物之间的分子桥，可使混合体系中的有机物与无机物更好地结合。

偶联剂一般包括有机铬、硅烷、钛酸酯以及铝酸化合物等几大类，市场上常用的有硅烷类KH、DL系列偶联剂，酞酸酯类偶联剂等。

（2）功能及原理

偶联剂本身具有两种不同性质的官能团，其中的亲无机物官能团可以与体系中的无机物反应，而亲有机物官能团能与体系中的有机物反应或者形成

图 2.24　偶联剂

氢键。偶联剂中的官能团分别与混合体系中的有机物、无机物反应后，以自身为桥梁，将二者连接在一起，使二者结合得更加紧密，提高了混合体系的整体性能。

（3）使用方法及注意事项

MJT生产的偶联剂，可根据制品以及工艺的不同，按轻烧氧化镁质量的0.5%~2%添加到镁基料浆中使用。该偶联剂适用于镁基渗透板、镁基匀质板等保温板材中，提高料浆与聚苯颗粒的结合能力，进而提高板材的抗折强度。

7. 脱模剂

（1）定义

脱模剂（图2.25）：一般用于模具与制品接触界面处，作为界面涂层使用，使制品与模具易于分离的一种制剂。按有效成分分类，建材行业常用的脱模剂有硅系脱模剂、氟系脱模剂、油（蜡）系脱模剂等。油（蜡）系脱模剂又有水性脱模剂、油性脱模剂等不同剂型。

镁基制品生产过程中，常用废机油、润滑油、食用油等油类作为脱模剂使用。虽然这些油类的脱模效果较好，但油类的黏度大，涂层较厚，造成油类脱模剂的使

图 2.25 脱模剂

用成本偏高。而以废机油以及其他回收油品作为脱模剂使用，不仅影响镁基制品美观度，还会引发环境污染问题，各地环保部门对废机油的流通、使用也较为严格。

水性油（蜡）系脱模剂一般以优质的工业油制得，对环境较为友好。水性脱模剂体系的黏度较低，使用成本也偏低。MJT 研发的脱模剂，除了具有原先脱模剂的功效，还能消除制品表面气泡，形成一层致密层，进一步提高制品的表面强度和美观度。

（2）功能及原理

常用的脱模剂一般涂抹于模具表面使用。脱模剂在被涂抹于模具表面后，会形成起到间隔作用的凝聚层，此时模具与制品之间形成夹芯结构。在脱模过程中，当制品与模具的分离发生在脱模剂凝聚层内时，制品的结构得以保存，模具也没有制品浆料的粘连，此时脱模剂的效果较好。当制品与模具的分离，发生在制品与脱模剂凝聚层之间时，制品与脱模剂凝聚层有物质交换，使得模具表面沾有灰、泥甚至较大体积的制品碎块，此时脱模剂的效果便较差。当制品与模具的分离，发生在模具与脱模剂凝聚层之间时，模具并未被完全沁润，且制品表面沾有较多的脱模剂类物质，影响美观度。

（3）使用方法及注意事项

MJT 生产的水性脱模剂，可根据制品以及工艺的不同，最高可按 1 : 8 稀释使用。稀释后的脱模剂可通过喷涂或者涂抹的方式，附着于模具表面。该产品不仅适用于传统镁基制品，还适用于镁基发泡制品的脱模工序。该产品在用于镁基发泡制品生产时，可在发泡制品表面形成致密薄层，不仅降低脱模难度，还提高了发泡制品的美观度。在镁基发泡门芯板的后续处理中，需要对板材表面涂抹胶水、粘贴装饰板，使用该脱模剂生产的门芯板表面密实无气孔，可节约胶水用量。

2.4 增强材料

镁质胶凝材料作为一种无机胶凝材料用途比较广泛，可以根据不同应用场景制作不同制品，比如常见的防火板、门芯板、保温板、工艺品等。在制作这些制品时，氧化镁和调和剂是镁质胶凝材料的主要材料，但仅仅有这两种材料是不够的，还需要添加增强材料以提高镁质制品的强度等力学性能，其中常用的增强材料有玻璃纤维网格布、聚丙烯短纤维、竹筋、棕丝、钢丝网架等。

2.4.1　玻璃纤维网格布

1. 定义和特点

玻璃纤维网格布（图 2.26）以中碱或无碱玻璃纤维机织物为基础，经耐碱涂层处理而成，具备很好的抗碱性、柔韧性和经纬向高度抗拉力的特性。具有抗碱、耐酸、耐水、耐水泥浸蚀及抗其他化学腐蚀、防霉变、防虫、防火、保温、隔音、绝缘等特点。

这种网格布广泛用于建筑物内外墙体的抗裂以及镁质材料产品的生产增强等领域。经过抗碱液、增强剂等高温热定型处理，使玻璃纤维网格布更加稳定和耐用。在建材产

图 2.26　玻璃纤维网格布

品系统中起着重要的结构作用，防止裂缝的产生。由于其优良的抗酸、碱等性能以及经纬向抗拉强度高，能使建材产品系统所受的应力均匀分散，能避免由于外冲力的碰撞、挤压所造成的整个结构的变形，使产品结构有很高的抗冲力强度，并且易于施工和质量控制，在建材产品系统中起到"软钢筋"的作用。

2. 常用规格

（1）网眼的面积：5mm × 5mm、4mm × 4mm、3mm × 3mm。

（2）每平方米的质量：80~160g。

（3）每卷的长度：50m、100m、200m。

（4）每卷的宽度：0.5~1.5m。

（5）颜色：白色、蓝色、绿色或者其他颜色。

（6）外部的包装：每一卷都单独使用吸塑包装，四卷或六卷构成一纸箱。

3. 玻璃纤维应用要则

要使玻璃纤维在菱镁水泥中起到最佳增强效果，要遵循以下几点要求：

（1）玻璃纤维布数量越多，增强效果越好

一般来讲玻璃纤维布层数越多，镁质水泥破坏或断裂所需的冲击力或荷载就越大，也就是说增强材料（玻璃纤维布、竹筋等）数量越多，镁质水泥承载力越强。

（2）玻璃纤维自身断裂强力越高，增强效果越好

玻璃纤维作为增强材料，要有较好的断裂强力，断裂强力越高，所能承受的荷载就越大。玻璃纤维的断裂强力与含碱量密切相关，一般的玻璃纤维断裂强力大小顺序为无碱玻璃纤维＞中碱玻璃纤维＞高碱玻璃纤维。而高碱玻璃纤维质脆、易粉化，因此镁质水泥多采用中碱玻璃纤维或无碱玻璃纤维作为增强材料。

（3）分配方向

玻璃纤维或竹筋等增强材料，在镁质水泥中的分布要尽可能平行于镁质制品铺面，垂直于受力方向，以期获得最佳的增强效果。

（4）玻璃纤维浸浆充分

玻璃纤维布铺覆到镁质水泥上，需要进行提浆，即用抹子轻轻按压玻璃纤维布，使其充分浸润镁质水泥料浆，防止出现玻璃纤维脱浆现象。

（5）分布位置

玻璃纤维布在镁质水泥中分布要均匀对称，尽量靠近镁质制品外表面，最好达到似露非露的效果，即肉眼能看到纹路，但用手感受不到布的存在。以镁质保温板为例，上表面与下表面镁质面层中的玻璃纤维布层数要相同，分布位置需对称，避免上下两侧镁质面层厚度不均造成翘曲变形。

2.4.2　聚丙烯短纤维

1. 定义

聚丙烯短纤维（图 2.27）是由聚丙烯及多种有机、无机材料，经特殊的复合技术制造而成的高强度束状单丝纤维。在镁质制品中可形成三维乱向分布的网状结构，起到承托作用，使镁质制品在硬化初期形成的微裂纹在发展过程中受到阻挡，难以进一步发展。从而可提高镁质制品的断裂韧性，改善镁质制品的抗裂防渗、抗冲击及抗震能力。

2. 特点

（1）较高的强度和弹性模量，提高了镁质水泥的力学性能。

（2）握裹力强，易与镁质水泥结合。

（3）分散性极佳，不抱团，有效保证其防裂性能的发挥。

（4）纤维化学性能稳定，耐酸碱性极强。

3. 技术参数

技术参数见表 2.23。

图 2.27　聚丙烯短纤维

表 2.23　聚丙烯短纤维的技术参数

材料	聚丙烯	纤维类型	束状单丝
比重	0.91	抗拉强度	>358MPa
抗酸碱性	极高	弹性模量	>3.5GPa
熔点	>165℃	纤维直径	18~48μm
安全性	无毒材料	吸水性	无
导热性	极低	拉伸极限	>15%
抗低温性	强	规格	19mm、9mm、6mm、3mm

2.4.3　竹筋及竹篦子

竹屋临风而立，最具君子风雅。在我国竹子用于建筑艺术的历史可追溯到数千年以前，古人云：宁可食无肉，不可居无竹。

科学家对竹子进行力学测定表明，竹子的收缩量很小，而弹性和韧性极强，顺纹抗压强度为 600kg/cm^2 左右；顺纹抗拉强度每平方厘米可承载 1800kg；其中刚竹的顺纹抗拉强度可达 2833kg/cm^2，享有"植物钢铁"的美誉。竹子的抗弯能力极强，如大毛竹的空心度为 0.85，抗弯能力要比同样质量的实心杆大两倍多。我国素有"竹子王国"之美誉，竹类资源极其丰富，竹子不仅能提高空气质量美化环境，

图 2.28　竹篾子

还将成为经济社会可持续发展中，不可或缺的低碳环保建筑材料之一。

根据生产工艺及性能要求不同，在镁质胶凝材料中加入竹筋或编织成的竹篾子（图 2.28），可以提高镁质胶凝材料的性能。

首先，竹筋的加入可以提高镁基制品的抗裂性。镁质胶凝材料在硬化过程中，由于内部水分的蒸发和外部荷载的作用，容易产生裂缝。而竹筋的加入，可以有效阻止裂缝的扩展，提高产品的抗裂性。这是因为竹筋在镁质胶凝材料中形成了一个牢固的空腔网格，当镁基制品产生裂缝时，这个空腔网格可以吸收裂缝的能量，阻止裂缝的扩展。

其次，竹筋的加入可以提高抗压强度。镁质胶凝材料的抗压强度主要取决于其内部的骨料和镁基料浆的黏结力。而竹片的加入，可以增加胶凝材料内部的摩擦力，提高骨料和镁基料浆的黏结力，从而提高抗压强度。

此外，竹筋还具有环保和经济的优点。竹材是一种可再生资源，使用竹筋可以减少对其他资源的依赖，实现资源的可持续利用。同时，竹筋的价格相对较低，可以降低产品的成本，提高经济效益。

然而，尽管竹筋增强技术具有诸多优点，但在实际应用中还存在一些问题。竹子虽然有很好的韧性和抗弯性能，但是它的抗压强度和抗拉强度相对较低，人们往往将其编织成竹篾子来增加其整体受力效果。而且竹子是一种自然的材料，它的质量和尺寸都不太统一，应该选择干燥、无虫蛀、无裂纹、无节瘤的竹子，并且切成一定长度和宽度的竹片、竹条，并对其表面蜡质层精致打磨拉毛处理。也可提前将处理好的竹筋或竹篾子放入调和溶液中浸泡，提高镁基料浆与竹子的结合能力。

在镁基材料中加入竹筋增强，并不是随意地放进去就可以了。一般来说，应该尽量均匀地分散竹筋或竹篾子，并且使其与水平方向成一定角度，以提高其与镁质胶凝材料的黏结力和抵抗拉力。同时尽量靠近制品的表面，并且保留一定的保护层，以防止其暴露在空气中而受到腐蚀的同时，起到防止开裂的作用。还应注意将竹子光滑的外表面进行打磨，提高镁基料浆与竹子的结合能力。在生产镁基井盖、预制隔断等产品时，可使用竹筋进行加强。

2.4.4　棕丝

棕丝（图 2.29）源自棕榈科植物的叶鞘部位和椰壳表面，是一种性能优良的植物纤维，常被应用于生产床垫、鞋垫、绳索等。建材中，常用的、被称为棕丝的产品，实际上是聚酯纤维（PET 纤维），也就是涤纶，是一种合成纤维，由大分子链中的各链节通过酯基连接而成。其具有断裂强度和弹性模量高、回弹性适中、热定型效果优异、耐热和耐光性好等优点。这类纤维价格低廉，尺寸较聚丙烯纤维更大一些，同样具有较高的抗拉强度。在生产镁基隔墙板、门芯板、防火板等产品时，可使用棕丝来提高抗拉、抗折能力。

图 2.29　棕丝

棕丝在镁质胶凝材料中主要起阻裂作用。其所起的阻裂作用大致可分为两个阶段：在塑性浆料中的阻裂作用和在硬化浆料中的阻裂作用。

在塑性浆料中的阻裂作用：棕丝在镁质胶凝材料中呈三维乱向均匀散布，形成三维网络，起到了支撑集料的作用，阻止了粗细集料的沉陷，有效防止和抑制了浆料表面的离析倾向。同时棕丝可消除镁基料浆中的析水通道，明显减少表面的析水量。因而减少甚至完全阻止浆料表面沉陷裂缝的产生。塑性状态的镁质胶凝材料强度极低，当水分蒸发时，因收缩产生拉应力，浆料中的棕丝可承受此种拉应力，减少与防止裂缝的产生和发展。

在硬化浆料中的阻裂作用：镁质胶凝材料收缩裂缝在形成初期通常较为细小，宽度一般不超过 0.05mm。由于浆料中众多三维乱向分布的聚酯纤维存在，使得裂缝在向任意方向发展时，在最远不超过纤维平均中心距就会遇到一根纤维，此时裂缝尖端的集中拉应力即转移至这根纤维，裂缝的发展就此受阻。

另外，在浆料中均匀密布的棕丝在镁基胶体中以微骨架形式起到一定的支撑作用，减小了镁基料浆的收缩变形。在微观上遏制了料浆中的黏着裂缝；在宏观上，阻止了浆料塑性收缩裂缝和干燥收缩裂缝的发展。

棕丝在镁质胶凝材料中的阻裂作用，其实质就是从微观上将料浆中的初始裂缝限制在无害阶段，阻止其向宏观的有害裂缝发展。

纤维的阻裂效应主要取决于纤维平均间距 s 和单位体积镁基料浆中纤维的根数 n。在纤维均匀分散的前提下，纤维的平均间距 s 越小，n 就越大，那么纤维在料浆中所表现的阻裂效果也就越好。纤维的分散率越低，能产生阻裂效果的独立纤维根数就越少，阻裂效果也就越差。

因此，为了获得良好的阻裂效果，纤维必须具有良好的分散性。用于镁质胶凝材料的棕丝，经过特殊的表面处理，增强了纤维单丝之间的互斥力，在料浆中具有良好的可分散性，只需常规的搅拌工艺，即可使纤维充分完全分散。特殊的表面处理还增强了纤维与料浆中轻烧氧化镁水化物的表面结合力，因此能够在料浆中良好地传递应力。

2.4.5 钢丝网架

钢丝网架（图 2.30）是由高强度钢丝或不锈钢丝根据需要制成不同规格、不同形态的一种网状结构。在本书中钢丝网架作为一种增强材料，与镁质胶凝材料配合，以提高镁质制品的抗压和抗弯强度，其自身强度远远优于竹材、木材（表 2.24）。不过，钢丝网架与镁质材料结合时，因氯离子的存在会腐蚀钢丝网架，影响钢丝网架的使用寿命和镁质制品的力学性能。如何对钢丝网架的表面进行防腐防锈处理，成为非常重要的一环。

图 2.30 钢丝网架

表 2.24　竹材、木材、钢材的强度比较

种类		抗拉强度 / (kg/cm²)		抗压强度 / (kg/cm²)	
		强度	平均	强度	平均
竹材	毛竹	1948.3	2138.8	640.1	487.8
	刚竹	2833.6		540.5	
	淡竹	1821.7		359.5	
	麻竹	1951.3		411.2	
木材	杉木	772.2	1073.4	406	444
	红松	981.2		328	
	麻栎	1432.1		577	
	擦木	1108.2		465	
钢材	软钢	3780~4250	5170~5638 以上	—	—
	半软钢	4400~5000		—	
	半硬钢	5200~6000		—	
	硬钢	7300 以上		—	

　　钢丝网架的防锈处理方式有热浸锌、真空浸锌、电镀锌等，目前以表面镀锌为多，结合施工现场或提前预埋方式跟其他材料进行结合，以满足生产设计需要。

　　一般热镀锌钢丝网架主要由坚固的钢格栅压焊结构而成，具有高承载、结构轻、便于吊装等特点；热镀锌表面处理使其具有相当好的防腐能力，表面光泽美观。广泛应用于建筑、交通和环境工程等领域。

1. 钢丝网架规格参数

钢丝网架的规格参数通常包括材料、网眼尺寸、线径、规格和重量等方面。

（1）材料

钢丝网架可以采用不同材料制造，例如低碳钢丝、不锈钢丝、铝合金钢丝等。不同材料具有不同的耐腐蚀性、强度和价格等。

（2）网眼尺寸

网眼尺寸是指钢丝网架网孔的大小，常用的单位有毫米和英寸。网眼尺寸决定了钢丝网的过滤效果和通风性能，不同工程应用需要根据具体要求选择合适的网眼尺寸。

（3）线径

线径是指钢丝网中单根钢丝的直径，常用的单位有毫米和英寸。线径决定了钢丝网的强度和承重能力，一般情况下，线径越大，强度越高。

（4）规格

钢丝网的规格通常以长度和宽度来表示，常见的规格有 1000mm×2000mm、1220mm×2440mm 等。根据具体工程需要，可以选择不同规格的钢丝网，或者根据需要对钢丝网进行定制。

（5）重量

钢丝网的重量取决于材料、网眼尺寸、线径和规格等因素，常用的单位有 g/m^2 和 kg/m^2。重量是衡量钢丝网密度和耐久性的重要指标。

2. 钢丝网架选购与使用指南

钢丝网架规格型号是选择和使用钢丝网时的重要参考指标。通过了解钢丝网的基本规格参数，并参考钢丝网规格型号表，可以选择适合具体工程需求的钢丝网架型号。在选购和使用钢丝网时，还需要考虑使用环境、承重能力、安装要求、寿命及维护等因素，以确保钢丝网的使用效果和安全性。

3. 应用与发展

（1）预制钢丝网架保温板，包括聚苯板及钢丝网架，其结构为镁质胶凝材料渗透板的外侧设有保温砂浆层及抹面砂浆层，钢丝网架包括钢丝网片、U 形钢筋及加强插筋，其中钢丝网片放置在保温砂浆层内，U 形钢筋的底部与钢丝网片固定连接，U 形钢筋的两边穿插到聚苯板的内侧，加强插筋的一端与钢丝网片固定连接，另一端伸出到镁质胶凝材料渗透板的内侧。在镁质胶凝材料渗透板中设置钢丝网架增强保温板的强度。

（2）钢丝网架板在大模内置外墙保温中，又称为现浇混凝土外墙保温系统。该系统是采用镁质胶凝材料渗透板，其正面加工成所需齿形凹槽一侧配以 2.0mm 钢丝网片（钢丝网目 50mm×50mm）、腹丝斜插过芯板（6~8cm）焊接而成的三维空间保温板。为防止钢丝网片锈蚀和便于保温板表面与外部找平砂浆的结合，在保温板表面及钢丝网架上均喷涂界面剂。

该系统具有隔声、隔震、防水、防火、耐气候老化性好、节能、结构坚固、整体性强的优点。

随着市场对防腐要求提高，钢丝网架防腐处理技术也相应提高。MJT 推出一种新的防腐处理技术：石墨烯纳米防腐技术，利用石墨烯纳米材料的独特性质，提升防腐涂料的性能。石墨烯拥有出色的电导性、热导性、机械强度以及化学稳定性，使得它成为防腐涂料的理想添加剂。石墨烯的纳米尺寸效应使得它能够填补涂料中的微小缺陷，形成一个更致密的屏障层，有效阻隔水和氧气等腐蚀介质。石墨烯能与金属基体反应，形成防护性的膜层，提高金属的耐蚀性。石墨烯优良的机械性能可以提高涂层的耐磨、抗刮擦性能，延长涂层的使用寿命。

因此，石墨烯纳米防腐涂料具有优异的耐腐蚀性、耐候性、耐水性、耐油性、耐化学品性等多种特性，可以保护钢丝网架免受腐蚀的侵害。

2.5　填充辅料

生产镁水泥制品时，常常加入锯末或粉煤灰、砂石等填充材料，并使用玻璃纤维或玻璃布等抗拉材料，以及钢筋等补强材料来进一步提高制品的强度。

氯氧镁水泥对各种填料（如砾石、沙子、大理石粉、石棉、木材颗粒和膨胀黏土等）有优异的黏结能力，用氯氧镁水泥与填料生产各类制品，不仅固化速度快，早期强度也高。常见的填充材料主要有锯末（也可用粉碎到合适细度的麦秆、棉秆、稻壳等）、粉煤灰、砂石等。其作用：一是调节菱镁代木类产品的材料性能，如提高韧性、降低自重、改善其加工性能等；二是通过加入填充物，减少轻烧氧化镁的使用量，降低成本。

按填料的化学组分来分类，填料可分为有机材料、无机材料等，不同种类的填料有着各异的调节效果。

2.5.1　有机材料

1. 锯末类植物秸秆填充料

新世纪人们对建材绿色化的要求越来越高，国内外许多厂家将秸秆类、麻类农业废弃物作为填料，大规模应用到水泥基复合材料中，产生了一定的社会效益。

锯末（图 2.31）是木材在加工时留下的残留物，具有不俗的物理性能，质地轻而疏松多孔，保水性、透气性俱佳。在实际的菱镁制品生产过程中，可以根据原料方便采购与否选购不同品类的锯末，选购时要注意材料的含水率和细度等指标。锯末属于易吸水类材料，如不进行憎水包覆处理，会大幅提高镁基料浆的卤水用量，容易造成镁基制品返卤。所以，对于这些易吸水的填充料和集料，在使用前均应进行憎水包覆处理，使其基本不吸水或吸水很少，就可以降低制品返卤概率。

制品的功能和美观性要求决定了填料添加量的大小，比如在工艺品中，视填料的含水率不同，填料的用量占比一般为料浆总质量的10%~15%，最高用量为总质量的20%。如果用量过大，制品的强度等性能很难保证。镁基防火板的锯末用量要远高于传统的工艺品，视工艺要求不同，一般锯末添加量高达50%~60%，使其在具有良好的防火性能的同时，具有一定的柔韧性。因此，在镁基制品中合理利用价格低廉的锯末，不但可以变废为宝，而且能有效降低生产成本，改善制品的性能。

除了锯末，稻壳（图2.32）、米糠等也是常见的农业废弃料，这些材料都可作为填料代替部分镁基原料用于镁基制品生产。稻壳、米糠等性质与锯末有所不同，稻壳、米糠表面富含蜡质，不易吸水，因而不易拌和，容易漂浮在料浆表面，使用时需要根据实际情况对配比进行调整。

图 2.31　锯末　　　　　　　　　　　图 2.32　稻壳

资源化利用是该类农业废弃料得以有效利用的趋势与发展方向，这符合当前农业可持续发展和绿色循环农业产业发展的要求。同时，稻壳、锯末作为生物质能源原材料之一，如果加以科学利用，可以产生巨大的经济效益。近年来，随着资源化利用技术的不断完善和推广应用，稻壳等植物纤维经过专用的烧灰炉烧去有机物，残留下富含 SiO_2 的无机物灰烬等，再经过磨机磨细，即可得到活性 SiO_2 含量较高的灰分。目前，稻壳灰、秸秆灰在水泥制品、高性能混凝土等方面得到广泛应用。作为一种适用于水泥基材料的活性生物质硅源掺合料，其在氯氧镁水泥体系中的应用研究也不断增多。

2. 聚苯颗粒

绝热材料是保温材料和隔热材料的统称，通常把防止室内热量外流的叫作保温材料，防止室外热量进入的叫作隔热材料。保温材料一般是指导热系数小于或等于 0.12W/（m·K）的材料，其在当前整个建筑工程行业中的作用都是十分巨大的。

聚苯颗粒是一种高分子聚合物，全称为膨胀聚苯乙烯泡沫颗粒（EPS 颗粒）（图 2.33），由巴斯夫（BASF）于 1950 年研制。因其优良的绝热性能，聚苯颗粒广泛应用于建筑领域，后又因其耐冲击性强而被广泛用于包装行业。

聚苯颗粒是采用聚苯乙烯树脂发泡制得，聚苯乙烯树脂与发泡助剂混合后，在一定压力的蒸汽环境中加热软化，发泡助剂分解产生气体，聚苯乙烯树脂膨化为硬质闭孔结构的泡沫塑料。这种均匀封闭的空腔结构使 EPS 颗粒具有吸水性小、保温性好、质量轻等特点。EPS 颗粒的密度由成形阶段聚苯乙烯颗粒的膨胀倍数决定，一般介于 $10 \sim 45 kg/m^3$，作为工程中使用的 EPS 颗粒表观密度一般在 $10 \sim 30 kg/m^3$，可以根据客户需求进行定制。随着建材市场竞争压力不断增加，不少同仁早已将聚苯颗粒容重控制在 $5 kg/m^3$ 左右。

石墨改性聚苯颗粒（图 2.34）以进口石墨改性聚苯乙烯为原料制得，分散在聚苯乙烯中的纳米级片状石墨粒子具有对红外线反射效果，可有效降低长波辐射，进一步降低保温板材的导热系数。普通聚苯乙烯泡沫塑料板的导热系数在 0.033~0.044W/（m·K），由石墨颗粒组成的石墨聚苯板的绝热能力比普通 EPS 至少高出 30%，其导热系数为 0.030~0.032W/（m·k）。由于石墨改性聚苯颗粒原料几乎全部进口，价格高昂，市场上不少商家使用染色的聚苯颗粒冒充石墨改性聚苯颗粒进行售卖，采购时应注意甄别。

图 2.33　膨胀聚苯乙烯泡沫颗粒

图 2.34　石墨改性聚苯颗粒

目前建筑行业用的镁基轻质保温板，主要以掺入聚苯颗粒的方式来减重并达到节能保温的效果，比如玻镁净化板、装配式防火保温板等。在实际生产上，聚苯颗粒也有着不容忽略的问题，比如热变形温度低。当掺加了聚苯颗粒的制品内部温度高于 60℃时，聚苯颗粒容易缩小、形变，严重影响制品的使用性能与美观度，这种现象一般称为烧芯。此外，聚苯乙烯产品由不可再生的石油制成，不利于自然资源的可持续性发展，保温行业亟需性能更加优秀的产品取而代之。

2.5.2　无机材料

1. 活性材料

1）硅灰

硅灰（silica fume）（图 2.35）是冶炼硅铁合金或工业硅时，从烟道捕集的、以无定形二氧化硅为主要成分的飞灰。硅灰粒径在 0.1～0.2μm，比表面积为 15～20m²/g。根据所含杂质（如碳、氧化铁等）的不同，硅灰颜色有白色、灰白色、灰色等。直接捕集而得的原灰，堆积密度为 150～300kg/m³，经加密处理后，密度可达到 800kg/m³。

图 2.35　硅灰

根据化学组分和物理性质的不同，硅灰等级标准通常分为一级、二级、三级。其中，一级硅灰硅酸含量大于 75%，活性高，黏结力强，适用于高强度混凝土、耐火材料等领域；二级硅灰是硅酸含量在 65%～75%，活性适中，适用于普通混凝土、水泥制品等领域；三级硅灰中的化学成分和物理性质都达不到建筑材料生产的要求，硅酸含量在 45%～65%，活性较低，适用于填充材料等领域。

硅灰能够提高氯氧镁水泥的耐水系数，且随着添加量的增加，氯氧镁水泥的耐水性进一步增强。在进入氯氧镁水泥体系后，硅灰在碱性环境的激发下，生成大量的硅酸根离子，与体系中的多核羟合镁离子结合，生成水化硅酸镁凝胶，填充氯氧镁水泥孔隙，大幅提高氯氧镁水泥的耐水能力。

2）炉渣

炉渣一般指冶金过程中产生的废渣，其组分靠加入适量的熔剂（石灰、石英石、萤石等）进行调整。在冶炼过程中通过对炉渣组分和性质的控制，能使脉石和氧化杂质的产物与熔融金属或硫顺利分离，脱除金属中的有害杂质，吸收液态金属中的非金属夹杂物不直接受炉气污染，富集有用的金属氧化物；在电炉冶炼中还是电阻发热体。炉渣在保证冶炼操作顺利进行、冶炼产品质量、金属回收率等各方面起着决定性作用，炼钢作业中有"炼好渣，才能炼好钢"的说法。

根据冶金过程的不同，炉渣可分为熔炼渣、精炼渣、合成渣；根据炉渣性质，有碱性渣、酸性渣和中性渣之分。许多炉渣有重要用处。例如高炉渣可作水泥原料；高磷渣可作肥料；含钒、钛渣分别可作为提炼钒、钛的原料等。有些炉渣可用来制炉渣水泥、炉渣砖、炉渣玻璃等。

由于炉渣（高炉渣）、钢渣等都属于冶金行业过程中的副产，不同副产的化学组分不同，可以根据制品的性能需求进行添加，不仅能够达到副产消耗的目的，同时能够降低产品的生产成本。

2. 惰性材料

1）石粉

石粉（图 2.36）是不同矿物质的粉末，种类较多，按照矿物成分划分有很多品种，比如常见的：石灰石的主要成分是碳酸钙，作为石粉的表现形态为重钙粉和轻钙粉，它们属于石粉的一种；滑石粉和石英粉也都属于石粉，还有很多矿物成分的岩石磨成粉末均可作为石粉，用作不同的工艺和用途。本书仅介绍与镁质材料相关的常用石粉。

随着社会生态文明的发展，绿水青山就是金山银山的理念越来越深入人心，为保护

图 2.36　石粉

生态环境，用天然矿石直接制作石粉的方法将会减少，为缓解与市场需求之间的矛盾，除了在骨料的加工过程中产生的石粉，利用工业废弃物作为石粉将成为未来趋势，这样可以解决原先的工业废弃物对环境所造成的污染。

（1）作用

① 石粉在一定掺量范围内取代部分细骨料，可起到填充密实和微集料效应，能改善镁质料浆的和易性，可提高镁质胶凝材料的强度和抗渗性能，还可减少轻烧氧化镁用量，降低反应峰值温度，减小温度应力，提高胶凝材料抗裂性能。

② 利用不同硬度的石粉可以制作硬度要求不同的板材（或制品），比如制作人造大理石。

③ 现有工艺以镁质材料作为胶合剂，添加一定量 MJT 系列改性剂，并调以不同颜料（或涂有颜色的矿石）经过特殊工艺可制作力学性能优异、装饰美观、耐老化、耐高温、不易变形、易铺贴和节能环保的高端装饰的无机石英石（图 2.37）。

图 2.37　无机石英石

④ 以镁质胶凝材料为无机胶凝剂，配以聚苯乙烯泡沫颗粒，和微细的石粉等所做的制品，不但节约镁质材料，还能提高镁质胶凝材料综合性能。比如用 300~500 目的石英粉按照一定量掺入装配式结构匀质板中可以提高耐火效果，增加强度。

⑤ 在一些镁质制品中添加适量石粉可增加料浆黏度和可操作性，降低成本。如在玻镁板生产中添加适量滑石粉便可起到很好的作用。

⑥ 为提高镁质制品表面细腻度和白度，可在制作产品的面层料浆中添加一定量的白度高的微细滑石粉，用价格低廉的滑石粉代替部分钛白粉效果也不错。

⑦ 为增加镁质渗透保温板的质量和降低成本，可以用部分重钙粉代替部分轻烧氧化镁。

以上仅为常用几种石粉在镁质制品的应用，实际生产中还有其他石粉在制品中也有应用，因篇幅有限，不再赘述。

（2）展望

如果能将石粉稍作加工后作为掺合料使用，替代价格相对昂贵的硅粉或矿渣，对于解决实际工程的原材料紧缺问题、降低工程造价以及对环保等将具有重大的现实意义。

2）固废

凡人类一切活动过程产生的，且对所有者已不再具有使用价值而被废弃的固态或半固态物质，通称为固体废物，包括从废水、废气分离出来的固体颗粒等。一般将各类生产活动中产生的固体废物称为废渣，生活活动中产生的固体废物则称为垃圾。目前我国主要城市年产生活垃圾 1.9 亿吨，而堆积的工业固体废物有 60 亿吨，这些废渣不仅破坏环境、危害公众身心健康，还占用了大量的土地资源。

固废一词中的"废"只是对原所有者而言的，大多数固废经过一定的技术处理，可以转变为其他行业中的生产原料，部分无害化固废甚至可以直接使用。各国学者均在研究固废处理问题，以期实现固废无害化、减量化、资源化的目标，解决固废污染与经济发展、资源循环利用、环境保护之间的矛盾。

（1）国内外固废处理现状

国外固废处理主要经验为：第一，资源化是重要趋势。这些国家都在很大程度上通过焚烧产生电能或热能、堆肥、回收再利用等方式将垃圾"变废为宝"，实现了资源的回收利用。第二，良好的激励约束机制。经济激励和法律约束对于促进居民进行垃圾分类具有重要影响。第三，明确的垃圾分类体系。分类明确可操作，有助于居民有效地进行生活垃圾分类，降低末端处理成本。

（2）固废利用实例

目前我国工业固废处于成熟期，虽然技术层面仍需突破，但相关产业发展前景十分利好。压实、破碎、分选、固化、焚烧、生物处理等处理方法是应用最为广泛的也非常有效的。下面结合镁质胶凝材料处理处置固废进行简要介绍。

镁质胶凝材料在废渣、废物的再利用上是优先考虑的胶凝材料，其自身能够与有机、无机类的废渣、废物混合起到胶凝作用，而且在保证强度的前提下可加入的接料量更大，能够消化更多的废渣，因此利用镁质胶凝材料制作的产品也更加丰富，如工艺品、磨块、配重块、沼气罐、垃圾桶、墙板、烟道、防火板等。

① 粉煤灰在镁质胶凝材料中的利用

在镁基防火板、镁基隔墙板生产中添加粉煤灰，可减少胶凝材料用量，降低容重；改善性能，增加强度。在水泥制品生产中加入粉煤灰，提高浆料的和易性，减少泌水离析现象，降低水化热。粉煤灰可以用于生产镁质砌块，既是掺和料又是细集料，掺量高。合理利用粉煤灰，可在降低生产成本的同时，能够提高产品的性能。

粉煤灰在镁质胶凝材料体系中不仅是物理填充，而且是活性填料，它的加入改变了微观结构体系，优化了产品性能。加入适量的粉煤灰，使浆体中5·1·8相或3·1·8相包裹在粉煤灰小颗粒表面，随着时间的延长，这些小颗粒凝聚发生一系列的水化反应，形成类似滑石粉的人造石结构，即

$$3MgO+4SiO_2+H_2O \longrightarrow 3MgO \cdot 4SiO_2+H_2O$$

作为填充料选用的粉煤灰要求烧失量应小于8%，活性SiO_2含量大于5%，含泥量小于1%。当烧失量大于8%时会致使未与胶凝材料发生结合的残余碳浮于产品表面，影响二次粉刷加工，同时也影响制品强度；再就是粉煤灰需水量普遍偏大，一般是自重的0.95~1.15倍，掺量过大会在特定溶液用量的情况下使浆料和易性变差。

② 废旧建筑模板在镁质胶凝材料的应用

在建筑中经常用到木制建筑模板，经过多次使用后，原先木制模板成为废品不能继续使用，便可以把这些废弃的模板先切割成不同尺寸的条状，利用镁质胶凝材料把这些废弃切割的模板再加工成墙板，既得到了防火、韧性好、强度高的墙体材料，又减少污染、节约能源。

③ 工业固废与镁质胶凝材料的应用（一种利用废弃垃圾制造工艺品的加工装置及方法，专利申请号：CN202111201224.5），可以把建筑固体垃圾加工成不同粒径大小的碎块，利用镁质胶凝材料制作形状各异的工艺品或实用器具。

④ 其他固废与镁质胶凝材料的应用

生产门芯板的厂家，在生产门芯板时会产生门芯板下脚料或废品，一种处理方法是把门芯板废料打碎直接加到门芯板料浆中，还有就是专门收集门芯板废料或下脚料，投入搅拌罐中，按照比例加入一定量的盐酸（或硫酸），可制作出卤水（或硫酸镁溶液）。

以上仅介绍了几种传统的固废与镁质结合的处理处置技术，随着技术不断进步，定会涌现出更多的固废处理新技术和新方法。

（3）固废处理技术展望

传统的固废处理方式所采用的胶凝材料多以水泥等为主，可水泥生产时会产生大量的CO。经过MJT的研发，另一种固废处理技术——固废基胶凝材料应运

而生。

固废基胶凝材料是一种具有广泛应用前景的新型材料，可以有效地处理固废，同时还可以作为建筑材料和路基材料等。随着技术的不断进步和应用领域的不断扩大，固废基胶凝材料将会成为固废处理和资源化利用的重要手段。它通过钢渣、矿渣和脱硫石膏的协同作用，使大部分矿渣活性释放替代熟料。

该技术原材料全部使用工业固体废弃物（铁尾矿、副产石膏、冶金渣等）。混凝土骨料全部采用铁尾矿和废石，根据"粒配与活性的双重协同优化"原理，将工业废渣作为胶凝材料使用，与高性能减水剂（或超塑化剂）优化配合，制备较低水化热、较高耐久性的全固废混凝土，完全替代水泥。

总之，固废基胶凝材料是将固体废弃物与镁质、水泥、石灰、石膏等胶凝材料混合而成的一种新型材料。固废基胶凝材料的制备过程简单，原材料容易获取，且成本较低，具有广阔的应用前景。

3）珍珠岩

珍珠岩是一种火山岩，由远古时期的火山喷发而成。火山喷发出的炽热的酸性岩浆，遇冷后体积收缩，形成的具有特殊珍珠裂隙结构的玻璃质体，即珍珠岩。我国的珍珠岩储量极为丰富，矿床的品位较高。珍珠岩经焙烧工艺膨胀后，具有密度低、耐火性好等特点，可用于建筑、石油化工、园艺等领域。在建筑方面，膨胀珍珠岩（EP）可作为镁质水泥等胶凝材料的骨料进行使用，为墙体等提供更好的隔音、隔热效果。

（1）珍珠岩矿

我国珍珠岩矿的生成，源自侏罗纪与白垩纪大规模的火山喷发。整个矿带纵贯我国南北，从黑龙江至东南海滨均有珍珠岩矿床分布。珍珠岩矿带可分为三个亚带，即大兴安岭—燕山亚带、东北北部—山东亚带以及东南沿海亚带。全国中部、东部各省市均有一定数量的珍珠岩矿床分布，探明储量以河南信阳为首（图 2.38）。

珍珠岩矿由珍珠岩、黑曜岩和松脂岩组成，三者的外观以及含水率差异较为明显：珍珠岩具有特殊的圆弧状珍珠裂纹，含水率

图 2.38　河南省信阳上天梯珍珠岩矿

在 2%~6%；黑曜岩本身具有玻璃光泽，断口呈贝壳状，含水率一般小于 2%；松脂岩具有特殊的松节油光泽，含水率可达 6%~10%。

世界珍珠岩矿的储量十分丰富，达到惊人的 7.7 亿吨，除中国外，美国、希腊等均是珍珠岩开采大国。珍珠岩膨化工艺简单，产品附加值高，国内外珍珠岩的开采量呈逐年上升趋势。

（2）膨胀珍珠岩的生产工艺

膨胀珍珠岩简称珍珠岩，是一种由天然酸性火山灰质玻璃岩经焙烧膨胀而成的多孔轻质颗粒状绝热材料。珍珠岩主要由 70%~76% 无定形二氧化硅与少量金属氧化物（如 Al_2O_3、Fe_2O_3、K_2O、Na_2O 等）构成，金属氧化物含量与种类的不同，使得珍珠岩原矿呈现不同颜色，市场上常见的膨胀珍珠岩大多为白色或灰白色。根据膨胀倍数的不同，膨胀珍珠岩容重一般在 $40~180kg/m^3$。常温下，珍珠岩导热系数在 $0.048W/(m·K)$ 左右，是绝佳的保温绝热材料。

根据加热生产工艺不同，珍珠岩分为开孔珍珠岩和闭孔珍珠岩两大类，区别主要是煅烧的时间和温度不同。开孔珍珠岩使用的是燃气高温膨胀炉，是在高温条件下快速膨胀，在高温中的停留时间比较短，温度在 800℃以上；而闭孔珍珠岩使用的是电加热高温膨胀炉，通过对珍珠岩矿砂的梯度加热和滞空时间的精确控制，加热到 1200℃以上，使珍珠岩矿砂表面熔融，气孔封闭，内部呈蜂窝状结构。闭孔珍珠岩克服了传统膨胀珍珠岩吸水率大、强度低、流动性差、导热系数高的弊端，延伸了膨胀珍珠岩的应用领域。因而，开孔珍珠岩和闭孔珍珠岩的性能和使用不一样，开孔珍珠岩容重轻、强度弱、吸水性强，比重为 $80~110kg/m^3$，吸水一般大于 200%；而闭孔珍珠岩容重高、强度好、吸水性差，容重在 $100~150kg/m^3$，吸水率一般小于 50%。

需要注意的是，生产中用到的膨胀玻化微珠就是闭孔珍珠岩，标准中关于玻化微珠的定义是由玻璃质火山熔岩矿砂经过高温焙烧膨胀、玻化冷却制成的表面玻化封闭、内部多孔的不规则球状体颗粒，不包括普通膨胀珍珠岩、湿法改性后的憎水型普通膨胀珍珠岩、膨胀蛭石、海泡石等。

珍珠岩作为玻璃质体，没有固定熔点，一般在 700℃左右会软化，所以在对珍珠岩进行膨化时，需要加热到其熔点以上。珍珠岩的膨化原理与爆米花的制作原理相似，在对珍珠岩原矿加热过程中，珍珠岩内部含有的游离水会蒸发散失，当加热温度达到 700℃以上时，珍珠岩软化，并伴有内部的结合水汽化膨胀，将珍珠岩膨化，形成多孔结构（图 2.39）。通过控制膨化温度与时间，可调节珍珠岩膨胀倍数与孔隙率。

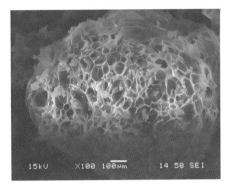

图 2.39 膨胀珍珠岩实物图与显微结构图

（3）膨胀珍珠岩的憎水处理工艺

膨胀珍珠岩性质稳定，耐火不燃，得益于高达 90% 的孔隙率，使得其导热系数较为出众，广泛适用于多种保温绝热板材生产。实际应用中，较高的孔隙率使得膨胀珍珠岩吸水率较高，不仅增加了膨胀珍珠岩料浆的用水量，影响制品后期质量，还使得成型后的制品难以干透，降低生产效率。较高的吸水率严重制约着膨胀珍珠岩的应用场景，对膨胀珍珠岩进行憎水处理是十分必要的。

目前，对膨胀珍珠岩进行憎水处理，主要有三种方法：

① 浸涂法。在制备好的普通膨胀珍珠岩制品表面喷涂一层憎水剂，形成一层憎水膜。此工艺虽然简单，但施工中制品表面若被碰坏，则将失去憎水性。

② 渗透法。将制备好的普通膨胀珍珠岩制品浸入憎水剂中进行渗透处理，使制品内部具有一定的憎水性。但该工艺需要二次干燥、煅烧，工艺复杂，制品表面易于损坏，生产成本较高，并且易造成浸不透现象，使制品失去内外全憎水性能。

③ 拌和法。将防水剂直接拌合到料浆中，再经成型、养护制成产品。此工艺相对简单，因原材料颗粒表面均被憎水剂包裹形成憎水膜，在断面也具有很好的憎水性，所以拌和法是实际生产中常用的憎水处理方式。

珍珠岩可以做墙体、屋面、吊顶等围护结构的隔热材料，配制轻骨料混凝土，预制各种轻质混凝土构件，膨胀珍珠岩隔热保温制品，如水玻璃膨胀珍珠岩、水泥膨胀珍珠岩、磷酸盐膨胀珍珠岩、菱镁珍珠岩等制品。

4）陶粒

陶粒是陶质的颗粒。陶粒的外观特征大部分呈圆形或椭圆形球体，也有一些仿

图 2.40 陶粒

碎石陶粒呈不规则碎石状（图 2.40）。

陶粒形状因工艺不同而各异。它的表面是一层坚硬的外壳，这层外壳呈陶质或釉质，具有隔水、保气作用，赋予陶粒较高的强度。

因为生产陶粒的原料很多，陶粒的品种也很多。焙烧陶粒的颜色大多为暗红色、赭红色，也有一些特殊品种为灰黄色、灰黑色、灰白色、青灰色等。免烧陶粒因所用固体废弃物不同，颜色各异，一般为灰黑色，表面没有光泽度，不如焙烧陶粒光滑。

陶粒的粒径一般为 5~20mm，最大的粒径为 25mm。陶粒一般用来取代混凝土中的碎石和卵石。

轻质性是陶粒许多优良性能中最重要的一点，也是它能够取代重质砂石的主要原因。陶粒的内部结构特征呈细密蜂窝状微孔。这些微孔都是封闭型的，而不是连通型的，保温性能较好。

在陶粒发明和生产之初，主要用于轻质隔墙板建材领域，随着技术的不断发展和人们对陶粒性能的认识更加深入，陶粒的应用早已超过建材这一传统范围，不断扩大到新领域。

5）气凝胶

气凝胶是一种具有纳米级多孔网状结构的新兴材料，由美国科学家 Samuel Stephens Kistler 于 1931 年最先制备而得。气凝胶的种类较多，根据其组成物质的不同，可分为硅系气凝胶、碳系气凝胶、硫系气凝胶以及金属氧化物系气凝胶等，如无特殊声明，本书所涉及气凝胶，均指常见的硅质气凝胶（图 2.41）。

作为世界上密度最小的固体，气凝胶容重可达 $3kg/m^3$ 以下，被称作"凝固的烟"。由于瑞利散射的作用，气凝胶一般呈现白色而又略带一些蓝色，因而也被叫作"蓝烟"。气凝胶内部含有大量的纳米级孔径，孔径中的气体很难对流，使得气凝胶具有非常低的导热速率，其导热系数可达 $0.013W/(m \cdot K)$ 以下，是现今保温绝热行业的新宠儿。

图 2.41 硅质气凝胶

（1）气凝胶的发展历程

气凝胶的发展历史就是一个技术进步和应用拓展互相促进的过程。自 1931 年气凝胶诞生以来，气凝胶历经四次产业化（图 2.42）。第一次产业化是美国孟山都公司主导，但由于成本过高、应用开发滞后而失败；第二次产业化在 20 世纪 80 年代，因高温超临界爆炸以及新技术经营不善而告终；第三次产业化中美国 Aspen Aerogel 成功将气凝胶商业化，将其应用于航天、军工、石化领域，受到市场青睐；目前气凝胶处于我国主导的第四次产业化过程中，新增众多产能的同时进一步将气凝胶的应用拓展到了电池、交通等民用领域。

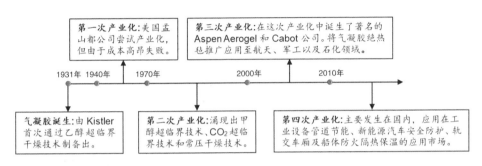

图 2.42　气凝胶的四次产业化

（2）硅基气凝胶的制备工艺

气凝胶的制备一般分为两步，即湿凝胶的制备与湿凝胶的干燥。在制备硅系气凝胶时，可采用溶胶-凝胶法，在丙酮与无水乙醇构成的溶剂中，以正硅酸乙酯（TEOS）作为前驱体，并加入三甲基氯硅烷进行疏水改性，制备湿凝胶。湿凝胶老化后，经溶剂置换处理，并使用超临界干燥、冷冻干燥、常压干燥、真空干燥等方式，制得成品气凝胶。无论采用哪种干燥方式，要点是尽量消除溶剂的表面张力对凝胶结构的破坏，保证成品的完整性（图 2.43）。

（3）气凝胶在保温材料中的应用

目前，市场上常见的以及研究较多的是氧化物基的气凝胶材料，用于建筑行业的气凝胶普遍的是 SiO_2 气凝胶。SiO_2 气凝胶具备隔热性能、轻质量、化学惰性和可重复使用的特点，是最早制得，同时也是目前研究时间最长、溶胶-凝胶机理最为成熟、制备工艺最为完善的气凝胶。SiO_2 气凝胶有着优越的隔热保温性能，市面上也不断涌现出各式各样不同的产品，有单组分的气凝胶粉体、气凝胶膏体，也有复合的气凝胶保温隔热砂浆、气凝胶保温板、气凝胶毡、气凝胶装饰一体板、气凝胶涂料等。测试结果表明，1mm厚的气凝胶保温涂料比8cm厚的聚苯板保温隔热性能好。因此将气凝胶应用到房屋建筑中，不仅能够节能减排、可持续发展，还能大大节省建筑空间。下面简单介绍相关的几种气凝胶产品。

① 气凝胶膏料（图 2.44）是将气凝胶粉体与其他物质复配、改性后制得的膏状产品。

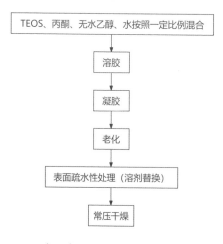

$$Si(OR)_4 + 2H_2O \longrightarrow SiO_2 + 4ROH$$

图 2.43　硅气凝胶的生产工艺和反应方程式

图 2.44　SiO_2 气凝胶膏料

由于气凝胶粉体密度较低，而又呈现疏水性，难以在水基体系中分散，并且在使用时会因漂粉而产生大量有害粉尘，粉体气凝胶难以在现有的胶凝体系中应用。气凝胶在被改性并制成膏体后，可在水中均匀分散，较好地解决了实际生产中遇到的上述问题，可作为功能性材料添加到保温、绝热材料中，进一步降低保温制品的导热系数，产品相关参数见表 2.25。

表 2.25　SiO_2 气凝胶膏物化性质

产品型号	涂膏
成分	SiO_2 气凝胶
外观	白色膏状
热传导率 /（W/（m·K））	0.015~0.018
耐温范围 /℃	-60~600
固含量 /%	10~30

产品型号	涂膏
比重 /（g/cm³）	0.40~0.60
VOC 含量	0
pH 值	6~8
氯化物	无

② 气凝胶热固复合聚苯板（图 2.45）

目前常用的内外层保温板，一般采用胶凝材料与轻质保温材料相结合的生产工艺，其导热系数往往难以达到 050 级匀质防火保温板的相关要求（即导热系数为 0.045~0.050W/（m·K）），气凝胶热固复合聚苯板应运而生。在生产中，通常是用气凝胶作为轻质骨料的替代品或者选择轻质骨料和气凝胶的最佳组合，将 SiO_2 气凝胶掺入普通硅酸盐水泥或镁水泥中，来增加体系的孔隙率，提高其绝热性能和隔音性能，同时也可

图 2.45　气凝胶热固复合聚苯板

以增强产品的强度和耐久性。比如常用的轻质保温制品镁基热固复合聚苯板，在传统的生产加工过程中掺入硅气凝胶，产品的导热系数就会降到 0.045W/（m·K）以下，产品的隔热保温性能有了显著的改善（表 2.26）。同时，也可以在制品表面喷涂气凝胶涂料，以达到增强其表面性能的目的。

表 2.26　气凝胶热固复合聚苯板的性能参数

检测项目	标准要求 T/CIEEMA 002—2020 （050 级）	气凝胶复合不燃保温板	测试标准
密度 /（kg/m³）	120~180	90~120	GB/T 5486—2008
导热系数 /（W/（m·K））	0.045~0.050	≤0.042	GB/T 10294—2008
垂直于板面方向的抗拉强度 /MPa	≥0.10	≥0.10	JG/T 536—2017
抗压强度 /MPa	≥0.15	≥0.15	GB/T 5486—2008

续表

检测项目	标准要求 T/CIEEMA 002—2020 （050级）	气凝胶复合不燃 保温板	测试标准
干燥收缩率/%	≤0.6	≤0.8	JG/T 536—2017
体积吸水率/%	≤8	≤5	GB/T 5486—2008
抗折强度/MPa	≥0.2	≥0.22	GB/T 5486—2008
软化系数	≥0.7	≥0.7	JG/T 536—2017
燃烧等级	A（A2）级	A（A2）级	GB/T 14402—2007

但是，与传统的保温材料相比，气凝胶保温隔热材料的价格较高，在一定程度上增加了建筑成本。在2024年普通的建材匀质保温板每立方米的售价为200~300元，比如新疆和四川某些厂家售价已经压到了220元每立方米。但是在安徽地区有部分厂家生产高端匀质保温板，其售价高达1500元每立方米，价格翻了7倍左右。相对来讲，高端板材面向的客户群少，需求量小，销售数量相对有限。如果结合气凝胶的使用，来提高板材的性能，每立方米的板材推荐添加0.5%~1%的气凝胶粉体，气凝胶粉体市场每公斤售价在200元以上，按照参考加量加入，容重在80~110kg/m³的匀质保温板每立方米的成本会增加100元以上，因此成本问题是该制品没有被大量推广和应用的主要原因。

③气凝胶水性涂料与保温砂浆（图2.46）。这两种产品已有工业化生产，需要根据下游生产制品进行定制，目前主要应用于管道保温和建筑墙体保温。气凝胶涂料可达到建筑防火等级A级，比传统保温材料的防火等级更高。此外，气凝胶涂料抗裂性强，避免热胀冷缩导致保温材料及外饰面的开裂甚至脱落。

④气凝胶毡（图2.47）一般是以SiO₂气凝胶为主体材料，通过特殊工艺同碳纤维或陶瓷玻璃纤维棉或预氧化纤维毡复合而成的柔性保温毡。其特点是导热系数低，有一定的抗拉及抗压强度，同时可以减少保温层厚度，有优良的憎水性和防火性，施工方便，属于新型的保温材料。导热系数通常为0.013~0.025W/（m·K），密度为3~250kg/m³。

图2.46　气凝胶保温砂浆

⑤ 新型保温材料——透明 SiO_2 气凝胶

太阳能是一种可再生能源，取之不尽，用之不竭。传统上太阳能的利用形式是通过反射、吸收等方式收集太阳能辐射，并将之转化为热能加以利用。因此，太阳能光热转换效率的高低，是衡量太阳能装置性能尤为重要的参数。

常见的太阳能发电装置，对太阳能的利用效率仅 20% 左右，而太阳能热水器对太阳能的利用效率可达到 60%。麻省理工学院教授开发出新型透明气凝胶，并将之应用于太阳能光热转换器上。在非聚光、非真空的自然光条件下，附有透明气凝胶（图 2.48）的光热转换器在室内与室外分别升温至 265℃ 与 220℃，远高于传统光热转换器的使用效果。透明气凝胶的作用类似于温室大棚，可以将照射而来的太阳辐射牢牢锁住，大幅提高了太阳能的利用率。

图 2.47　气凝胶毡

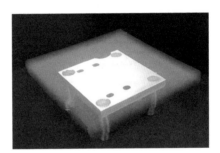

图 2.48　透明 SiO_2 气凝胶

得益于较低的导热系数，气凝胶适用于生产保温隔热材料，多种含有气凝胶的板材被应用于建筑领域。除了传统的外墙保温板材，透明气凝胶还可以应用于夹层玻璃生产中，以代替传统的中空玻璃，达到更好的建筑节能效果。虽然市场上有不少厂家推出了含气凝胶的保温板材类产品，但价格较传统 EPS 颗粒板材更加昂贵，不适用于民宅使用。价格仍是制约气凝胶类制品大规模应用的主要因素之一。

随着"双碳"战略的深入推动和实施，2018 年 6 月气凝胶被列入建材新兴产业。同年 9 月，第一个气凝胶材料方面的国家标准《纳米孔气凝胶复合绝热制品》GB/T—34336（2017）发布实施。2019 年 12 月，国家发改委发布文件，鼓励气凝胶节能材料的研发生产。到 2020 年 11 月，山西省启用《气凝胶保温隔热涂料系统技术标准》，为野蛮生长的气凝胶涂料市场拨乱反正。气凝胶类材料的民用化进程，仍需要政策的不断引导及企业的不断推动。

第 3 章

理论配比

本章主要围绕镁质胶凝材料的理论配比展开叙述，包括氯氧镁胶凝材料、硫氧镁胶凝材料、硫氯复合胶凝材料以及磷酸镁胶凝材料。从各种原材料到变成具有功能性的一种无机非金属胶凝材料，其中进行了复杂的化学反应，在这个过程中会不断反应发育形成胶凝体，但是一旦原始的投料比超出了合理的范围，对最后得到的胶凝体有着相当大的不利影响，尤其是在工业应用中强调的机械强度上存在直接的利害关系。

因此，为了尽量避免上述问题的发生，通过对一系列实验数据的研究分析，找到了这四种胶凝材料合适的投料比范围，也就是理论摩尔配比（基于实验数据的经验配比）：

（1）$5Mg(OH)_2 \cdot MgCl_2 \cdot 8H_2O$（5·1·8相）是氯氧镁胶凝材料的主要强度相，随着 $MgO/MgCl_2$ 摩尔比的增加，逐渐形成强度相。研究发现，理论摩尔比在 6~10 的参考范围内则是以 5·1·8 相为主要结构相。并且通过控制 $H_2O/MgCl_2$ 的摩尔比，也可以引导 5·1·8 相的生成。同时注意，在 $H_2O/MgCl_2$ 摩尔比过低的情况下，胶凝材料表面会产生一层盐霜。

（2）$5Mg(OH)_2 \cdot MgSO_4 \cdot 7H_2O$（5·1·7相）是硫氧镁胶凝材料的主要强度相，随着 $MgO/MgCl_2$ 摩尔比的增加，逐渐形成强度相。研究发现，理论摩尔比在 5~8 的参考范围内则是以 5·1·7 相为主要结构相。当 $H_2O/MgSO_4$ 摩尔比在 21~23 时，5·1·7 相最为稳定，硫氧镁水泥的强度较高。

（3）硫氯复合胶凝材料是四元体系，实际上仍是氯氧镁水泥和硫氧镁水泥的体系分别生成固有的强度相，通过将两者复合生产旨在减少纯氯氧镁胶凝体系游离氯含量，提高制品的稳定性。当原材料配比控制在一个适宜的范围内时，硫氯复合镁水泥水化产物微观结构密实，使其具有较高的强度及良好的耐水性。

（4）$Mg(M)PO_4 \cdot 6H_2O$ 是磷酸镁胶凝材料的主要强度相，以常用的磷酸二氢钾盐进行复配，参考的合适质量配比为重烧氧化镁∶磷酸二氢钾∶水∶缓凝剂＝4∶1∶0.9∶0.04。实际上，在保证工作性能的情况下，降低水灰比，可以带来更高的强度。

3.1　氯氧镁胶凝材料

氯氧镁水泥是由 Sorel 发现的。它是一种气硬性水泥，由轻烧氧化镁（通常在700~900℃煅烧）与氯化镁（$MgCl_2$）溶液混合而成。作为矿物水泥的主要代表之一，氯氧镁水泥因在许多方面表现出优于普通硅酸盐水泥（OPC）的性能而受到广泛关注，如凝结快、密度低、机械强度高、耐磨损、耐火以及不受油脂和油漆的渗透等。氯氧镁水泥对大量的各种填料，如砾石、砂石、大理石粉、石棉、木颗粒、膨胀黏土等均有极好的黏结能力，且凝结速度快，具有较高的早期强度。此外，MgO 的烧制温度比传统的硅酸盐水泥低，氯氧镁水泥制品可以吸收并固定大气中的二氧化碳，因此 MOC 是一种生态友好的"碳中和"水泥。

常见的氯氧镁水泥制品包括住宅建筑地板材料、隔热隔音材料、耐火砖、磨石、人造象牙等，但由于氯氧镁水泥耐水能力差，且体系内的氯离子浓度奇高，不宜使用未加处理的钢筋进行加固，使得氯氧镁水泥材料在诸多领域的应用受到限制。

3.1.1　反应机理

在过去的几十年里，人们对 MgO、$MgCl_2$ 和 H_2O 三种基本原料组成的 MgO-$MgCl_2$-H_2O 三元体系的微观结构、反应机理和强度发展进行了大量的研究。在MgO-$MgCl_2$-H_2O 三元体系中，水化相通常表示为 $xMg(OH)_2 \cdot yMgCl_2 \cdot zH_2O$。氯氧镁水泥固化后，体系内一般会存在四种主要的反应晶相，即 2 相（$2Mg(OH)_2 \cdot MgCl_2 \cdot 4H_2O$）、3 相（$3Mg(OH)_2 \cdot MgCl_2 \cdot 8H_2O$）、5 相（$5Mg(OH)_2 \cdot MgCl_2 \cdot 8H_2O$）和 9 相（$9Mg(OH)_2 \cdot MgCl_2 \cdot 4H_2O$）。3 相与 5 相在低于 100℃时保持稳定，而 2 相和 9 相只有在固化温度超过 100℃时才保持稳定。3 相和5 相表现为结晶良好的针状晶须，这些晶须也被称为卷管晶须（scroll-tubular whiskers）

图 3.1 氯氧镁水泥的 SEM 图

（图 3.1）。由于这些晶须形成过程中形成互锁和致密的微观结构，这也被认为是致使 MOC 硬化并贡献强度的主要反应产物。5 相出现于氯氧镁料浆混合后不久（混合后约 2h），具有良好的空间填充性能，微观结构致密，孔隙率在四种晶相中最小。因此，在 MOC 的体系设计中，更倾向于促进 5 相的生成。根据书写习惯，一般将 $3Mg(OH)_2 \cdot MgCl_2 \cdot 8H_2O$ 相简写为 $3 \cdot 1 \cdot 8$ 相，$5Mg(OH)_2 \cdot MgCl_2 \cdot 8H_2O$ 相简写为 $5 \cdot 1 \cdot 8$ 相。

$Mg(OH)_2$ 是难溶物，在水中的溶解度很小，即使在 30°Bé 的 $MgCl_2$ 溶液中，$Mg(OH)_2$ 溶解度也只有 0.1903g/L。$Mg(OH)_2$ 在卤水中很难电离出 Mg^{2+} 和 OH^-，所以卤水中不会自发地生成 $5 \cdot 1 \cdot 8$ 相和 $3 \cdot 1 \cdot 8$ 相。研究发现，使用 XRD 相分析技术，跟踪氯氧镁水泥的水化反应，在氯氧镁水泥反应早期，即在 $5 \cdot 1 \cdot 8$ 相出现之前，并未发现有 $Mg(OH)_2$ 相生成，因此，对"统一化学理论"持怀疑态度，提出了碱式盐的观点，认为镁水泥水化物是通过水羟合镁离子、Cl^-、OH^- 和 H_2O 形成的，并对氯氧镁水泥的水化过程以及机理进行了阐释。

MOC 胶凝体中水合物相的形成过程可以概括为，$MgCl_2$ 晶体在水中溶解，MgO 粉被中和溶解，Mg^{2+} 水解桥接形成 $[Mg_x(OH)_y(H_2O)_z]^{(2x-y)+}$，形成 MOC 胶凝体的初始态，然后无定形的胶凝化合物转化为结晶水合物相。总反应方程式见下式：

$$3MgO + MgCl_2 + 11H_2O \longrightarrow 3Mg(OH)_2 \cdot MgCl_2 \cdot 8H_2O \tag{3.1}$$

$$5MgO + MgCl_2 + 13H_2O \longrightarrow 5Mg(OH)_2 \cdot MgCl_2 \cdot 8H_2O \tag{3.2}$$

（1）$MgCl_2$ 晶体在水中的解离

当 $MgCl_2 \cdot 6H_2O$ 溶于水中，$MgCl_2$ 分子可电解生成氯离子（Cl^-）和水镁离子（$[Mg(H_2O)_6]^{2+}$），由于 Mg^{2+} 的极化作用，部分 $[Mg(H_2O)_6]^{2+}$ 能进一步水解，生成单核水羟合镁离子与氢离子，使溶液呈现弱酸性，见下式：

$$MgCl_2 \cdot 6H_2O \longrightarrow [Mg(H_2O)_6]^{2+}(aq) + 2Cl^-(aq) \tag{3.3}$$

$$[Mg(H_2O)_6]^{2+}(aq) \rightleftharpoons [Mg(OH)(H_2O)_5]^+(aq) + H^+(aq) \tag{3.4}$$

（2）MgO 在 $MgCl_2$ 溶液中的反应

当 MgO 与 $MgCl_2$ 溶液混合时，MgO 和 $MgCl_2$ 溶液中水解形成的 H^+ 发生中和反应，导致 MgO 粉末溶解，体系的 pH 值升高，可能发生的反应如下所示：

$$MgO+2H^+(aq)+5H_2O \Longrightarrow [Mg(H_2O)_6]^{2+}(aq) \tag{3.5}$$

$$MgO+H^+(aq)+5H_2O \Longrightarrow [Mg(OH)(H_2O)_5]^+(aq) \tag{3.6}$$

（3）单核配合物的水解桥接反应

MgO 在 $MgCl_2$ 溶液中的溶解和 pH 值的升高，不仅导致了单核配合物的形成，还诱导单核配合物通过共用配体（OH^- 或 H_2O）来相互连接，使得两个 Mg^{2+} 之间形成一些成分不确定的复合物，如下式所示：

$$[(H_2O)_5Mg(OH)]^+ + [H_2O\text{-}Mg(OH)(H_2O)_4]^+$$
$$\Longleftrightarrow [(H_2O)_5Mg\text{-}OH\text{-}Mg(OH)(H_2O)_4]^{2+} + H_2O \tag{3.7}$$

$$[(H_2O)_4Mg\text{-}OH\text{-}H_2O]^+ + [H_2O\text{-}H_2O\text{-}Mg(H_2O)_4]^{2+}$$
$$\Longleftrightarrow [(H_2O)_4Mg\text{-}OH\text{-}H_2O\text{-}Mg(H_2O)_4]^{3+} + 2H_2O \tag{3.8}$$

桥接反应产生双核、三核和多核的带较高电荷的配合物，它们还被进一步水解以降低电荷并释放 H^+，如下式：

$$[(H_2O)_4Mg\text{-}OH\text{-}H_2O\text{-}Mg(H_2O)_4]^{3+} \Longleftrightarrow [(H_2O)_4Mg\text{-}OH\text{-}OH\text{-}Mg(H_2O)_4]^{2+} + H^+$$
$$\tag{3.9}$$

这些水解和桥接反应交替发生，并随着 MgO 在 $MgCl_2$ 溶液中的溶解而不断增加。这导致了组成不确定的多核水羟合镁离子的形成，这个过程涉及水解桥接反应的级数如下式所示：

$$xMg^{2+}(aq)+(z+y)H_2O \Longrightarrow [Mg_x(OH)_y(H_2O)_z]^{(2x-y)+} + yH^+ \tag{3.10}$$

（4）水合物相的结晶

水解桥接反应产生的自由 H^+，正是 MgO 水解、中和所需的，MgO 水解产物进一步水解和桥接，生成多核配合物。在早期龄期，MOC 胶凝体中 MgO 的含量减少，组成不确定的水解产物数量增加。

溶解度较低的水解产物的形成，意味着 MOC 胶凝材料中含水量的减少，无定形凝胶相在几个小时内迅速形成。然后非晶相凝胶体在几天或者几周后转换为晶体相。这些结晶的形成，如下式所示：

$$[Mg_x(OH)_y(H_2O)_z]^{(2x-y)+} + Cl^- + H_2O \longrightarrow$$
$$[Mg_3(OH)_5(H_2O)_m]^+Cl^- (4-m)H_2O \tag{3.11}$$

$$[Mg_x(OH)_y(H_2O)_z]^{(2x-y)+} + Cl^- + H_2O \rightarrow [Mg_2(OH)_3(H_2O)_3]^+Cl^-H_2O \tag{3.12}$$

关于 MOC 胶凝相形成的理论只是较为合理的假说，氯氧镁水泥中水化物的形成反应机理还需进一步探讨，这对于探索氯氧镁水泥的本质，对氯氧镁水泥改性的研究是非常必要的。

3.1.2 摩尔比设计

氯氧镁水泥中的水化产物较为复杂,常温下的水化产物主要有 $5Mg(OH)_2\cdot MgCl_2\cdot 8H_2O$(简称 5·1·8 相)、$3Mg(OH)_2\cdot MgCl_2\cdot 8H_2O$(简称 3·1·8 相)以及 $Mg(OH)_2$ 凝胶体(图 3.2)。

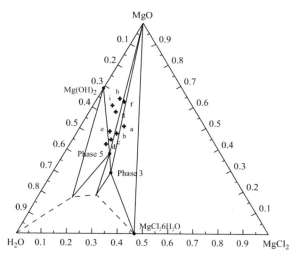

图 3.2 室温下 MgO-MgCl₂-H₂O 三元体系(虚线表示均匀凝胶形成的近似极限)

氯氧镁水泥体系中,水合物相的组成、稳定性和物化性质与诸多因素有关。在氯氧镁水泥的凝结、固化过程中,强度相的形成是一个离子反应动力学控制的过程,固液体系的配比、反应的温度变化,都会影响最终产物的组成形式,也决定着氯氧镁水泥制品在自然条件下的稳定性。

1.氯氧镁水泥物相的晶体结构

氯氧镁体系中,水合物的结构与水镁石($Mg(OH)_2$)的晶体结构相似,氯氧镁水泥水合物结构可以看作是水镁石被氯离子与水分子侵蚀后的产物。$Mg(OH)_2$ 的晶体结构是 Mg^{2+} 被氢氧根形式的氧原子配位体所包围形成的八面体,众多八面体共用棱边相互连接,连续平铺形成了层状结构(图 3.3)。从化学反应来看,水镁石可由 MgO 与水反应生成,在一定浓度的 Cl⁻ 的存在下,Cl⁻ 与水可侵入水镁石封闭的八面体层序列,并在一定温度下,形成以氯氧镁水合物为存在形式的新的八面体结构。

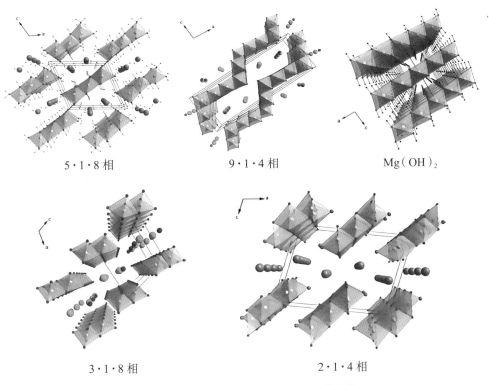

5·1·8 相　　　　　9·1·4 相　　　　　Mg(OH)₂

3·1·8 相　　　　　　　2·1·4 相

图 3.3　氯氧镁水泥体系中存在的相晶体结构

　　这些八面体层状结构中的氢氧根与水分子，与层状结构间的氯离子、水分子形成稳定的氢键。具体的晶体结构分析如下。

　　单斜 9·1·4 相由边缘和角连接的扭曲 MgO_6 八面体的波纹层组成，由无序 Cl^- 和 H_2O 分子以"之字形"间隙链隔开，它们的原子位置被占据了一半。每个 MgO_6 八面体，镁离子的配位结构内只有氢氧根离子，与 8 个相邻的八面体相连，通过共角与 6 个八面体相连，通过共边与 2 个八面体相连。

　　单斜 5·1·8 相的晶体结构，由无限扩展的 MgO_6 八面体三链骨架和插入其间的无序氯离子、水分子组成。镁离子与氢氧化物和水分子完全配位，与水镁石和 9·1·4 相的结构相似。

　　三斜 3·1·8 相的晶体结构由双链的扭曲 $Mg(OH)_4(H_2O)^{2-}$ 八面体组成，这些双链结构与由氯离子、水分子构成的有序链状结构形成类似于水滑石的层状结构。

　　单斜 2·1·4 相的晶体结构主要组成部分是无限扩展的三链的边连接扭曲八面体，其中镁离子除了与氢氧根离子和水分子配合外，还与氯离子配合。在 $MgCl_2$ 溶液浓度较高时，2·1·4相可在高温下结晶，氢氧化物和水分子二者与晶胞中心的镁离子配位优先级并不高。

2. MOC 原料的摩尔比

早期研究表明，5 相在水中的稳定性比 3 相更好，且 5 相的空间填充能力更好，微观结构更为致密，使得制品的孔隙率大大降低，制品强度相应地有所提高。在生产氯氧镁水泥制品时，应尽可能促进 5 相的生成，以获得强度更高的镁质制品。

氯氧镁体系的反应并不是完全的，在设计配比时，并非按 5 相或者 3 相比例进行配料，便能生成相应晶相的制品。实际上，为保证 5 相的大量生成，需要加入过量的氧化镁，即 $MgO/MgCl_2$ 的摩尔比要大于 5。

氯氧镁水泥作为一种 $MgO\text{-}MgCl_2\text{-}H_2O$ 三元体系，三类物质的摩尔比存在一个最佳值。在最佳配比下，氯氧镁水泥有着绝佳的应用性能。三元体系的摩尔比，一般分为 $MgO/MgCl_2$ 的摩尔比和 $H_2O/MgCl_2$ 的摩尔比两部分进行研究。此处 MgO 的摩尔量以活性 MgO 的摩尔比进行计量，而 $H_2O/MgCl_2$ 的摩尔比决定着卤水的浓度与用量，这受制于氯氧镁水泥浆体的和易性以及可加工性。

研究表明，在 $MgO/MgCl_2$ 摩尔比一定的情况下，随着 $H_2O/MgCl_2$ 摩尔比的减小，制品的强度增大；在 $H_2O/MgCl_2$ 摩尔比固定的情况下，$MgO/MgCl_2$ 摩尔比越高，制品的强度也就越高。以活性氧化镁含量 60% 计，当 $MgO/MgCl_2$ 摩尔比低于 6 时，三元体系的凝固时间较长，生成的 3 相的比例较高；当 $MgO/MgCl_2$ 摩尔比高于 12 时，氯氧镁料浆中的 $Mg(OH)_2$ 的含量大大提高，制品的强度大幅下降。

研究表明，$H_2O/MgCl_2$ 摩尔比固定为 12 时，不同 $MgO/MgCl_2$ 摩尔比：

（1）当 $MgO/MgCl_2$ 摩尔比为 4 时，形成的 3 相较多，形成了少量的 5 相；

（2）当 $MgO/MgCl_2$ 摩尔比为 6 时，形成的 3 相较少，而形成的 5 相较多；

（3）当 $MgO/MgCl_2$ 摩尔比进一步增加到 8~10 时，仅形成 5 相，未观察到 3 相。

在较低的 $MgO/MgCl_2$ 摩尔比下，没有足够的 MgO 去形成 5 相结构，体系会倾向于生成 3 相结构。随着 $MgO/MgCl_2$ 摩尔比的增加，可用的 MgO 增加，5 相结构的比例也随之增加。

进一步的研究表明，$MgO/MgCl_2$ 的摩尔比并不是决定体系的晶相以 3 相主导或者以 5 相主导的唯一变量，$H_2O/MgCl_2$ 的摩尔比也对体系内晶体的组成有着重要影响。当固定 $MgO/MgCl_2$ 的摩尔比为 3 时，$H_2O/MgCl_2$ 的摩尔比为 11 的情况下，氯氧镁体系更倾向于生成 3 相；而 $H_2O/MgCl_2$ 的摩尔比为 13 时，在三元体系中可观察到 5 相占主导地位。这意味着，即便是在 MgO/MgCl₂ 的摩尔比较小的情况下，通过控制 H₂O/MgCl₂ 的摩尔比，也可以引导 5 相的生成。

值得注意的是，固定 MgO/MgCl₂ 的摩尔比不变，H₂O/MgCl₂ 的摩尔比不断增加时，体系中的 Mg(OH)₂ 含量也会逐渐增加。这是因为随着 H₂O/MgCl₂ 的摩尔比的提高，混合体系中 MgCl₂ 的浓度降低，MgO 缓慢水化，生成 Mg(OH)₂。当 H₂O/MgCl₂ 的摩尔比过高时，大量的 MgO 会倾向于生成难溶的、无定形的 Mg(OH)₂，而不再参与 3 相或 5 相等强度相的构建，反而使得强度相的占比下降，制品强度也就大幅下降。根据生产实际情况，通常在夏季温度较高的条件下，适当降低卤水波美度，调大水胶比来适应生产的操作，但通常使用卤水的波美度不会低于 20°Bé，否则会导致制品在加工固化成型后强度较差，降低使用的功能性。以 20°Bé 的卤水和活性氧化镁含量 60% 的轻烧氧化镁为原料进行简单计算，参考用料为 1kg 氧化镁为和 1.2kg 的卤水，推算出其 H₂O/MgCl₂ 的摩尔比为 26，远高于合适的理论配比，水的用量偏大，因此就会导致制品固化过程中的含水量过高而影响 5·1·8 强度相的生成，从而影响产品的强度。

在 H₂O/MgCl₂ 的摩尔比过低的情况下，即卤水波美度过高，会有大量的 MgCl₂ 不参与化学反应，反而会存在于晶体间的孔隙中，并在一定条件下再转变为水合 MgCl₂ 盐。过量的 MgCl₂ 在潮湿的环境中容易吸水，制品表面容易出现水珠，在这些水珠蒸发时，制品内部的 MgCl₂ 水合盐也会溶解并在毛细作用下，沿着晶体间的空隙富集到制品表面形成盐霜。根据生产经验，在冬季气温低的条件下，生产氯氧镁水泥制品时，可适当提高卤水波美度来适应生产操作，但通常使用卤水的波美度不会高于 28°Bé，否则制品的表面产生明显的盐霜返卤现象。以 28°Bé 的卤水和活性氧化镁含量 60% 的轻烧氧化镁为原料进行简单计算，参考用料为 1kg 氧化镁和 1.2kg 的卤水，推算出其 MgO/MgCl₂ 的摩尔比为 3.8，远低于合适的理论配比，氯化镁的用量偏大，导致较多的氯化镁不参与反应，因此就会导致上述的返卤泛霜问题。

水分对氯氧镁制品的影响是伴随着其全生命周期的，在水分的作用下，制品中的晶相将不断发育、转变。氯氧镁水泥中的各种强度相本身是不耐水的，无论是料浆中多余的水还是后期侵入的水分，都会导致制品中的晶体相分解，并富集溶解度较大的 MgCl₂，留下难溶的 Mg(OH)₂。水对氯氧镁材料侵蚀速度的高低，与水分侵入的程度、时间、速度等因素有关。此外，氯氧镁水泥制品还会受到二氧化碳的侵蚀，发生化学反应而被碳化，生成氯碳酸镁盐，然后不断转变为氯化水纤菱镁石、水纤菱镁石、菱镁石等。水分的存在，往往会加速氯氧镁水泥的碳化过程。碳化过程可能发生如下反应：

$$5MgO \cdot MgCl_2 \cdot 8H_2O + CO_2 + H_2O \longrightarrow 2MgCO_3 \cdot Mg(OH)_2 \cdot MgCl_2 \cdot 6H_2O$$

$$(3.13)$$

$$3MgO \cdot MgCl_2 \cdot 8H_2O + CO_2 + H_2O \longrightarrow 2MgCO_3 \cdot Mg(OH)_2 \cdot MgCl_2 \cdot 6H_2O$$

$$(3.14)$$

$$2MgCO_3 \cdot Mg(OH)_2 \cdot MgCl_2 \cdot 6H_2O + CO_2 + H_2O \longrightarrow 4MgCO_3 \cdot Mg(OH)_2 \cdot$$
$$MgCl_2 \cdot 4H_2O + MgCO_3 \cdot Mg(OH)_2 \cdot 3H_2O + MgCO_3$$

$$(3.15)$$

3. 温度对 MOC 物相的影响

MgO-MgCl$_2$-H$_2$O 三元体系中的固液平衡与温度有关，而体系的固化温度也影响着体系内所生成的水化产物的种类。氯氧镁水泥的固化是一个放热反应，每克氧化镁参与反应，放出的热量大约在 1000~1350J，而普通硅酸盐水泥的水化热仅为 300~400J/g。氯氧镁体系固化速度快，放热集中，大体积的氯氧镁水泥制品体系的内部温度可以达到 140℃以上，并生成不稳定的晶相。较高固化温度下，氯氧镁水泥制品往往会变形、开裂，而这些结构缺陷也会大大加快制品的软化、脆化。

研究表明，氯氧镁体系固化温度的不同，水化产物也有所差异。在较低的温度下（5~10℃），氯氧镁水泥体系内更容易生成 3 相产物；在 20~50℃条件下，体系内 5 相占主导地位；当固化时的环境温度达到 65℃以上时，体系内开始出现 9 相，这表明样块内部实际的温度早已达到 80℃以上，化学反应过程如下：

$$3MgO + \{MgCl_2 + 11H_2O\}_{mixing\ liquid} \xrightarrow{T \geqslant 80℃,\ t}$$
$$\frac{1}{3}[9Mg(OH)_2 \cdot MgCl_2 \cdot 4H_2O] + \left\{\frac{2}{3}MgCl_2 + \frac{20}{3}H_2O\right\}_{pore\ solution}$$

$$(3.16)$$

通过 XRD 研究不同养护温度下的氯氧镁强度相的组成，20~35℃环境中固化的样块中完全没有观察到 9 相，而在 50℃环境中养护的样块已经有少量的 9 相出现。这表明，当氯氧镁水泥制品的固化温度达到 50℃以上时，制品的最终强度已经开始下降。进一步研究发现，50℃以及 65℃养护条件下的样块中，未反应的 MgO 的含量有所下降，这也与 9 相的生成相互印证——在 MgO/MgCl$_2$ 摩尔比较高的情况下，9 相消耗的 MgO 的量要更大一些。生产实践中通常表现为反应过激，MgO 结合 MgCl$_2$ 的能力减弱，导致 MgCl$_2$ 过剩，进而出现返卤现象。

总而言之，在氯氧镁水泥的固化反应中，各类强度相的形成是一个动力学控制的过程，强度相沉淀-溶解反应的平衡是一个关于温度的函数，通过控制一定的物料比，可以人为地控制强度相的种类。在氯氧镁水泥制品的生产中，$MgO/MgCl_2$ 的摩尔比与 $H_2O/MgCl_2$ 的摩尔比两个指标影响着制品内部微观结构的发育，而固化的环境温度又有选择性地促进某些晶相的生成，三个指标对制品的最终性能起着决定性作用。摩尔比的具体数值，要根据制品的性能要求、生产工艺等条件来确定，既定的物料配比也要根据环境温度的变化，实行动态配比。在本书的附录中，有常见的各类氯氧镁制品的基本配方，供同仁交流使用。

3.2　硫氧镁胶凝材料

3.2.1　硫氧镁胶凝材料反应机理

硫氧镁水泥（MOS）与氯氧镁水泥一样，也是气硬性胶凝材料，由比利时学者 Thaisa Demediuk 于 1957 年率先发明并报道。硫氧镁水泥以一定量的轻烧氧化镁与一定浓度的硫酸镁溶液混合后制得，与传统硅酸盐水泥相比，硫氧镁水泥具有硬化速度快、防火性能好、导热率低、密度低等特点，还兼具绝佳的护筋性、耐磨性以及耐化学性等优势。硫氧镁水泥应用较为广泛，可被用作轻质板材的黏合剂或者防火材料、绝缘材料进行使用。由于硫氧镁水泥制品的强度要低于氯氧镁水泥制品，硫氧镁水泥在有一定载荷需求的制品生产方面应用受限。

根据温度和形成条件的不同，已知 MgO-$MgSO_4$-H_2O 体系中在 30~120℃ 的温度范围内可能存在四种初级相，可以形成四种类型的硫酸氧配合物。MOS 水泥的主要水化产物有 $5Mg(OH)_2 \cdot MgSO_4 \cdot 3H_2O$（5·1·3 相）、$3Mg(OH)_2 \cdot MgSO_4 \cdot 8H_2O$（3·1·8 相）、$Mg(OH)_2 \cdot MgSO_4 \cdot 5H_2O$（1·1·5 相）和 $Mg(OH)_2 \cdot 2MgSO_4 \cdot 3H_2O$（1·2·3 相）。常温下形成的硫氧镁水泥硬化体中主要矿物相为 3·1·8 相，还有亚稳态的 1·1·5 相，以及大量未完全反应的 $MgSO_4 \cdot nH_2O$（n=7、6、4、1）和 MgO。而 5·1·3 相只有在蒸汽固化条件下才能稳定。

后来通过不断地实验研究，研究人员发现在改性后的硫氧镁水泥中，成功解析出了新的水化产物 $5Mg(OH)_2 \cdot MgSO_4 \cdot 7H_2O$（5·1·7 相）。目前，化学外加剂诱导 5·1·7 相形成机理尚有争议，三元体系的物料组成对其水化产物相的种类、形成过程和生成量的影响规律也需要进一步进行研究。

在硫氧镁水泥体系诸多晶相中，$Mg(OH)_2$ 疏松多孔，对强度有着负面影响，针状的 5·1·7 相强度较高，基本上不溶于水，性能优于 3·1·8 相和 5·1·3 相。硫氧镁水泥在改性后，3·1·8 相或其他相的结晶度大大降低，5·1·7 相以针状晶体或晶须的形式存在，这便是硫氧镁水泥耐水性好的原因所在。

$$3MgO+MgSO_4+11H_2O \longrightarrow 3Mg(OH)_2 \cdot MgSO_4 \cdot 8H_2O \qquad (3.17)$$

3·1·8 相生成的机理：MgO 溶解在 MgSO_4 溶液中溶解，并生成 $[Mg(H_2O)_xOH]^+$ 和 OH^-，随着体系碱性增大，MgO 的表层吸附 SO_4^{2-} 和 Mg^{2+}，pH 值继续升高后，$[Mg(H_2O)_xOH]^+$ 转化为 $Mg(OH)_2$，生成结晶度较低的 3·1·8 相，导致 pH 值下降，随后 3·1·8 相不断生成、沉积，反应方程式如式（3.17）。

$$5MgO+MgSO_4+12H_2O \longrightarrow 5Mg(OH)_2 \cdot MgSO_4 \cdot 7H_2O \qquad (3.18)$$

在改性剂作用下，5·1·7 相不断生成，反应方程式如式（3.18），具体的水化过程划分为 5 个阶段：

（1）初步诱导阶段（不超过 3h）。

MgO 溶解在 MgSO_4 溶液中。化学反应发生迅速，产生大量的 OH^-，这与体系大量放热的时间点相对应。$[Mg(H_2O)_xOH]^+$ 的生成导致溶液的 pH 值迅速升高，反应过程如下所示：

$$MgO(s)+(x+1)H_2O \longrightarrow [Mg(H_2O)_xOH]^+(sf)+OH^-(aq) \qquad (3.19)$$

（2）诱导期（3~5.4h）。

$[Mg(H_2O)_xOH]^+$ 包覆在 MgO 颗粒表面，阻碍了其进一步的水化反应。在碱性条件下，体系中形成 $Mg(OH)_2$，导致水化热降低。根据配位理论，镁离子更倾向于形成氢氧化镁而不是硫酸氢氧化镁。该过程如下所示：

$$[Mg(H_2O)_xOH]^+(sf)+OH^-(aq) \longrightarrow Mg(OH)_2+xH_2O \qquad (3.20)$$

在不含外加剂作用时，不稳定的 $[Mg(H_2O)_xOH]^+$ 水化膜会迅速反应生成 $Mg(OH)_2$。然而，在外加剂作用下，胶凝体系中的 $[Mg(H_2O)_xOH]^+$ 水化膜可与外加剂作用形成有机-镁络合层 $[CA^{n-} \rightarrow Mg(OH)(H_2O)_{x-1}]$，使氧化镁表面水化层的正电荷减少，降低了 $[Mg(H_2O)_xOH]^+$ 表面能，抑制了其与水反应形成 $Mg(OH)_2$ 的速率。反应过程如下所示：

$$CA^{n-}+[Mg(H_2O)_xOH]^+ \longrightarrow [CA^{n-} \rightarrow Mg(OH)(H_2O)_{x-1}]+H_2O \qquad (3.21)$$

（3）加速周期（5.4~14.7h）。

随着 MgO 不断水化，水化热释放速度加快，有机-镁络合层不断吸附 SO_4^{2-} 和 Mg^{2+}，当 OH^- 达到一定浓度时，有机-镁络合层在 SO_4^{2-} 溶液中产生低结晶的相核 $xMg(OH)_2 \cdot yMgSO_4 \cdot zH_2O$。结晶相的生成，不断破坏 $[Mg(H_2O)_xOH]^+$ 层，使被覆盖的 MgO 的活性表面暴露出来，MgO 得以进一步水化。这一阶段反应速率的加快，主要是归因于晶相的生成和新 MgO 的水化作用。反应过程如下所示：

$$\{SO_4^{2-} \rightarrow [CA^{n-} \rightarrow Mg(OH)(H_2O)_{x-1}]_4 \rightarrow Mg^{2+}\}_{(surface)} + 6OH^- \longrightarrow$$

$$5Mg(OH)_2 \cdot MgSO_4 \cdot 7H_2O_{(nucles)} + (4x-13)H_2O + CA^{n-} \qquad (3.22)$$

$$5Mg(OH)_2 \cdot MgSO_4 \cdot 7H_2O_{(nucles)} \longrightarrow 5Mg(OH)_2 \cdot MgSO_4 \cdot 7H_2O_{(s)} \qquad (3.23)$$

（4）减速周期（14.7~58h）。

随着晶相的不断形成，溶液中的离子浓度逐渐降低，料浆开始凝固硬化。因此，离子在水相中向 MgO 表面的扩散速率降低，导致体系 pH 值和水化放热速率降低。

（5）稳定期（大于 58h）。

水化放热速率维持在较低的水平。液相中离子浓度的降低，MgO 与水分子接触面积的减小导致晶相的形成速度非常慢。该阶段水化放热率维持在较低水平，5·1·7 相的形成非常缓慢。

3.2.2　摩尔比

1.硫氧镁晶体结构

5·1·7 相晶体的晶格为无限的三链结构，主要由 MgO_6 螯合八面体通过自组装过程形成，水分子和硫酸盐四面体通过晶格引力嵌入到晶体中（图 3.4）。

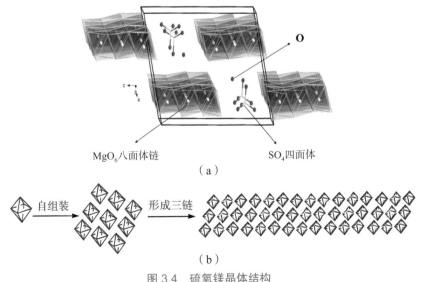

MgO_6 八面体链　　　　　　　　SO_4 四面体
（a）

自组装　　　形成三链
（b）

图 3.4　硫氧镁晶体结构

（a）5·1·7 相晶胞结构；（b）5·1·7 相自组装过程

2. 摩尔比

研究表明，MOS 水泥浆体中水合物的相变和稳定性主要与 MgO/MgSO₄ 以及 H₂O/MgSO₄ 的摩尔比有关（图 3.5）。摩尔比的高低，对 MOS 水泥的抗压强度有显著影响。

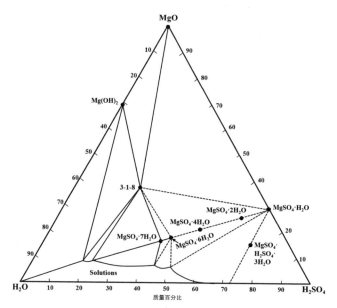

图 3.5　室温下 MgO-MgSO₄-H₂O 三元体系（虚线表示均匀凝胶形成的近似极限）

研究表明，在 H₂O/MgSO₄ 摩尔比固定的情况下，随着 MgO/MgSO₄ 摩尔比的增加（不超过 11），硫氧镁水泥浆体的抗压强度增加。当 MgO/MgSO₄ 的摩尔比固定时，H₂O/MgSO₄ 的摩尔比越低（即硫酸镁浓度越高），硫氧镁水泥体系的强度越高。在不同配比下，试块的最终强度可以达到 20~100MPa。

在固定 MgO/MgSO₄ 摩尔比为 9 时，与 H₂O/MgSO₄ 摩尔比为 28 的体系相比，H₂O/MgSO₄ 摩尔比为 20 的硫氧镁体系可以生成更多的 5·1·7 相，Mg（OH）₂ 的生成量也更低。当固定 H₂O/MgSO₄ 的摩尔比为 20 时，MgO/MgSO₄ 的摩尔比为 9 的条件下，比 MgO/MgSO₄ 的摩尔比为 7 的情况下，生成了更多的 5·1·7 相，Mg（OH）₂ 的生成量也相应降低。

此外，在 H₂O/MgSO₄ 摩尔比不变的情况下，随着 MgO/MgSO₄ 摩尔比的增加，体系中残余 MgO 的含量略有增加。这表明 MgO 没有完全反应，过大的 MgO/MgSO₄ 的摩尔比，会导致更多的 MgO 剩余。残余氧化镁可以在硬化的 MOS 水泥浆体中起到填料的作用，有利于提高体系强度。一般情况下，较低的 H₂O/MgSO₄

摩尔比（即硫酸镁溶液浓度高）和较高的 $MgO/MgSO_4$ 摩尔比有利于 $5 \cdot 1 \cdot 7$ 相的形成，且 $H_2O/MgSO_4$ 摩尔比越高，$Mg(OH)_2$ 的产生量越大。

进一步的研究表明，硫氧镁水泥体系水化产物的组成对 MgO 和 H_2O 的掺量较为敏感，$5 \cdot 1 \cdot 7$ 相的比例随着 MgO 的掺量的增加而增加，$3 \cdot 1 \cdot 8$ 相则逐渐消失。$3 \cdot 1 \cdot 8$ 相仅在用水量较低时存在，$5 \cdot 1 \cdot 7$ 相随着 H_2O 的用量的增大逐渐出现。当 $H_2O/MgSO_4$ 的摩尔比足够大时，只有 $Mg(OH)_2$ 出现，硫氧镁胶凝体的强度和耐水性大大降低。

在 $H_2O/MgSO_4$ 摩尔比为 18 的情况下，硫氧镁体系内部组成随着 $MgO/MgSO_4$ 摩尔比的升高，有如下变化：

当 $MgO/MgSO_4$ 摩尔比低于 3 时，水合产物主要为 $3 \cdot 1 \cdot 8$ 相。

当 $MgO/MgSO_4$ 摩尔比为 3 时，$5 \cdot 1 \cdot 7$ 相开始出现在硫氧镁体系中。随着 $MgO/MgSO_4$ 摩尔比的增加，$5 \cdot 1 \cdot 7$ 相逐渐产生，并与 $3 \cdot 1 \cdot 8$ 相共存。随着 $MgO/MgSO_4$ 摩尔比从 3 增加到 5，硫氧镁水泥制品的抗压强度增加，这可能归因于 $3 \cdot 1 \cdot 8$ 相和 $5 \cdot 1 \cdot 7$ 相的积累，说明 MgO 含量高的情况下，$5 \cdot 1 \cdot 7$ 相更容易形成。

当 $MgO/MgSO_4$ 摩尔比大于 5 时，随着 $3 \cdot 1 \cdot 8$ 相的消失，$5 \cdot 1 \cdot 7$ 相成为主导产物。由于没有足够的 $MgSO_4$ 溶液进行反应，MgO 的量过多，$Mg(OH)_2$ 生成量也有所增加。

当 $MgO/MgSO_4$ 摩尔比从 5 持续增加到 13 时，硫氧镁水泥的抗压强度降低，$Mg(OH)_2$ 的生成量增加。

固定 $MgO/MgSO_4$ 摩尔比为 8 时，硫氧镁体系的内部组成随着 $H_2O/MgSO_4$ 摩尔比的升高，有如下变化：

当 $H_2O/MgSO_4$ 摩尔比较小时，胶凝体中只有 $3 \cdot 1 \cdot 8$ 相。

当 $H_2O/MgSO_4$ 摩尔比为 15 左右时，$5 \cdot 1 \cdot 7$ 相阶段开始在系统中出现，$3 \cdot 1 \cdot 8$ 相阶段逐渐分解。

当 $H_2O/MgSO_4$ 摩尔比达到 23 时，$Mg(OH)_2$ 开始出现，直到这时 $5 \cdot 1 \cdot 7$ 相的比例开始减少。

当 $H_2O/MgSO_4$ 摩尔比接近 32 时，$5 \cdot 1 \cdot 7$ 相完全消失，硫氧镁体系形成松散的胶凝体结构。$H_2O/MgSO_4$ 摩尔比的进一步增大导致 $Mg(OH)_2$ 的积累，并逐渐导致胶凝体结构的崩溃，硫氧镁水泥的抗水性大大较低。在 $H_2O/MgSO_4$ 摩尔比为 27 时，XRD 结果显示 $5 \cdot 1 \cdot 7$ 相的峰值强度比 $H_2O/MgSO_4$ 摩尔比为 33 时强，$Mg(OH)_2$ 的峰值强度比 $H_2O/MgSO_4$ 摩尔比为 33 时弱，说明 $5 \cdot 1 \cdot 7$ 相发生了分解，生成了

更多的 $Mg(OH)_2$。

当 $H_2O/MgSO_4$ 摩尔比在 21~23 时，5·1·7 相最为稳定，硫氧镁水泥的强度较高。因此，在硫氧镁水泥的实际应用中，$H_2O/MgSO_4$ 摩尔比宜在 21~23，此时的硫氧镁水泥体系的机械强度较高、耐水性较好。

3.3 硫氯复合胶凝材料

菱镁胶凝材料包括氯氧镁水泥、磷酸镁水泥、硫氧镁水泥，这些均是三元胶凝体系材料，均具有各自优缺点，氯氧镁水泥具有轻质、高强、隔热、不燃等优点，但其耐水性比较差，且锈蚀钢筋。硫氧镁水泥耐水性好但力学性能低。磷酸镁水泥快硬、高强，但其成本高、工艺操作困难。为了进一步改性镁质胶凝材料，采用镁质胶凝材料复合体系。镁质胶凝材料复合体系是指将两种镁水泥调和剂复合后再与氧化镁反应制成的四元体系胶凝材料。目前已进行研究的四元体系复合镁水泥材料主要为硫氯复合镁水泥。目前相关研究工作已逐渐起步，但相关资料不多，但通过探究体系水化相组成，可得到提高镁质碱式盐水泥耐水性的方案。在硫氯复合镁水泥四元体系中加入胶结液海水、骨料珊瑚礁，同时添加改性材料柠檬酸和磷酸二氢铵，得到力学性能优异的镁质碱式盐珊瑚混凝土材料，这为我国海岛建设提供了参考，并拓宽了镁质胶凝材料的应用领域。由于新型复合镁水泥近几年才开始研究，相关文献资料不是很多，对此笔者结合实践经验与试验数据进行分析。

本节研究了不同原料配比对硫氯复合镁水泥胶凝材料早期水化行为、强度发展和耐水性能等的影响。

3.3.1 原料配比对凝结时间的影响

纯氯氧镁水泥初凝时间小于或等于 6h，纯碱式硫酸镁水泥初凝时间小于或等于 9h。硫氯复合镁水泥的初凝时间在 8h 以内，终凝时间小于或等于 9h，满足普通硅酸盐水泥制品初凝时间大于或等于 45min，终凝时间小于或等于 10h 的技术指标。

原料配比对硫氯复合镁水泥凝结时间的影响存在一定争议。有学者认为当卤水掺量较低时，硫酸镁的浓度较大，促进了水化产物的生成，所以凝结时间较短；也有学者认为氯化镁的浓度较小，浆体稠度较低，导致混合体系的凝结时间比硫氧镁水泥长。随着氯化镁质量分数的增加，溶液的浓度逐渐降低，浆体中 SO_4^{2-} 和 Cl^- 也存在相互干扰作用，导致水化产物的生成速率和结晶速率变慢，延长了浆体的凝结时间，当氯化镁质量分数大于 70% 时，浆体中 SO_4^{2-} 的浓度降低，Cl^- 的浓度增加促进了 5·1·8 相的形成，浆体的凝结时间缩短。所以随着氯化镁质量分数的增加，浆体的初终凝时间均呈先延长后缩短趋势。也有学者提出硫氯复合镁水泥的初凝时间和终凝时间高于纯氯氧镁水泥，低于纯碱式硫酸镁水泥。随着氯化镁质量分数由 0-30%-50%-100%，浆体的初终凝时间间隔逐渐缩短。镁基复合胶凝材料中原料硫氯比的减小对镁基复合胶凝材料具有促凝作用。在镁质复合胶凝材料中，硫氯比减小的促凝作用强于柠檬酸的缓凝作用，因为原料中硫氯比的减少，以氯化镁和氧化镁为主要原料生成的水化产物水化过程较快，缩短了凝结时间。凝结时间越短，胶凝材料水化后留下的孔隙可能越多且大，而过快的水化速率会使浆体在固化过程中产生裂纹，这些都容易对材料后期性能产生不利影响。

经 MJT 实验研究发现氯氧镁水泥的凝结时间比硫氧镁水泥的短，随着硫氯复合溶液中氯化镁所占质量分数的增加，浆体的凝结时间也逐渐缩短。复合体系中硫酸镁的浓度较大时，浆体中 SO_4^{2-} 较多，反应速度慢，凝结时间长。随着氯化镁质量分数的增加，浆体中 SO_4^{2-} 浓度降低，Cl^- 浓度增加，促进了 5·1·8 相的形成，浆体的凝结时间缩短。

3.3.2　原料配比对力学性能的影响

强度是反应胶凝材料性能的指标之一。硫氯复合镁水泥的抗压、抗折强度随氯化镁质量分数的变化而变化。首先分析抗压强度变化。

通过实验确定，硫氯复合胶凝材料的强度始终保持在纯硫氧镁水泥和纯氯氧镁水泥之间。氧化镁、硫酸镁和氯化镁的摩尔比均影响镁质碱式盐水泥净浆试件的抗压强度，当氧化镁和氯化镁含量不变时，随着硫酸镁含量的增加，镁质碱式盐水泥净浆试件的抗压强度降低，这是因为硫氧镁水泥抗压强度较低，同时随着氧化镁和硫酸镁摩尔比的减小，水泥抗压强度也会降低。当氧化镁和硫酸镁含量不变时，随着氯化镁含量的增加，镁质碱式盐水泥的抗压强度先提高后降低。这是因为随着氧化镁和氯化镁摩尔比的减小，水泥抗压强度先提高后降低。即无论氯氧镁和硫氧镁水泥均需要合适的摩尔比。随着养护龄期的延长，氯氧镁水泥、碱式硫氧镁水泥、硫氯复合镁水泥的抗压强度随龄期延长而提高。当养护龄期相同时，镁基复合胶凝材料的抗压强度随硫氯比的减小呈增加趋势。但受原料中硫氯比的影响，各龄期强度有所差别，龄期 1d 时，镁质复合胶凝材料的强度远远低于纯氯氧镁水泥的强度。当养护时间达到 3d、7d 时，硫氯摩尔比是 7：3 及 5：5 的材料强度增长较快。镁质复合胶凝材料在空气中养护到 28d 时，硫氯摩尔比是 7：3、5：5 及 3：7 三种材料的抗压强度相差不大。

氧化镁和氯化镁的摩尔比会影响镁质碱式盐水泥净浆试件的抗折强度，当氧化镁、硫酸镁含量不变时，随着氯化镁含量的增加，镁质碱式盐水泥净浆试件抗折强度先提高后降低；当氧化镁、氯化镁含量不变时，随着硫酸镁含量的增加，镁质碱式盐水泥净浆试件抗折强度降低，说明硫氧镁水泥抗折强度较低。龄期 3d、28d 时，随着氯化镁质量分数增加，水泥试件抗折强度先增加再降低后增加，氯化镁质量分数为 50% 和 70% 是试件抗折强度变化的两个拐点。

结果表明，硫氯复合镁水泥水化阶段，MgO 与 MgCl$_2$ 溶液反应生成 5·1·8 相的速度比 MgO 与 MgSO$_4$ 溶液反应生成 5·1·7 相的速度快，某种程度上 5·1·8 相和 5·1·7 相存在竞争关系，同时阻碍了 Mg（OH）$_2$ 的产生，因此硫氯复合镁水泥中随氯化镁含量的增加 Mg（OH）$_2$ 的含量先降低后增加。硫氯复合镁水泥的强度随龄期变化而变化，无论是氯化镁质量分数（即硫氯摩尔比）还是氧化镁与调和剂的摩尔比均影响材料强度，因此具体制品需结合自身要求调整原料配比。但综合而言，镁质复合镁水泥与碱式硫氧镁水泥相比，复合镁水泥的抗压及抗折强度均有明显提高，这说明在 MgSO$_4$ 溶液中复合适量的 MgCl$_2$ 能够获得力学性能优异的镁质胶凝材料，这对实际镁质复合胶凝材料制品的制备提供了经验。

3.3.3 复合胶凝材料的物相分析和微观结构

通过 XRD 图谱分析发现，氯氧镁水泥水化产物主要为 5·1·8 相，硫氧镁水化产物主要为 5·1·7 相，通过对制品的晶相变化进行跟踪，发现原材料的配合比，尤其是氧化镁和调节剂的摩尔比即氧化镁、氯化镁的摩尔比以及氧化镁和硫酸镁的摩尔比，均会影响镁质水泥水化过程、水化产物的种类和数量，所以不同配比下的制品在硬化后具有不同的微观结构。这部分在前面纯氯氧镁和纯碱式硫氧镁水泥机理中均有说明，其中 5 相水泥石微观结构变得致密，3 相水泥石的结构疏松。

硫氯复合镁水泥水化产物主要为针柱状 5·1·8 相晶体和针杆状 5·1·7 相晶体，但各自具体含量多少与原料配比中的硫氯比有关。另外，随着养护时间的延长，硫氯复合镁水泥水化更加完全，晶体生长得越多且更完整，两相的晶须交错生长且紧密搭接，改变了微观孔结构，降低了材料的孔隙率，并且在硫氯复合镁水泥中游离的离子倾向以凝胶相形态聚集存在形成聚集体，提高了硫氯复合镁水泥的力学性能及耐水性（图 3.6 和图 3.7）。

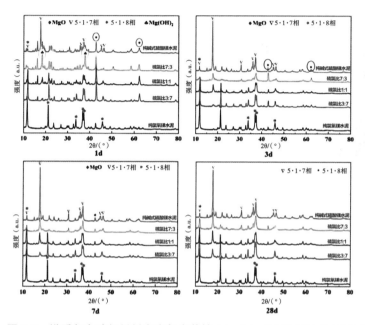

图 3.6　镁质复合胶凝材料在空气中养护 1d、3d、7d 和 28d 的 XRD 图谱

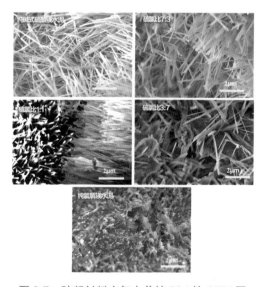

图 3.7　胶凝材料空气中养护 28d 的 SEM 图

通过 EDS 能谱分析混合体系基体表面针状晶体 5·1·8 的形貌和纯氯氧镁体系 5·1·8 相有较大的差异。当原材料配比控制在一个最适宜的范围之内时，硫氯复合镁水泥水化产物微观结构密实，晶体分布均匀、数量足够、紧密排列，相互连接、交错纵横，也会具有较高的强度及良好的耐水性（图 3.8）。

图 3.8　硫氯 1 : 1 养护 28d 基质表面的 EDS 图

3.3.4　复合胶凝材料的孔径分布

经 XRD/SEM/EDS 综合分析，硫氯复合镁水泥水化产物仍为纯碱式硫氧镁水泥及纯氯氧镁水泥水化产物，没有新的晶相生成。但与纯碱式硫氧镁水泥和纯氯氧镁水泥相比，硫氯复合镁水泥的总孔隙率和孔隙直径明显减小。纯碱式硫氧镁水泥水化产物 5·1·7 相为针杆状晶体，纯氯氧镁水泥水化产物 5·1·8 相为针棒状晶体，5·1·8 晶须所占空间大于 5·1·7 晶须。受调和剂硫氯摩尔比的影响，当硫氯摩尔比大于 1 时，即硫酸镁较多时，硫氯复合镁水泥的孔体积分布规律偏向纯碱式硫氧镁水泥孔体积分布规律，材料孔隙主要分布在胶凝孔（<5nm）处。当硫氯摩尔比小于 1 时，即氯化镁较多时，硫氯复合镁水泥的孔体积分布规律偏向纯氯氧镁水泥孔体积分布规律，材料孔隙主要分布在毛细孔（10~100nm）处。当硫氯比为 1 时，即硫酸镁与氯化镁一样多时，硫氯复合镁水泥的孔体积分布规律兼具各自的孔体积分布特点，但孔隙分布在胶凝孔（<5nm）的体积微大于孔隙分布在毛细孔（10~100nm）处的体积。综合对比，复合材料的孔隙分布使得复合材料的力学性能和耐水性能位于纯碱式硫氧镁水泥和纯氯氧镁水泥之间，如图 3.9、见表 3.1。

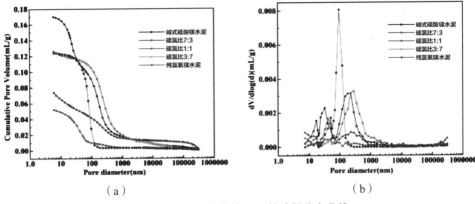

图 3.9　胶凝材料养护 28d 的孔径分布曲线

（a）累积孔体积分布曲线；（b）微分孔径分布曲线

表 3.1　胶凝材料在空气中养护 28d 后的孔数据分析

样品	总孔隙率 /%	孔隙直径 /nm	总侵入体积 /（mL/g）	孔隙体积分布 /%			
				<0.05 μm	0.05~0.1 μm	1.1~1 μm	>1 μm
纯碱式硫酸镁水泥	25.79	43.34	0.17	37.52	14.38	37.75	10.35
硫氯比 7:3	8.73	27.66	0.05	64.33	17.35	10.93	7.39
硫氯比 1:1	11.96	28.49	0.07	36.75	11.91	30.83	20.51
硫氯比 3:7	18.93	72.14	0.12	11.01	10.96	62.9	15.13

3.3.5　复合胶凝材料的水化反应机制

通过对硫氯复合镁水泥水化反应 2~72h 水化产物的 XRD 图谱分析，推断出硫氯复合镁水泥水化反应机制为：水化反应开始时，氯氧镁水泥的 5·1·8 相优先生长并抑制了硫氯复合镁水泥 5·1·7 相的形成。水化反应 48 h 后，5·1·8 相晶体大量形成，同时 5·1·7 相开始生长，但是早期水化过程中仍然以 5·1·8 相为主体（图 3.10）。

3.3.6　原料配比对耐水性的影响

水化产物的组成和结构是影响镁质胶凝材料耐水性的根本因素。随着氯化镁质

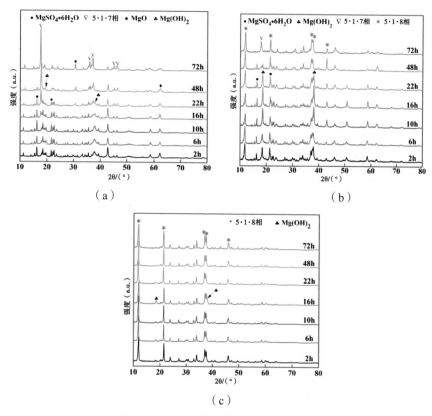

图 3.10 水化早期阶段产物的 XRD 图谱
（a）纯硫氧镁水泥；（b）硫氯比为 5∶5；（c）纯氯氧镁水泥

量分数提高，硫氯复合镁水泥试件的抗压强度软化系数及抗折强度软化系数呈先增大后减小趋势。与纯碱式硫氧镁水泥及纯氯氧镁水泥相比，混合体系表现出了良好的耐水性。通过跟踪不同氯化镁质量分数的硫氯复合镁水泥浸水实验发现，浸水 7d后，随着氯化镁质量分数的增加，抗压、抗折强度逐渐减小，耐水性变差。

通过观察 XRD 图谱，氯氧镁水泥试块泡水 28d 后，氯氧镁水泥主要强度晶体即 5·1·8 晶体相特征衍射峰明显减弱，同时出现了 Mg（OH）$_2$ 的特征峰。这些衍射峰的变化证明了泡水过程中氯氧镁水泥发生了进一步水化。水化过程中形成的新晶相 Mg（OH）$_2$ 会逐渐生长，由于内应力使硬化体内会产生很多微裂缝，硬化体浸入水后，水沿着孔隙和裂缝浸入体内，削弱水化产物颗粒间的结合力，使试件在水中的强度下降。而硫氧镁水泥的强度相 5·1·7 相在水中具有一定的稳定性，因此强度损失不大。由此可知，与氯氧镁水泥、硫氧镁水泥相比，硫氯复合镁水泥体系表现出了良好的耐水性。

3.3.7　原料配比对游离氯离子的影响

氯氧镁水泥制品返卤很容易造成钢铁腐蚀，制品强度快速下降，使用寿命缩短。大量实验数据表明：游离氯离子含量小于 3% 的镁水泥制品基本不返卤。检测充分合理养护后的硫氯复合镁水泥中游离氯离子的含量（图 3.11）。由图可知，氯化镁占比不超过 90% 的硫氯复合镁水泥游离氯都可以控制在 3% 以下，可以有效地减少制品吸潮返卤的概率。

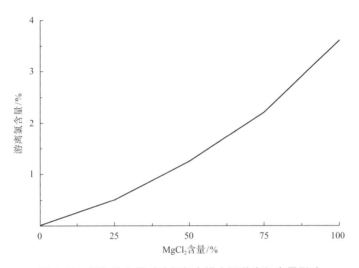

图 3.11　氯化镁含量对硫氯复合镁水泥游离氯含量影响

3.3.8　生产实施案例

氯氧镁门芯板存在返卤锈蚀钢制防火门面板的问题，抑制其发展，为此研究硫氧镁门芯板来代替氯氧镁门芯板。但在四川、重庆、贵州等地大多使用农业级硫酸镁，其含有氨基磺酸盐成分，用其生产硫氧镁门芯板会释放出氨气，对工人与环境造成不利影响，并且用其生产的门芯板会出现塌陷问题，购买其他地方的优质工业级硫酸镁综合成本过高，限制这些地域硫氧镁门芯板的生产推广。基于上述情况，MJT 利用当地农业级硫酸镁与无水氯化镁混合配制成调和剂，研发出了硫氯复合门芯板生产技术，降低游离氯含量，解决吸潮返卤锈蚀钢板问题。

目前硫氯复合溶液有两种配制方式：一种是无水氯化镁与农业级硫酸镁按质量比 2∶8 或者 3∶7 配制，用于生产钢质门防火门芯板，充分养护后游离氯可控制到 3%

以下；另一种是无水氯化镁与农业级硫酸镁按质量比为 9∶1 配制，用于立模浇注木质防火门的生产。

无水氯化镁与农业级硫酸镁质量比 2∶8 配制复合溶液时，先将无水氯化镁加入到水中，同时快速搅拌制成 18~20°Bé 的卤水，然后加入农业级硫酸镁，充分溶解后，测量并调节温度与波美度。在硫氯复合溶液配制过程中，无水氯化镁溶解放热，而硫酸镁溶解吸热，通过调整无水氯化镁和硫酸镁的比例来控制溶液的温度。在实际生产过程中，环境温度过高，适当降低无水氯化镁的用量；反之，环境温度过低，需要适当增加无水氯化镁的用量，来提高复合溶液的温度。夏季复合溶液温度控制在 30℃以下，27°Bé；冬季低温时，复合溶液温度控制在 38℃左右，28~29°Bé。

门芯板实际生产过程中，若采用平模生产工艺，轻烧氧化镁（85 粉，活性 63% 以上）质量∶复合溶液质量 =1∶（1.1~1.3）；若采用立模生产工艺，轻烧氧化镁（85 粉，活性 63% 以上）质量∶复合溶液质量 =1∶（1.2~1.5）。改性剂采用硫氧镁改性剂（GX-15#）或硫氧镁中性改性剂（GX-15-2#）。

3.4 磷酸镁胶凝材料

在磷矿的勘探、开采过程中，人们发现在一些低纬度海岛的海鸟、蝙蝠的栖息地，有着大量的鸟粪堆积。在细菌的作用下，逐渐形成了鸟粪石（$Mg(NH_4)PO_4 \cdot H_2O$）结构，这便是磷酸镁水泥结构的雏形。

磷酸镁作为一种由氧化镁、磷酸盐、水构成的三元胶凝体系，具有凝结快、干缩小、强度高、耐腐蚀、耐高低温等特点。

3.4.1 磷酸镁水泥水化机理

与氯氧镁、硫氧镁机理复杂程度不同，磷酸镁水泥水化的实质为中和反应，即酸性的磷酸盐的氢离子与碱性的重烧氧化镁水化出的氢氧根离子在水中结合生成水后，磷酸根离子、镁离子以及铵根离子（或者钾离子、钠离子）在水相中结合形成磷酸铵镁水合物结构，继而生成鸟粪石沉淀结构的一个过程。

K- 鸟粪石结构由磷氧四面体、水合镁离子、钾离子以及水分子构成，不同结构之间通过共价键和氢键相连接，水分子与磷氧四面体之间的氢键对 K- 鸟粪石的强度发展作用较为明显（图 3.12）。

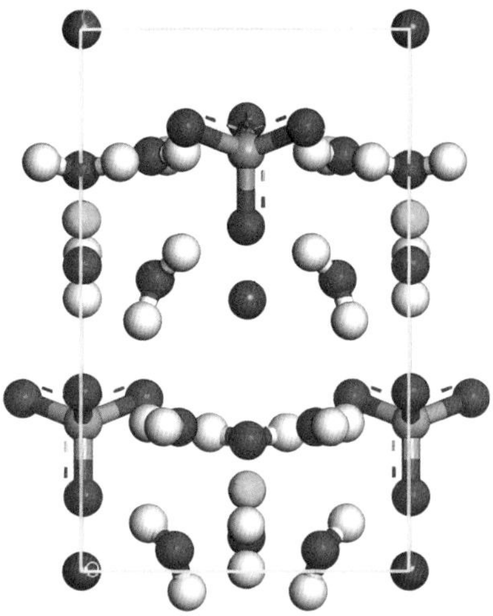

磷酸镁水泥水化过程可分为四个阶段，以磷酸二氢钾–重烧氧化镁–水三元体系为例作简要介绍：

（1）可溶性的磷酸盐电离出 $H_2PO_4^-$、HPO_4^{2-}、PO_4^{3-}、H^+ 以及 K^+ 等，反应体系变为酸性；

图 3.12　K- 鸟粪石晶体的分子结构

（2）重烧氧化镁在酸性体系中，MgO 水化，产生 Mg^{2+}，Mg^{2+} 形成水合镁离子，同时伴有体系 pH 值的上升以及大量的热量被释放；

（3）水合镁离子与磷酸盐电离出的 $H_2PO_4^-$、HPO_4^{2-}、PO_4^{3-}、K^+ 相结合，产生水合磷酸钾镁胶体；

（4）水合磷酸钾镁胶体形成晶体，不同晶体之间互相搭接，形成具有强度的网状结构。

在有些报道中使用固态魔角旋转核磁共振（MAS-NMR）技术，确定了磷酸镁水泥制品的结构中除了存在大量的鸟粪石结构，还有较多的无定形正磷酸镁（$Mg_3(PO_4)_2$）以及少量三水磷酸氢镁。三水磷酸氢镁是一种易溶盐类，对制品的耐水性有负面影响，因而磷酸镁水泥的配比设计需要有一定的考量，去抑制三水磷酸氢镁的生成。

另有文献显示，磷酸镁水泥固化时，倘若体系反应过快，会有大量未反应的氧化镁剩余，促使无定形的一水产物（$MgKPO_4 \cdot H_2O$）生成。

3.4.2　磷酸镁水泥配比设计

1. 磷酸盐的选择

本书磷酸盐部分简单介绍了适用于磷酸镁水泥生产的磷酸盐，主要有磷酸二氢钾以及磷酸二氢铵两种，使用其他磷酸、磷酸盐生产磷酸镁水泥，制品的结构会有严重的缺陷。在实际生产中，不同磷酸盐用于制备磷酸镁水泥制品，有各自独特的优势。磷酸二氢铵的溶解度较大（37.4g/100g 水），因而其在应用于磷酸镁水泥体系中时，更容易与氧化镁反应，并放出大量的热，使得体系固化速度较快，强度发育较快。但磷酸二氢铵在反应时，容易释放出味道难闻的氨气，影响生产人员的身体健康，反应过快也使得体系中产生的气泡难以排除。磷酸二氢钾的溶解度较低，与氧化镁的反应较慢，体系强度发育稍慢一些，但不会释放有害气体。

实际上，无论是使用磷酸二氢铵还是磷酸二氢钾，生成的主要相均是鸟粪石结构，只不过使用磷酸二氢钾制备的磷酸镁水泥制品的鸟粪石结构中，铵根离子被钾离子所代替。在生产时，可根据自身需求，将磷酸二氢钾与磷酸二氢铵混合使用，在反应速度、早期强度与氨气释放量上做一定的取舍。

虽然使用磷酸二氢钠制备磷酸镁水泥，制品的结构有缺陷、强度低，但有研究表明，在使用磷酸二氢钾制备磷酸镁水泥时，将一定量的磷酸二氢钠代替磷酸二氢钾使用，可提高体系水化放热速率，促进体系固化，并显著提高制品的抗折、抗压强度。在一定掺量的磷酸二氢钠作用下，磷酸钾镁体系中的 K- 鸟粪石晶体由块状、棒状转变为更为细小的针状 Na，K- 鸟粪石结构的同时，鸟粪石结构的生产量有所提高，孔隙率大幅减少，这可能是复合磷酸盐组样块强度提高的原因所在。当磷酸二氢钠掺加量过高时，体系中的鸟粪石结构减少，晶体转变为无定形结构，使得制品强度大幅下降，磷酸二氢钠掺量以 60% 以下为宜。

实际生产中，应结合自身需求，并根据生产条件做小试，来选择所需的磷酸盐种类。总体来看，不同种类的磷酸盐复配使用，体系的凝结速度、强度等的综合性能要好于单一磷酸盐。

2. 镁磷比设计

磷酸镁水泥主要强度相为 $Mg(M)PO_4 \cdot 6H_2O$，其中 M 可以为 NH_4^+、K^+、Na^+ 等。此外，磷酸镁水泥中还有 $MgHPO_4$ 以及 $Mg_3(PO_4)_2$ 等无定形相。为得到质量较高的磷酸镁水泥制品，应尽可能生成 $Mg(M)PO_4 \cdot 6H_2O$ 相，即可按照 Mg/PO_4^{3-} 的摩尔比设计配方。

摩尔比与磷酸盐、重烧氧化镁用量可以如下公式表示：

$$K = \frac{\dfrac{X\eta}{40.3}}{\dfrac{Y\delta}{Z}}$$

式中：K 为重烧氧化镁与磷酸盐摩尔比；X 为重烧氧化镁实际用量，g；η 为重烧氧化镁纯度，%；40.3 为氧化镁摩尔量；Y 为磷酸盐实际用量，g；δ 为磷酸盐纯度，%；Z 为磷酸盐的摩尔质量。

一般来说，在磷酸盐完全反应的前提下，磷酸镁水泥中 Mg/PO_4^{3-} 的比值 K 增大时，磷酸镁水泥的凝结时间缩短，磷酸镁体系中形成的鸟粪石结构比例也在降低。当 K 过大时，参与反应的重烧氧化镁的比例较低，大部分重烧氧化镁以填料的形式存在。虽然重烧氧化镁的反应活性较低，长久来看，还是会造成制品的开裂。倘若 K 过小，磷酸盐有剩余，产物易于吸水膨胀，也容易导致制品开裂。一般 K 在 9~16，磷酸镁水泥在力学性能以及耐久性方面表现较好。

3. 水灰比设计

磷酸镁水泥体系中，在合理的 K 设计下，重烧氧化镁的用量显然是存在剩余的，用水量仅需在将所有磷酸盐耗尽，生成 $Mg(M)PO_4 \cdot 6H_2O$ 的基础上，满足体系的流动度即可。用水量过低时，体系中鸟粪石结构生成量较少，易溶解的四水合物与一水合物增多，体系强度偏低。在后期，这些无定形结构在潮湿的环境中可进一步发育、老化，发生如下反应，见下式，使得制品强度有所增加。

$$MgO + 2NH_4H_2PO_4 + 3H_2O \longrightarrow Mg(NH_4)_2(HPO_4)_2 \cdot 4H_2O \quad (3.24)$$

$$Mg(NH_4)_2(HPO_4)_2 \cdot 4H_2O + MgO + 7H_2O \longrightarrow Mg(NH_4)PO_4 \cdot 6H_2O \quad (3.25)$$

$$Mg(NH_4)_2(HPO_4)_2 \cdot 4H_2O + 2H_2O \longrightarrow Mg(NH_4)PO_4 \cdot 6H_2O + NH_4^+ + H_2PO_4^- \quad (3.26)$$

用水量过大时，体系固化后，多余的水分逐渐散失，留下大量微孔，不仅影响制品的强度，也使得制品更容易被水侵入，制品耐水性进一步下降。

4. 改性剂

由于磷酸镁水泥反应的实质，是酸碱中和反应，反应较为剧烈，溶液中的离子浓度高，使得料浆凝结速度过快，没有操作时间，需要加入一定量的改性剂控制反应速度。目前效果较好的缓凝系列产品为磷酸镁缓凝剂。在磷酸镁水泥体系中掺入磷酸镁缓凝剂过后，磷酸镁缓凝剂溶解吸热，降低体系温度、pH 值，溶解后的磷酸镁缓凝剂生成 $B_4O_7^{2-}$，并与 Mg^{2+} 结合，吸附在重烧氧化镁颗粒表面，抑制氧化镁颗粒在酸性环境下的水化，从而减缓体系反应速率。在考虑磷酸镁水泥工作性能与力学强度的情况下，磷酸镁缓凝剂的用量存在着最佳掺量，磷酸镁缓凝剂掺量过低，磷酸镁水泥发育过快，晶体搭接不够紧密，制品强度过低，磷酸镁缓凝剂掺量过大，磷酸镁体系发育迟缓，进而影响最终强度。一般磷酸镁缓凝剂的掺量在重烧氧化镁质量的 4% 左右。

磷酸镁水泥体系中，镁离子源于重烧氧化镁的水化，抑制重烧氧化镁的水化，是磷酸镁水泥缓凝剂的研究方向之一。除了磷酸镁缓凝剂外，部分弱酸盐或者碱性物质加入到磷酸镁体系中后，亦可调节体系的 pH 值，降低重烧氧化镁的水化速度。此外，使用络合物将水化产生的镁离子进行配位，也可以降低体系的反应速率。

单一物质对磷酸镁水泥体系的速率降低，效果有限，使用上述几类缓凝剂的复合产品，费效比更低。

倘若使用纯度 95% 的重烧氧化镁以及纯度 99% 的磷酸二氢钾生产磷酸镁水泥，以镁磷比为 13（即 $K=13$）设计配比，尽可能多地生成鸟粪石结构，则需要重烧氧化镁：磷酸二氢钾：水：磷酸镁缓凝剂=4：1：0.9：0.2。实际上，在保证工作性能的情况下，降低水灰比，可以带来更高的强度。在有些报道中，在 K 大于 10 的情况下，以 0.11 水灰比，制作出强度不俗的样块。

第4章

工艺及相关设备

　　想要生产质量优良的镁质材料制品，需要多道工序配合，不能一蹴而就。即使在既定的配方下，使用相同规格的原材料进行调配，不同厂家生产的镁质制品的质量也会良莠不齐。同一种镁质制品，不同厂家的生产工艺虽然大相径庭，但每一步的参数控制，不同厂家却各有心得。

　　即便是简单的搅拌工艺，也要根据制品的不同，选择合适的设备，设置不同的参数，如搅拌时间、转速等，既要保证物料混合均匀，又要保证物料始终处于最佳状态。发泡工艺一般分为物理发泡与化学发泡，两种工艺的选择不仅与制品的品类相关，还要考虑生产线的其他工序。一般来说，选择物理发泡工艺，搅拌工序通常选用卧式搅拌机，以便将发泡机打出的泡沫与料浆更好地混合。而化学发泡工艺，对搅拌转速有一定的需求，为保证气泡的稳定性，通常还需要较为严格的养护工艺。

　　随着科技的不断进步，镁质材料制品的成型工艺从手工、半手工，向机械化、自动化方向不断发展，模具的设计也在不断优化，这对脱模工艺的要求也日趋严格。为保证一定的生产效率，业界同仁精研养护工艺，纷纷建起养护房，充分利用余热、蒸汽、微波等多种方式，对温湿度进行控制。

　　为满足市场对产品美观度的要求，业内也开始对镁质制品进行深加工。从最基本的切割、砂光等 TOB 模式的加工工艺，到针对消费市场的覆膜、喷涂等装饰工艺，镁质制品的附加值也在不断提升。

4.1 搅拌工艺

4.1.1 搅拌

搅拌是指将两种或两种以上不同状态、不同性质或不同温度的物质混合均匀的工艺过程。搅拌是镁质胶凝材料制品生产的主要工艺之一。它对镁质胶凝材料制品的性能有着重要的影响。利用正确且科学的搅拌技术，有助于更好地发挥镁质胶凝材料的诸多优势，是镁质胶凝材料工艺改性技术体系的重要组成部分。

4.1.2 搅拌机分类

搅拌机是搅拌工艺的主要工具，根据搅拌机的轴向位置，搅拌机分为卧式搅拌机（图4.1）和立式搅拌机，一般对于镁质胶凝材料的搅拌，多采用卧式搅拌机。在此节中仅介绍卧式搅拌方式。

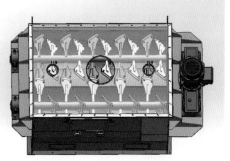

图 4.1 双轴卧式搅拌机

4.1.3 搅拌机如何选择

（1）根据产品体积、产量、效率等要求选定搅拌机。

根据产品的体积，需匹配比产品体积稍大的搅拌机，产品的体积一般不超过搅拌机容积的2/3为宜。

根据产量要求，产量大则尽量选择容积大的搅拌机。

根据生产效率一般也是选择容积大、转速相对高的搅拌机。

（2）因镁质胶凝材料属于气硬性材料，料浆黏度较大且硬化速度快，和普通硅酸盐水泥不同，用搅拌普通硅酸盐水泥的搅拌机来搅拌镁质胶凝材料时，会出现一些常见问题：①传统的搅拌筒壁及桨叶易黏附料浆，形成搅拌死角，影响浆体的均匀性；②常规搅拌机转速偏低，易造成混料不匀，产品品质参差不齐。因此，搅拌镁质胶凝材料应合理选择使用高转速搅拌机，要求搅拌机转速为 50~150r/min，推荐使用转速为 60~120r/min，这是常规砂浆或混凝土搅拌转速的 2~6 倍。对半干性镁质胶凝材料的搅拌可以降低转速，以 50~80r/min 为宜，以保护搅拌机转轴。

（3）技术参数

双轴卧式搅拌机技术参数见表 4.1。

表 4.1　双轴卧式搅拌机技术参数

容积 /m³	实际容积 /m³	功率 /kW
1.5~4	1.3~3.5	15~30

4.1.4　高速对向翻转搅拌机改性原理

高速对向翻转搅拌机可以满足镁质胶凝材料的搅拌需要，可制出均匀性极好的镁质胶凝材料料浆，对镁质胶凝材料成功进行搅拌改性。其搅拌改性原理有以下两方面。

1. 高速搅拌作用

高速搅拌对镁质胶凝材料的作用特点如下。

（1）叶片的高速旋转有粉碎作用，可以把氧化镁团块和一些填充料有效粉碎。

（2）由于搅拌转速快，各物料的混合频率高，容易混合均匀。氧化镁和调和剂溶液混合越均匀，反应就越充分，各种性能也就越好。

（3）加强了对料浆的剪切混合力。剪切混合是最高效的混合方式，剪切力与转速成正比，转速越高，剪切力越强，混合的效率就越高，物料也更容易混合均匀。

（4）高速搅拌可产生冲击混合力。在高速旋转下，搅拌机叶片可产生冲击力，料浆在叶片的带动下产生离心力撞击搅拌筒壁，在离心力的冲击作用下被反射、分散，强化了混合的均匀性。

2. 双轴对向翻转混合改性作用

因镁质胶凝材料黏度大、阻力大，高速搅拌破阻能力小，相对阻力增大。搅拌转速越高，破阻能力越小，搅拌转速与破阻能力成反比。采用对向翻转的双螺旋搅拌，螺旋搅拌桨的桨叶窄且为倾斜推桨，阻力大大减少。双轴对向翻转，可将料浆由左右两侧一同带入两轴中间的混合区，由双轴叶片强制剪切混合，使料浆更易混合均匀。经过高速对向翻转混合后，镁质胶凝材料料浆细腻柔滑，均匀黏稠，浆体亮泽，呈现出良好的分散性，为氧化镁和调和剂的充分反应奠定了基础。混合改性使得镁质材料水化产物的晶体结构发生变化，变成以大叶片为主，减少了针杆状结构的比例。

4.2 发泡工艺

4.2.1 发泡概述

1. 发泡

发泡一般可分为物理发泡和化学发泡两种，其中物理发泡是把发泡剂配制成发泡溶液，利用发泡装置中空压机加压后形成具有一定张力的泡沫，而后将泡沫与镁质胶凝材料料浆同时搅拌，搅拌过程中镁质胶凝材料料浆体积将不断增大，当膨胀达到预定的密度后即可形成发泡镁质制品材料。化学发泡是指把发泡剂（液态/粉末状）加入镁质胶凝材料浆料中进行搅拌后发生化学反应，释放出的气体使镁质水泥体积不断膨胀，膨胀达到预先配方设定的状态形成镁质发泡水泥材料。

2. 特点

镁质发泡制品具有轻质、隔热、吸音、成本低等特点。

3. 应用

发泡工艺广泛应用于防火门芯板、外墙保温板、隔墙板、装饰板、屋面、地面地暖等建筑建材领域。

4.2.2　发泡方式

1. 物理发泡

1）常用物理发泡的种类、特点和应用

（1）高分子发泡剂。

该发泡剂稳泡性比蛋白和松香发泡剂稍差，含水率较低，起泡倍数高，稀释倍数在 80~200 倍，流动性好，制品成本低，适用于流淌式带边框的门芯板、匀质板、外墙保温板等制品的生产。可用于镁质水泥，也可用于硅酸盐水泥。

（2）蛋白发泡剂。

该发泡剂稳泡性好，含水率较高，稀释倍数为 40 倍左右，流动性较差，与松香发泡剂相比，操作简单，可用于产量要求较高、不带边框的流淌式平模门芯板的生产。蛋白发泡剂适应性强，既可用于镁质水泥，也可用于硅酸盐水泥。

（3）松香发泡剂。

该发泡剂稳泡性差，含水率较高，起泡倍数较低，稀释倍数为 30~40 倍，操作复杂些，A、B 两种组分按比例配制，再跟水配成溶液，用发泡机发泡，一般用于容重 600kg/m³ 的高密度发泡混凝土生产。

2）对物理发泡如何判断发泡泡沫质量

发泡机的功能为制造泡沫，因此泡沫质量的好坏也是判定发泡机性能优劣的标准。对发泡泡沫质量有以下三方面的要求：细密性、均匀性、泌水量。

泡沫细密性指的是泡径的大小，泡径越小、泡沫越细小绵密，泡沫的稳定性就越好，生产出的产品强度越高、保温性能越好。

泡沫均匀性指的是泡径大小应均匀一致，泡径大小越均匀、分布范围越窄，产品所受应力越均匀，使用效果越好。

泡沫泌水量指的是泡沫破裂后所产生的发泡剂水溶液的量，一般而言，泡沫含水量越低，泡沫泌水量就越低，说明发泡机的发泡性能越好。

为满足发泡泡沫质量要求，MJT 自主知识产权研发设计的发泡装置（申请号：CN202310769538.8）（图 4.2），在发泡罐以及将发泡罐内泡沫输出的输出管之间连接有过渡腔，过渡腔内沿着泡沫的移动方向依次设有静滤组件和动滤组件。静滤组件上的滤孔尺寸大于动滤组件上的滤孔尺寸，且静滤组件基于动滤组件的移动实现滤孔的开合，当动滤组件在靠近静滤组件的行程中，静滤组件上的滤孔逐渐关闭；

在动滤组件靠近静滤组件时，静滤组件上的滤孔闭合。动滤组件和静滤组件可以对动滤组件过滤下来的泡沫进行挤压，使这些泡沫破裂形成可以经过动滤组件滤孔的泡沫，泡沫大小可以被有效地控制在一个范围内，发出泡多水少的海绵状细小泡沫，且均匀细腻。

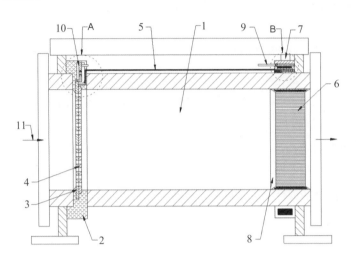

1—过渡腔；静滤组件：2—静框体，3—主滤板，4—副滤板，5—拉绳；

动滤组件：6—过滤板，7—丝块，8—刮板，9—触发件；10—限位组件；11—泡沫流动方向。

图 4.2　发泡装置

3）发泡机工作原理

通常采用的物理发泡工艺有两种。

（1）利用高速旋转叶片制取泡沫。将发泡剂水溶液与原材料一起加入高速搅拌机中，利用搅拌机叶片高速旋转搅拌来制取泡沫。但利用该种方式产生的泡沫泡径不均匀，固化后制品存在体积密度差，导致制品达不到要求的力学性能。

图 4.3　MC-900 发泡机

（2）采用压力引气制取泡沫。以 MC-900 发泡机为例（图 4.3），采用压力引气发泡原理，空压机将空气压入储气罐，发泡剂水溶液通过进液管吸入柱塞泵，两者在泡沫发生器中充分混合，然后利用内外气压差，将形成的泡沫吹出发泡管即可。设备结构如图 4.4 所示，具体参数见表 4.2。

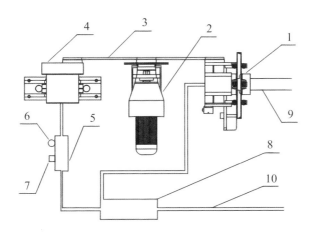

1—柱塞泵；2—电机；3—皮带；4—空压机；5—储气罐；6—气压表；

7—安全阀；8—泡沫发生器；9—进液管；10—发泡管。

图 4.4　MC-900 结构示意图

表 4.2　MC-900 发泡机参数

技术参数	型号	
	MC-600	MC-900
发泡量 /（m³/min）	0.6	0.8
装机功率 /kW	4	7.5
主机质量 /kg	98	118
外形尺寸 /mm	1100×700×750	1100×700×750
动力电源 /V	380	380
泡沫直径 /mm	0.1~2	0.1~2

对比两种物理发泡工艺，通过压力引气发泡较为复杂，但发泡效率较高，且泡径均匀，发出的泡沫直接与搅好的镁质胶凝材料料浆混合，精确控制料浆密度。

4）物理发泡工艺流程

发泡镁质水泥浆体的制备分为两个阶段：第一阶段为镁质水泥料浆的制备；第二阶段为泡沫镁质水泥浆体的制备。简单地讲，发泡镁质水泥的搅拌混泡工艺就是将制备好的泡沫通过搅拌机加入镁质水泥料浆当中（图 4.5）。

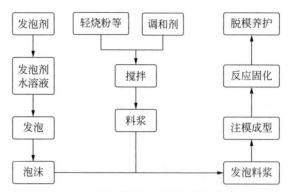

图 4.5　发泡镁质水泥浆体制备流程

（1）镁质水泥料浆的制备。

将调和剂加入搅拌机中，启动搅拌机搅拌，边搅拌边加入氧化镁粉，搅拌3min，缓慢加入改性剂搅拌均匀，得到镁质水泥料浆。

发泡镁质水泥以镁质胶凝材料为基料，有时加入少量粉煤灰，如在配制体积密度为 600kg/m³ 左右的轻质隔墙板时会加入 25% 的锯末；有特殊要求的制品如外墙保温板会使用一部分轻集料，如膨胀珍珠岩、聚苯颗粒等。

（2）泡沫镁质水泥浆体的制备。

镁质水泥料浆搅拌均匀后，即可在搅拌状态下向搅拌机内加入新鲜泡沫，搅拌时间约 1min 左右，可根据情况调整。当泡沫均匀混合，浆面看不到一层漂浮的泡沫时，泡沫镁质水泥浆体就制备完成了，可以出料浇注。

2. 化学发泡（双氧水）

1）化学发泡剂发泡的特点和应用

化学发泡的突出特点是不需借助发泡设备，直接通过化学反应释放出大量气泡即可达到发泡目的。只需要把化学发泡剂与镁质水泥料浆充分混合反应，发泡过程为 5~15min，发泡成型后的泡孔一般呈蜂巢状闭孔结构。

采用化学发泡剂生产的制品强度高于物理发泡（同等密度），主要原因是气孔较大、分布均匀，泡壁水泥料浆集中、强度大，且气泡多为闭合孔，吸水率低，具体参数见表 4.3。化学发泡的缺点是工艺不易控制，料浆内气泡的大小、数量、耐久性和分布难以精准把握，规模化生产需配备恒温车间或养护室，而且发泡剂用量大，发泡成本较高。

表 4.3　化学发泡镁质外墙保温板性能指标

性能指标		参数
干表观密度 /（kg/m³）		≤250
抗压强度 /MPa		≥0.40
抗折强度 /MPa		≥0.10
含水率 /%		≤5.0
体积吸水率 /%		≤10
导热系数 /（W/（m·K））		≤0.069
干燥收缩值（快速法）/（mm/m）		≤2.0
抗冻性（15 次）	质量损失 /%	≤5.0
	强度损失 /%	≤25
软化系数		≥0.75
燃烧性能等级		A1

2）选择化学发泡应遵循的原则及注意事项

化学发泡剂的选择要遵循以下四个原则：

（1）分解温度与镁质发泡料浆固化温度相适应；

（2）发泡量大；

（3）相对安全；

（4）价格低。

镁质水泥固化时放热高峰要控制在 60℃以内，如果化学发泡剂的分解温度需要 100℃甚至更高，就会干扰镁质水泥固化，因此，常温下能够发生分解反应的化学发泡剂才可用于发泡镁质水泥的生产。所谓反应产物相对安全包含两层意思：一是分解或反应产生的物质对镁质水泥固化过程本身无不良影响；二是发泡剂本体或反应产生气体一旦逸出不会对环境造成危害。

3）化学发泡机理

目前采用化学方式生产发泡镁质水泥所用的化学发泡剂是过氧化物，如双氧水（H_2O_2），容重为 300kg/m³ 的发泡菱镁水泥参考配方见表 4.4。

表 4.4　化学发泡菱镁水泥参考配方　　　　　　　　　　（单位：kg）

轻烧氧化镁	卤水（水温为 30~35℃）	聚丙烯纤维	双氧水	硬脂酸锌
100	90	0.5	10~11	2.3~2.5

双氧水在酸性和中性介质中较稳定，在碱性介质中易分解，在光照及加热的条件下分解速率加快。双氧水的发泡原理：

$$2H_2O_2 \xrightarrow{\text{催化剂}} 2H_2O + O_2 \uparrow$$

理论上，1kg 浓度为 30% 的双氧水最大发气量是 98L，在实际生产时，考虑有一部分气体会逸出，体积会损失，故要考虑体积损失率，双氧水的用量要比理论计算值稍大些。双氧水掺加量要与镁质发泡水泥密度相适应。为了获得预期的发气量，得到泡孔均匀的化学发泡产品，要做好以下几方面的调整。

（1）控制生产温度和卤水温度，采取措施调整菱镁水泥固化速率，或加入适当催化剂，如二氧化锰、氧化铜等调节双氧水分解产气速率，使双氧水的分解速率与镁质水泥料浆凝结固化速率一致。

（2）稳定剂。一般使用的双氧水中都会含有一定量的稳定剂，以减少储存过程中双氧水的分解。常用的稳定剂包括锡酸钠、焦磷酸钠和有机亚磷酸酯。

（3）稳泡剂。稳泡剂的作用是降低料浆液相表面张力以稳定气泡，保持气泡液膜的结构稳定。常用的稳泡剂有可溶性油、表面活性剂等。

参考配方中采用 1%~3% 的硬脂酸锌作为稳泡剂，是源于硬脂酸锌对菱镁浆料的增稠作用。其稳泡原理是增加气泡逸出时的阻力，使料浆固化后的孔结构细小、均匀；同时硬脂酸锌为强憎水性物质，固化后在气孔上形成一层憎水薄膜，降低了潮湿环境下发泡制品的吸水率。

4）化学发泡工艺（双氧水）

（1）原材料准备：发泡成型的原材料主要包括发泡剂、基材、助剂（如稳泡剂）等，在使用前需要按照一定比例混合。

（2）发泡：将混合好的原材料放入化学发泡装置中，通过加热和加压等方式使其发生化学反应，从而产生气体，使原材料膨胀成为泡沫状。

（3）成型：经过发泡后的原材料被倒入模具中，通过加热和压力使其成型。模具的形状和大小不同，可以根据产品需要进行设计和制造。

（4）加工：成型后的产品需要进行后续加工，如切割、打磨、涂装等，以便达到客户的要求。

（5）检验：最后一步是对成品进行检验，以确保其质量符合标准，包括外观检查、尺寸测量、物理性能测试等。

4.3　成型工艺

4.3.1　定义及发展

成型工艺是制品生产中非常重要的一环，把搅拌好的料浆在一定压力作用下，灌注到不同形式的装置（或模具）中，完成定型固化的生产过程。

不同产品的成型工艺也各有不同，而且同样的产品在不同的生产阶段也会对应不同的成型工艺。成型工艺从手工到半机械化、机械化，并逐步过渡到自动化生产，再到向智能化发展，生产效率越来越高，人工越来越少，同时生产越来越精细化，制品的精度也越来越高。

4.3.2　成型工艺分类及特点

本书结合镁质胶凝材料的实际生产，仅介绍具有代表性的几种成型工艺，包括模具成型、平板辊压、立模浇注、冷压挤出与热压挤出五种成型工艺。

1. 模具成型

模具成型是利用所成型材料物理状态的改变来实现物品外形的加工。根据所需制品的形状，选择不同的模具进行加工制造。下面以镁质花盆为例进行说明。

将搅拌好的料浆倒入模具中，使用振动台或振动器进行振动，以排除空气，同时保证混合料浆充分填充模具。通常为了得到更光滑的外表面，可在料浆中加入消泡剂（GX-5#），辅以振动或真空吸附方法，得到优质的花盆制品（图 4.6）。

图 4.6　模具成型

2. 平板辊压

平板辊压主要针对不同厚度（一般属于厚度较薄）的面积较大的平板形状的制品，将原先以手工为主的低效率生产模式，改用以机器为主、人工为辅的半机械化生产模式，大幅提高了生产效率，常用于防火板、门芯板、净化板等制品的生产制造。

平模生产线浇注成型又可细分为有边框浇注成型和无边框辊压成型两种。有边框浇注成型沿用人工平模浇注的原有模具，将原来的料车运料浇注改为储料料槽不动，皮带传动模具运转浇注，浇注后经升降平台或码垛机码垛，养护脱模后压平或砂光。该工艺降低了人工工作量，生产效率有一定提高，集中放料减少了料浆在运输过程中的损耗，但模具投资相对较大，工序没有减少。而无边框辊压成型对料浆状态要求较高，料浆应有一定黏稠度，经储料槽放料到模板上，辊压定尺后呈豆腐块状，不流动、不塌陷。基本可实现自动化生产，生产效率大大提高。普通的高分子发泡剂无法满足其使用要求，一般采用动物蛋白或松香双组分发泡剂，该类发泡剂稳定性高，但稀释倍数略低（一般 20～50 倍兑水稀释）。无边框辊压定尺后的码垛养护工艺不变，由于无边框，脱模后的板材尺寸规格不标准，除需要常规的压平外，还要进行四边切割整形，这样会额外增加工序并带来大量的边角废料。

两种平模生产线成型工艺虽然都能提高生产效率，但各有利弊，适合日产量 500～800 张门芯板的生产。

3. 立模浇注

立模浇注主要针对有几种不同厚度、尺寸较大的发泡制品，所采用的一种机械自动化程度较高的生产工艺。该生产方式生产效率和成品率高，制品外形一般美观度好，不用再进行二次加工，常用于隔墙板和门芯板的生产制造。下面以防火门芯板为例进行说明。

立模浇注（图 4.7）防火门芯板的成型分为钢质防火门芯材浇注和木质防火门浇注两种。钢质防火门芯材浇注成型工艺是伴随着硫氧镁防火门芯板一起诞生、发展的，硫氧镁防火门芯板材料的性质与氯氧镁防火门芯板材料不太相同，传统的码垛式摞放养护很难达到反应所需的温度，导致固化慢、强度差、模具周转效率低，而立模浇注成型工艺使得芯材之间仅以铝合金隔板间隔，热量积聚快、散失慢，环境温度的小幅提升即可达到激发料浆反应的温度要求。立模浇注门芯板设备单组可达 40～50 张，占地

图 4.7　立模浇注

空间小、生产效率高，板材成型后无需压平、砂光。笔者通过实践总结发现，芯材浇注 8~12h 后，板材温度可达到 50~60℃，这时板材的强度已满足脱模需求，开模后板材热气升腾，待温度下降后就能出板。芯材温度超过 60℃后，如果脱模不及时，温度会继续升高，最终温度可超过 70~80℃，这时会存在烧板风险，脱模后烧板板材没强度，结构松软。木质防火门一般采用直接浇注工艺。木门框预制好并留好浇注口，在复合防火板及上下免漆面板之后固定到浇注架上，活动端丝杠胀紧，防止免漆面板在浇注过程中因松动而空鼓、凹陷，影响平整度。木质防火门多采用立模浇注，因此发泡料浆搅拌均匀后多通过软管泵（或螺杆泵）泵送至浇注架上进行浇注。需要注意的是，软管泵（或螺杆泵）在泵送过程中，泡沫有 15% 左右的破损率，导致料浆细腻度降低，在制定生产配方时要考虑该问题，以防止泡沫破损导致门芯板塌陷。

4. 冷压挤出

在制造仿古砖类制品时，要求制品外观符合古典设计造型，且强度高、耐久性好，并要求生产时能降低劳动强度。为了满足以上要求，目前多采用的是冷压制砖设备（图 4.8），该设备按照合理配方调制料浆，倒入设计好的造型模具中，一般在 6000~8000kN 压力作用下，一次性可以生产多块砖类制品，操作方便，生产效率高。

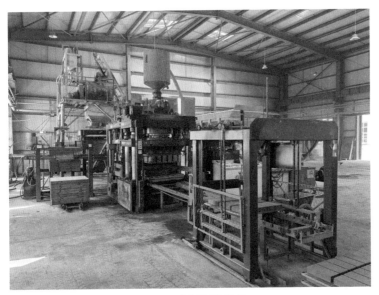

图 4.8　冷压制砖设备

5. 热压挤出

按照科学配方的要求，把镁质胶凝材料与各种辅料均匀混合成塑性材料，运送到高压挤出热固机装置内，在加热和加压状态下，保持一定时间挤压。该方式所制板材不但密实度高、结构强度好，而且固化成型快、生产效率高。（可参阅 5.15 节高压挤出热固生态板，在此不再赘述。）

4.4 脱模工艺

4.4.1 准备工作

为了后期制品易于脱模，在正常生产制品前要在模板上均匀喷涂一层脱模剂，脱模剂一定要跟制品和模板相匹配，否则一方面会造成发泡制品的消泡现象；另一方面不但起不到脱模效果，还会使制品与模板黏合在一起，更不利于脱模。

4.4.2 气动脱模

气动模具需要连接气泵，即空压机，按压气动开关即可脱模。成品厚度是固定的，不可以调节。特点是容易脱模，并且出模快，成品板型美观，适用于大批量生产制作，但模具成本费用较高。

4.4.3 模板的选择

聚氯乙烯（polyvinyl chloride，PVC），是氯乙烯单体（vinyl chloride monomer，VCM）在过氧化物、偶氮化合物等引发剂，或在光、热作用下按自由基聚合反应机理聚合而成的聚合物。氯乙烯均聚物和氯乙烯共聚物统称为聚氯乙烯树脂。

PVC 为无定形结构的白色粉末，相对密度约为 1.4，玻璃化转变温度 77~90℃，170℃左右开始分解，对光和热的稳定性差，在 100℃以上或经长时间阳光曝晒，就会分解而产生氯化氢，并进一步自动催化分解，引起变色，物理机械性能也迅速下降。在实际应用中必须加入稳定剂以提高其对热和光的稳定性。

PVC 板又称为雪弗板、弗龙板。是一种使用 PVC 为主要材料挤压成型的板材。这种板材表面光滑平整，截面呈蜂窝状纹理，强度高、耐候性好。PVC 具有较高的阻燃性能，其阻燃值可达 40 以上。在火焰下燃烧时，离火即熄，并且产生的火焰呈黄色，下端为绿色，同时冒出白烟。PVC 表现出良好的耐化学药品性能，能够抵抗浓盐酸、浓硫酸（浓度为 90%）、浓硝酸（浓度为 60%）和浓氢氧化钠（浓度为 20%）等的腐蚀。

PVC 板在室温下具有较高的机械强度，耐磨性超过了硫化橡胶。此外，它的硬度和刚性也优于聚乙烯。同时它对石油、矿物油等非极性溶剂具有良好的耐受性。

ABS 塑料模板是丙烯腈（A）丁二烯（B）-苯乙烯（S）的三元共聚物，呈乳白色。它综合了三种组分的性能，其中丙烯腈让模板具有高的硬度和强度、耐热性和耐腐蚀性；丁二烯让模板具有抗冲击性和韧性；苯乙烯使得模板具有表面高光泽性、易着色性和易加工性，适用于玻镁防火板、轻质纤维防火板及建筑模板的生产。ABS 挤出板具体参数见表 4.5。

表 4.5 ABS 挤出板相关参数

检 验 项 目	技 术 要 求	实测结果	单项判定
外观	表面应光滑平整，不允许有影响使用的波纹、亏料痕、划痕、黑点和杂质，不允许有气泡和裂纹	符合检验要求	合格
纵向拉伸屈服应力 /MPa	≥32.0	44.0	合格
横向拉伸屈服应力 /MPa	≥32.0	41.6	合格
纵向尺寸变化率 /%	−20.0～+5.00	−4.8	合格
横向尺寸变化率 /%	−20.0～+5.00	−4.2	合格
维卡软化温度 /℃	≥80.0	84.6	合格

PVC 板与 ABS 板都是镁质胶凝材料成产中常见的模板，但因 PVC 板的玻璃化转变温度较低，遇制品反应过激温度升高时，易出现翘曲变形，从而影响制品的平整度。ABS 板的玻璃化转变温度相对较高、耐温性好，在高温养护过程中变形率远远低于 PVC 板。

随着使用时间的推移，在模板板材表面会形成一层油膜，这层油膜会影响新喷涂脱模剂的成膜效果，严重的还会影响生产制品的平整度。各生产厂往往会间隔一段时间就组织工人对模板进行清理，多采用腻子刀铲除的方式，也有用酸类物质清洗的。但不管哪种方式都会对模板表面的光洁度造成影响，久而久之板材使用寿命逐渐下降。加之模板采购成本较高，各厂家都会联系模板厂家将废旧模板回收再造，从而降低投资压力。模板厂家生产的标准厚度模板大都采用按质量的方式销售，为了追求利润最大化，往往在生产过程中往 PVC 或 ABS 原料中加入一定量的滑石粉、重钙等。适量填料的加入会增加板材的硬度，但如果过量加入，就会导致板材脆性增加，在使用过程中易折断。

4.5 养护工艺

养护是制品生产中必不可少的环节之一，养护的时间长短、温度高低、水分多少对制品质量影响非常大。在保证产品质量的前提下，如何加快周转率，提高生产效率，也是生产单位考虑的问题。

4.5.1 养护需要考虑的因素和原理

1. 温度

以氯氧镁制品为例，制品的力学性能及耐久性主要来源于 5·1·8 相，而该结晶相一般在制品内部温度不超过 60℃下形成。如果养护过程中制品内部温度达到 80℃或更高，则不再生成 5·1·8 相，转而生成 $9Mg(OH)_2 \cdot MgCl_2 \cdot 4H_2O$（9·1·4 相）和大量 $Mg(OH)_2$，过量的 $MgCl_2$ 因未被结合而处于游离状态，导致产品出现严重的吸潮返卤，整体力学性能和耐久性变差。实践证明，制品内部最佳峰值温度范围在 60~80℃（表 4.6、表 4.7）；若低于 40℃说明制品水化反应不完全，结合反应程度较差，制品中游离的 $MgCl_2$ 过多，这种制品很容易吸潮返卤，一般三个月后开始变软，强度越来越低。若高于 60℃，则水化反应过激，产生的结晶相种类改变，放热和固化互相促进，制品内部的热膨胀应力和结晶膨胀应力互相叠加，造成制品内部结构破坏，质量急剧下降。

因此，在生产过程中，介质温度偏低时应采取保温或增温措施，介质温度偏高时需及时散热或调整配比，控制水化热，以稳定产品质量。

表 4.6　镁质水泥硬化相与温度的相关性

养护条件	硬化结晶相与含量 %					
	5·1·8 相	3·1·8 相	Mg(OH)₂	MgO	9·1·4 相	待定的结晶相
室内 15~25℃ 保潮养护 28d	66	0	5	8	0	0
40℃养护 24h 移至室内保潮养护 28d	53	0	5	9	0	0
60℃养护 3d 移至室内保潮养护 7d	15	0	7	12	0	较多量
80℃养护 24h 移至室内保潮养护 28d	0	0	23	2	0	较多量
100℃养护 3d 移至室内保潮养护 28d	0	0	21	2	0	较多量
在（110±5）℃、压力 5kg/cm² 条件下成型	极少	0	主量	—	—	—

表 4.7　产品内部峰值温度与固化质量的相关性

养护介质温度 /℃	试件峰值温度 /℃	浸水 1 月吸水率 /%	28d 强度 /MPa		浸水 1 月强度 /MPa		浸水 1 月软化系数		浸水半月体积安定性	吸潮反卤情况
			抗折	抗压	抗折	抗压	抗折	抗压		
室温	28	5.9	9.5	55.6	7.7	46.5	0.84	0.85	良好	10d 后吸潮结露
40	54	6.2	8.6	56.3	7.4	41.8	0.85	0.75	良好	一直干燥
60	81	8.3	8.6	33.8	2.1	7.1	0.26	0.21	裂纹严重	10h 表面结露
80	108	9.5	7.8	33.2	2	10.5	0.25	0.31	普遍裂纹解体	12h 表面结露
100	110	10.4	7.4	26.2	2.4	10.5	0.33	0.40	普遍裂纹解体	12h 表面结露

2. 水分

水是镁质胶凝材料固化物相的重要成分之一，同时也是镁质胶凝材料固化反应的介质。在实际生产中，为了便于操作以及保证反应充分进行，会使用过量的水，而这些水会以 3 种形式留存或散失：第一种是结合水，不论是 5·1·8 相、3·1·8 相或 Mg（OH）$_2$ 的生成，都会消耗掉部分水分；第二种是水在反应过程中随着热量变为水蒸气逸走；最后一种是部分水以自由水状态留在制品中，即含水率。

实践证明将干燥的 MgO 和干燥的 MgCl$_2$ 混合在一起，时间再长两者也不会反应产生强度。水量充足时，在制品养护过程中，要注意水分的散失速度，水分散失过快，晶体发育所需水量不足，导致产品强度不足；水分散失过慢，则导致化学反应速度变慢，生产效率降低。且过量水的存在，会导致晶体之间的排列不够密实、结构松散、丧失强度。

以氧化镁门芯板平模与立模生产做对比试验，通过图 4.9 和图 4.10 可知，随着时间推移，两者的温度都在升高，温度升高的同时伴随着水分的散失。随着时间延长，两种方式生产的板材的含水率逐渐趋于平稳且数值接近。

平模生产模式下，板材与空气接触面积大，温度升高的同时水汽能正常挥发，当温度到达图 4.10 中的 e 点时，温度达到峰值，此时需要及时脱模，随着门芯板的脱出，其下表面与空气接触，温湿度的散失速度大大增加，也就导致了图 4.9 中 b 点的产生，温度逐步下降，水分大量散失蒸发；立模生产模式下，温度提升较快，很快就出现了最高温度点 d 点（图 4.10），由于两侧密不透风，散湿散热面积小，导致水汽一直出不来，直到图 4.9 中 a 点立模门芯板脱模时，温度与水分都与外界自然环境存在较大的差距，会出现剧烈的失水散热，进入水分散失高速期；随着时间推移，两种生产模式的失水速度趋于稳定，最终在 c 点（图 4.9）之后，不再变化。

夏季生产十分容易出现"烧板"问题，究其原因是热量与水分散发不及时，无论是平模还是立模生产，在干燥高温环境下，板材表面很容易反应产生一层硬壳，就像给门芯板盖了一层"棉被"，从而妨碍料浆内部水变成水蒸气的正常逸出，导致内部松散绵软，出现另一种"烧板"现象。通常情况下，为了避免产生该问题，会在反应体系中加入缓凝剂，以减少结壳现象发生，使料浆均匀反应，及时散热散湿。

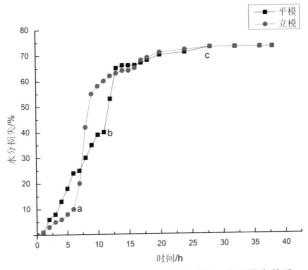

图 4.9　不同生产模式下门芯板时间与水分散失关系

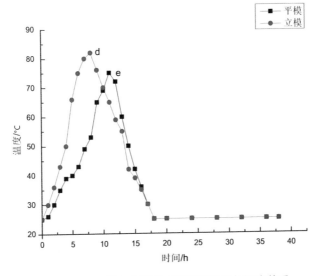

图 4.10　不同生产模式下门芯板时间与温度关系

总之，水分是镁质胶凝材料硬化的前提，在保证形成 5·1·8 相所需的结晶水和蒸发的部分水外，多余游离水越少越好。养护的早期阶段必须实施保湿控温。

3. 脱模时间

镁质胶凝材料的固化是一个化学反应与物理反应同时进行的过程，这些反应随着环境温度、水化放热的变化时快时慢。要使制品质量好，必须掌握好适宜的养护时间。料浆的初始反应是需要激发温度的，若激发温度过低，反应速度过慢，脱模时间就过长，制品强度也较差；若激发温度过高，再加上料浆本身水化反应的放热，两种温度相互叠加，反应速度会越来越快，脱模时间若掌握不好，便会出现"烧板"现象，制品没有强度，直接报废。

如图 4.11 所示，随着时间的延长，温度开始趋于上升趋势，当达到峰值，便开始趋于下降；如图 4.11 中曲线 1 所示，当环境温度高于 30℃时，在较短时间内升温较快，若脱模时间控制不好，温度会超过 80℃，甚至脱模再延迟会超过 100℃，便会出现"烧板"现象，温度从峰值开始下降；如图 4.10 中曲线 2 所示，在常温 20℃时，一般 2h 后开始正常升温，升升温 6~8h，温度达到 60℃，此时及时脱模降温散湿，再正常温度（一般 20~25℃）二次养护，制品的力学性能会接近理想状态；如图 4.11 中曲线 3 所示，当环境温度低于 10℃时，在没有加温干预下，料浆缓慢升温，有时达到激发温度需要 12h 以上，达到脱模时间甚至超过 24h，影响生产周期，效率低下。

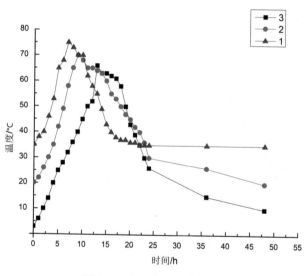

图 4.11　时间与温度之间关系

对于硫氧镁和硫氯复合、磷酸镁胶凝材料制品也是同样的要求，一定要考虑好时间、温度和水分三个要素，把握好三要素的"火候"非常关键。

4.5.2　养护方式

随着对镁质胶凝材料的深入了解，和生产技术的不断发展，养护方式也越来越多元化，制品不同，其养护方式也各有差异，本书结合实际生产，介绍几种常见的养护方式。

1. 加温养护房（电加热、余热、柴油）

加温养护房（图 4.12）是结合镁质胶凝材料制品的特点、生产单位的条件以及周边环境资源所采用的一种养护方式。

图 4.12　加温养护房

有的生产单位周边有发电厂，冬天可以采用发电余热对加温养护房进行升温，该种方式节约成本；有的生产单位规模小、条件简陋，则可以用油布（或聚氨酯厚薄膜）搭建加温养护房，里面可以采用电加热或炉子升温方式，但该加温养护房加温不均匀，靠近热源区制品反应固化快，反之，则升温慢，固化慢；有的生产单位对制品的含水率要求较高，温度低时，可单独搭建养护房，比如门芯板这种发泡镁质胶凝材料制品，脱模后，再进入养护房养护一段时间，把门芯板内多余水分排出去，大大降低含水率的同时，提高强度。

2. 阳光棚

阳光棚（图 4.13）是一种用于镁质渗透保温板（或硅质保温板）生产，气温低，又需要快速固化、打包时所采用的养护方式。

图 4.13　阳光棚

3. 微波加热

微波加热养护是最新的一种养护方式，利用微波加热原理，大大缩短初始的激发温度时间，让 MgO-MgCl$_2$-H$_2$O 三元相充分快速反应，形成结晶相，固化成型后再正常养护（该微波加热装置参考专利号：CN202310378332.2；专利名称：一种用于发泡板材的快速固化成型的微波加热系统）（图 4.14）。以发泡门芯板制品为例介绍微波加热养护工艺。微波加热工作原理是基于微波和分子振动的原理。微波是一种电磁波，其频率通常在 2.45GHz 左右。这些电磁波由微波装置中的磁控管产生，并通过微波装置内的金属波导管传播。当这些电磁波遇到门芯板发泡板材时，它们会被门芯板发泡板材中的水分子吸收。当微波辐射被门芯板发泡板材吸收时，水分子开始振动。由于这些分子之间的摩擦力，这种振动会导致门芯板发泡板材的温度快速上升。微波辐射只会被门芯板发泡板材中的水分子吸收，因此只有含有水分子的发泡板材等才能被微波加热。当微波加热装置通电时，交流电源会经过一个变压器和高压整流器，将电压转化为高压直流电源。这个高压直流电源将用于驱动磁控器。微波加热装置中的磁控管被用来产生微波辐射。磁控器包含一个阴极和一个阳极，当电子通过磁场时，它们会在磁场的作用下形成一个射线，该射线沿着波导管传播并产生微波辐射。微波加热装置中还有一个反射器（搅拌器），它的作用是将微波反射回微波加热装置中，以确保微波能够均匀地分布到门芯板发泡板材中。微波加热装置还包括一个转盘，用于将门芯板发泡板材均匀地暴露在微波辐射中，以便门芯板发泡板材能够被均匀加热。

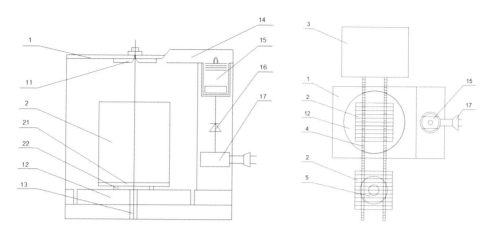

1—门芯板（发泡板材）微波加热装置；11—搅拌器（金属所制）；12—旋转工作台；
13—旋转轴；14—滤导管；15—磁控管；16—高压整流器；17—变压器；2—门芯板立模套件组；21—门芯板
立模套件组；22—滑轮；3—养护室；4—导轨；5—料浆仓。

图 4.14　微波加热装置主视、俯视示意图

　　门芯板（发泡板材）微波加热装置基本是由带有前、后门的金属制作而成的微波加热空间，该装置利用金属作为微波反射壁，当前、后门关上后封闭效果好时，微波不会外露；该装置的中央位置有旋转工作台，旋转工作台的中间有旋转轴，旋转轴可以通过开关控制动力源实现旋转，带动旋转平台旋转，旋转平台的上面有导轨，该导轨与微波加热装置和养护室的导轨虽是断开的，但旋转工作台转到规定位置时，三段导轨连接处缝隙很小，不影响滑轮的连续滚动。该装置的右侧部位安装有变压器，变压器的上面连接高压整流器，再上面与高压整流器连接的是磁控器。当变压器通电后，磁控器会释放微波，通过滤导管碰到旋转搅拌器反射到门芯板（发泡板材）立模套件组的待固化成型的无机胶凝材料门芯板上。无机胶凝材料门芯板一般以水泥或镁质胶凝材料为基体，通过发泡、改性等工艺制作而成，有些门芯板还会掺加短纤维、防水剂等材料。

　　该装置可以实现在发泡泡沫破裂之前内部晶格快速反应成型，解决长期以来物理发泡的板材因发泡泡沫提前破裂导致塌模的技术难题，通过该装置还可以往料浆中加入更多的发泡泡沫，以达到更低容重的发泡板材，突破以前容重下限。

　　本书所介绍的养护方式既有传统的，又有创新的，但养护方式不仅限于这几种，随着技术的不断发展，人们创新思维的融合，还会有新的技术涌现。

4.6 后处理工艺

4.6.1 切割

镁质板材类产品最早采用往复式四边切割机，将摆放一定高度的板材放到固定平台上，由气动油缸推挤整齐后，经传动电机驱动进入切割区，先由固定的纵向电机切割去边后，触动限位器，往复式的横向电机启动，横向运动切割去边。整套切割流程完成后，固定平台退回到原位，由叉车将切割完成的板材叉走码垛，同时换另一组未切割板材重复上述操作。这种切割方式存在明显怠工现象，大大限制了生产效率，而且随着横向切割机的运行振动和切割粉尘的积聚，会导致切割精度越来越低，对角线尺寸偏差越来越大。

随着技术的发展，各生产厂家对防火板设备的生产效率要求越来越高，由日产千八百张逐步提升到两三千张，传统的往复式四边切割机已远远无法满足需求。为了跟上产业发展的脚步，逐步升级完善为 L 型切割机（图 4.15）。

图 4.15 L 型切割机

L 型切割机采用流水线构造，两端配备升降平台及油缸推手，用于存放整理板材；进板平台将码放整齐的板坯由固定高度的油缸推手推进到传输皮带，升降平台的每次升降高度由红外线感应器控制，以确保每次推进的不同厚度的板材总厚度不变，不影响后续切割进行。

进入传输皮带的板坯经皮带传输，经过固定的横向切割机裁切修边，触动纵向限位器，由油缸推手纵向推送，进入纵向传输皮带，由固定在纵制方向的切割锯裁切修边，完成后传输进入接板升降平台，用油缸推手整齐、码垛，待码放一定高度后用叉车运走打包。

L 型切割机可以满足整个切割工序的连续性，基本做到不间断生产，大大提高了生产效率。而且固定切割机组配合多组油缸推手的配置，保证了板坯在切割过程中的运输稳定性及切割精度。

4.6.2　整平工艺

镁质胶凝材料在固化过程中往往伴随着体积膨胀，成品厚度会比预设厚度高出1~2mm，为了提高尺寸精度，满足后续不同的使用需求，需要对初步成型的板材进行整平处理。常见的整平方式有砂光和压平，一般在玻镁板、中空硫氧镁板类产品中，多采用砂光机砂平；对防火门芯板等产品，多采用压机压平，特殊要求下还会用雕刻机雕花整平。

1. 砂光

传统的板材砂光多借鉴木工加工工具，采用木工宽带砂光机进行砂光整平。宽带砂光机是通过一组轴线平行的辊筒，使环状砂带在张紧状态下进行切削的一种机器（图 4.16）。

图 4.16　砂光机

其主要作用如下。

（1）定厚砂削，以提高板材厚度精度的砂削加工，像中空硫氧镁板在双面复合前需进行定厚砂光时就会使用到。

（2）表面砂光是指为提高表面质量，在板面上均匀砂去一层的砂削加工，以消除上道工序留下来的毛刺，使板材表面美观、光洁，也用于贴面、染色、印刷、涂漆。

（3）砂毛是指为保证装饰板的贴面与基材的胶合强度而提高装饰板背面粗糙度的砂削加工。

宽带砂光机主要由输送平台、砂带、砂带张力装置（图 4.17）、砂光室等部分组成。输送平台通过电动机和传动系统的配合，实现往复运动，这样砂带就可以在工件的表面上进行磨削；砂带张力装置可以对砂带的松紧进行有效调节，从而确保砂光的均匀性和稳定性；砂带是一种将粒状磨料涂布在柔性带状基材上的砂磨工具。工作时，砂带会高速旋转，其表面上的每个磨粒都可以看作一个微小的刀具，参与工件的磨削过程中。

砂光室除安装固定砂带张力装置、砂带外，还配有强力吸尘装置（图 4.18），将在砂光过程中产生的大量磨屑及时清除。此外，砂光机还配有清扫出料辊，可以在磨削完成后清除残留的粉尘，保障操作人员和设备的安全。

图 4.17　砂带张力装置

图 4.18　强力吸尘装置

砂光不仅是为了让表面光滑，统一厚度，也是为了增强板材表面的强度，让板材能适应各种贴面工艺。但砂光过程中，经常会遇到漏砂或砂穿的问题，尤其是宽带砂光机，砂带磨损和胀紧装置松动会导致板材局部没被砂光或砂过头，严重影响产品质量。高端定制对砂光的需求也很广泛，包括不规则形状的板件、有高度差的板件、贴有无纺布的砂光等，都对砂光工艺和设备有较高要求。

为了解决这些问题，推出了宽带砂光机的升级版——琴键砂光机。琴键砂光机的砂带梁由一段段组成，像钢琴的按键。这种设计能适应不同厚度的板材和各种异形件，无论大板还是小部件，都能精密加工。过去琴键砂光机的琴键只有 40~60 节，现在市场上的新款琴键砂光机琴键提高到 80 节，加工时细部砂光更精准。

新型琴键砂光机还配有自动寻边系统，加工过程中无需人工干预，砂带不会跑偏。现有的琴键砂光机包括机架上的输送带，输送带上的横砂组件、纵砂组件、精砂组件和抛光辊。

它与传统砂光机的区别在于采用纵横向砂光单元和定厚砂光单元。

横向砂光单元的研磨方向与工件前进方向成直角，能避免油漆不平整和实木被砂过头。

纵向砂光单元的研磨方向与工件前进方向一致，常与横向砂光单元配合使用，避免板材材质不同导致的加工难题。

定厚砂光单元采用钢制定厚砂光辊，通过数字控制装置调整，与橡胶辊相比，优势在于砂光软质木材时能避免砂过头，并且有一个整体砂带补偿装置，保证零件厚度。

2. 压平

除传统的砂光工艺外，在防火门芯板等发泡制品中还常用到压平工艺。门芯板压平一般分为两种，即平面压平和线性压平。平面压平多选用 100t 以上的液压机（图 4.19），在操作平台上放入定位块，用以控制压平尺寸；将养护成型但还未达到最终强度的门芯板放入液压机操作平台上，开启液压机压平，即可得到定位块所预定尺寸的门芯板。根据特殊需求，还可

图 4.19 液压机

在两面放上一定花纹的模板，在压平的同时将简单花纹压制在门芯板上。

线性压机多由 2~4 组压辊组成，压制尺寸循序渐进，直到最后一根压辊定尺为最终要求尺寸。利用线性压机压平时，需控制好板材反应时机，过早则强度不够，虽好压平，但不一定能脱模；过晚则硬度高，线性压机只靠几个辊筒起到整平效果，达不到液压机的吨位。而且在使用线性压机压平时，建议上下两面各衬一张 ABS

材质模板，防止压辊硬挤压对门芯板内部结构造成损坏及板材表面固化不完全导致浆料粘连在压辊上。

4.6.3 喷涂——仿真装饰

将已养护干燥的工艺品，用树脂漆调碳酸钙刮底，打磨光洁，再喷涂上防水性淡色树脂漆，待干后进行各种材质外观的仿真装饰处理，干后再喷涂上 2~3 次透明树脂清漆，大件产品内壁涂防水油漆保护。具体技法如下。

1. 仿木装饰

在产品上彩绘木纹或仿红木雕刻色油漆，或粘贴木纹纸，或做成其他木器油漆制品外观，然后用树脂清漆罩面，以保障产品色泽持久，光洁美观。

2. 仿金属装饰

在打磨好的产品上喷刷金属色彩，如铜金色、铝银色。高级产品还可使用树脂胶粘贴现代高亮度镀金、镀银，塑料纸装饰产品表面（此法只限于大件规则式产品使用），然后用树脂清漆罩面，使产品外观色彩豪华富丽、美观持久，仿古产品、佛像等还可用土漆粘贴赤金铂装饰法，即土漆刷罩面，在未干时，将金箔、银箔粘贴在雕刻艺术品上。

3. 仿石装饰法

（1）单色石装饰法

将汉白玉粉、墨玉石粉、绿色石粉、红色石粉等单色石粉，用透明树脂调和均匀后涂饰于产品上，乘未干时将同色石粉压粘于产品表层（干粘法），干后刷除未粘牢的石粉，即能得到与汉白玉、墨玉、绿玉、红石等单色石雕外观完全相同的艺术品。

（2）复色石纹装饰法

本技法适宜制作浮雕及大平面的产品。将氧化镁与彩色石粉混合，并渗入相同色彩加色，用氯化镁溶液调制成深浅不同的色浆，然后将几种色浆分别涂饰于产品模壁上，形成规则和不规则石头艺术纹理，再将纤维可塑料压布于其上，利用压实时的挤压作用，迫使色浆少量移动，形成深浅自然的石头切割面石纹，配色得法时，能使石纹淡雅逼真、自然美观。

（3）仿花岗石技法

将产品表面喷刷白色树脂漆，干后将黑色、灰色分别以雨点般弹涂在产品上，然后再以银粉作细点弹涂，使银色反光点在阳光下有似花岗石内部云母结晶断面的反光点而使人感到更加逼真。点状大小和稀密根据仿石质标本的粗细而定（如弹涂失误，个别点状太大，可用白色加点分割）。干后用透明树脂清漆罩面，以保证色泽持久、表层牢固。

4. 仿陶瓷装饰技法

将产品打磨光洁，刷除灰尘，先涂刷防水树脂漆层，待干后将已配制好的色釉漆于产品上，使色彩自然流动，形成色釉式艺术雕塑产品。色釉配方很简单，只要掌握了配制原理和工艺方法，便可得心应手，操作自如，现将配制原理和工艺方法分述如下。

（1）混合色釉法

选用几种相互不易拌和溶解的色彩，如"浓淡不一的色彩混合""油画色与树脂漆色的混合""不同性质色彩的混合"都会出现不均匀的点式花纹，利用漆釉的流动产生自然的花纹效果。如果工艺操作得当，可得到与烧成式陶瓷色釉效果一样的雕塑艺术产品。

（2）釉色散点法

将产品按设计刷上色釉，然后迅速将不同的颜色釉弹点漆于其上，使之与先涂刷的色釉漆同时流动，产生浓淡自然的点式釉效果。

（3）透明色釉法

此法最适于浮雕式阴刻阳刻产品。先将产品涂上白色或其他淡底色，再将透明树脂漆调配透明色彩，制成玻璃质感的稀糊状透明色釉漆（注意浓度，掌握流动度），将色釉漆迅速涂饰于产品上，由于漆面的流动，浮雕凹线内漆厚而色深，凸线和平面上漆薄而色淡，从而形成深浅对比、花纹清晰、淡雅自然的色釉艺术产品。

（4）漆下彩绘法

将产品打磨成陶瓷产品般的光洁度，然后喷涂白色树脂漆，待干后按设计进行印制墨稿、勾线、填色等精工彩绘。可将人物、动物、花鸟、山水绘制在产品上，然后在画面上喷涂透明漆，使画面罩在透明漆下，成为漆下彩，可保持色泽永久，有如陶瓷釉下彩的艺术效果。

（5）喷绘彩色法

将产品不用着色的部位用特制的"外壳模罩"挡住，然后将色彩通过喷枪喷绘在产品上，根据喷绘的远近方向，可使色彩产生匀称的浓淡变化，待干后再用笔勾画点染，便可得到色彩艳丽的喷绘产品，此法装饰花卉画为最佳。

镁泥花盆喷漆主要采用传统的高压气泵连接喷枪，喷枪内灌入颜料，气压喷出雾化液体至花盆表面（图4.20）。根据花盆颜色深浅、叠色，选择喷漆层数，纯色花盆一般1~2次上色即可。喷漆选择比较宽泛，主要采用外墙漆、水性漆、真石漆等。各种颜料的选择取决于花盆的最终定位。推荐的漆均可以上色。一般来说，外墙漆偏亚光色，色度低、不饱和，更适合普通花盆。水性漆颜色多种多样、饱和度高、色彩艳丽，更适合中端花盆。真石漆最为复杂，往往要根据真石漆的使用方法，喷3~4层，具有真实仿石效果，且防水性能优良，更适合高端花盆。

图 4.20　镁泥花盆喷漆

4.6.4　覆膜

现在，国内外涌现出许多环保绿色的板材。其中，镁质胶凝材料因为出色的物理性能，在绿色建材领域脱颖而出。这种材料主要用在隔墙板、防火板、装饰板等方面。如果用作装饰材料，还需要后期加工，比如刷乳胶漆、贴壁纸、铺陶瓷墙砖等，才能完成最终装饰。

常见的后期加工方式主要有以下三种。

（1）贴面法，使用该方法的材料有很多，比如装饰单板（薄木）、高压三聚氰胺树脂装饰层积板（防火板）、低压三聚氰胺浸渍胶膜纸、预油漆纸、薄页纸、PVC 薄膜、软木、金属箔、纺织品等。

（2）涂饰法，包括涂饰、直接印刷、转移印刷等。

（3）机械加工法，比如模压、镂铣、激光雕刻、手工雕刻、打洞、开槽、刮刷等。

以上三种方法可以单独使用，也可同时使用。一般来说，镁质装饰板材要先经过二次加工，然后再加工成各种下游产品，如家具、地板、木门等，也有直接加工成产品后，再进行油漆等二次加工的。

经过二次加工的镁质装饰板材，表面装饰性更好，防水、防变形、抗紫外线老化，还耐磨、耐热、耐烫、耐划、耐污染。这样镁质装饰板材就能满足各种使用要求，提高使用价值，扩大使用范围，给生产企业带来更好的经济效益。

随着近几年的技术发展，高能耗、高污染的天然薄木贴面、高压长周期浸渍纸贴面逐步向更加绿色环保的人造薄木和低压短周期浸渍纸贴面转型，短周期板材贴面因其精确、快捷的生产工艺和经济实用性已经被广泛应用于装饰行业。

低压短周期浸渍纸一般选用三聚氰胺浸渍纸。三聚氰胺浸渍纸全称是三聚氰胺浸渍胶膜纸（melamine-urea-formaldehyde impregnated bond paper），也称"蜜胺"纸，是一种素色原纸或印刷装饰纸经浸渍氨基树脂（三聚氰胺甲醛树脂和脲醛树脂）并干燥到一定程度、具有一定树脂含量和挥发物含量的胶纸，经热压可相互胶合或与镁质建材胶合。

除了采用三聚氰胺浸渍纸工艺对基础板材进行镀膜装饰，还可以采用光固化覆膜的方式。先用砂光机对镁质板材进行双面砂磨平整；砂光完成后，用涡流除尘机将板材表面浮尘清除，同时去除静电。在镁质板材表面辊涂一层附着底漆，经 UV 光固化后，辊涂一层封闭底漆，继续 UV 光固化，然后进行砂光。砂光完成后用涡流除尘机将表面浮尘清除，去静电之后辊涂一层盖色底漆。

覆完底漆的板坯，经过 65℃红外线流平机进行第一次红外线加热照射。经红外线照射后的内饰板进行膜下、上胶的辊涂。辊涂完膜上胶，第二次通过 65℃红外线流平机控温照射，之后进行 UV 光固化。完成后辊涂二层面漆。

装饰板材的二次加工，已由薄木贴面发展到以胶膜纸为主，再到薄木、人造胶膜纸及直接涂饰并举的新时代。薄木贴面突出"自然"，显示树木不同剖面花纹的美观、天然、真实；人造胶膜贴面突出"防护"，提高板材制品防火、耐磨、抗腐蚀性能；直接涂饰突出"装饰"，明亮、绚丽、美观。

第5章

镁质胶凝材料制品

自镁质材料在我国出现以来，镁质制品经历了从农林用品，到建材保温系列产品，再到特种材料、医用材料制品的发展变化。在镁质材料发展早期，相关理论并不成熟，镁质制品从业者大多着眼于生产大棚杆、沼气罐、井盖等低附加值的农林业用品。理论的不成熟和生产工艺的落后，一度影响了镁质材料的发展。

随着镁质材料在建材、保温行业中崭露头角，镁质制品的生产技术、工艺蓬勃发展，诞生出了门芯板、防火板、匀质板等诸多产品，镁质装配式建筑模块更是镁质建材领域的集大成者。人们日益增长的审美需求，推动了镁质仿木条板、镁质仿古建材以及镁质工艺品的发展。

近年来，镁质材料向着高附加值的特种材料、医用材料以及新能源等领域不断发展，催生出了耐盐碱的镁质光伏管桩、抗菌抑菌的医用净化板、方便快捷的骨骼修复类产品等。这些新产品不仅推动了镁质材料行业的发展，更是国内材料领域的重大突破。

5.1 工艺品

在现代生活中，工艺品越来越多地进入人们的家居生活中，而且逐渐延伸到更多的公共空间领域，比如广场、道路、建筑中。它不仅有很强的实用性，同时又兼具观赏艺术性。原先工艺品更多采用陶瓷烧制而成，既污染环境又浪费资源，成本比较高；找到更环保、节能的材料替代原先材料或制作工艺成为人们的共识，而镁质材料的出现恰好满足当下需求。镁质水泥作为一种新型材料具有成本低廉、绿色环保等优势，成为很多生产厂家优选的生产原料。

　　在广东、福建等沿海地区，分布着一些用镁质水泥生产工艺品的厂家。生产镁质水泥工艺制品的厂家的特点是小企业众多（包括外资企业）、品种多、出口多，大多是接单生产。产品出口多的原因是自 20 世纪 90 年代以来，从珠三角至长三角地区，有上千家用树脂生产工艺品的厂家，几乎全是做出口生意的。后来，由于树脂的不断涨价和环保的要求，很多外商很早就想寻找一种替代原料来生产工艺品，采用镁质水泥制作工艺品，从原料、生产、使用到废弃，都具有绿色、环保、减碳的特点，且原料价格仅为树脂的 1/10，一些用树脂当原料生产工艺品的厂家和后来新建的一些企业都选用了镁质水泥制作工艺品。

　　从工艺品的情况看，利用镁质水泥环保无毒、不燃、轻质、高强、仿木和仿石效果逼真的特点，再加上现代表面处理技术和新的装饰手法，可以制造出更多的镁质水泥工艺品，其中常见的有镁泥花盆、泰山石敢当、装饰浮雕、摆件等。

5.1.1　镁泥花盆

　　镁泥花盆是将轻烧氧化镁和卤水按一定比例混合搅拌，再添加一定量的改性剂、增强材料（如短纤维）和适量的辅料（粉煤灰、锯末等），将搅拌均匀好的料浆灌注（或涂抹）到带有玻纤布的模具腔内，待固化成型脱模后制成的（图 5.1）。

图 5.1　镁泥花盆

　　1. 生产工艺

　　（1）原材料及模具准备：轻烧氧化镁、卤水、改性剂、玻璃纤维布、辅料等，可拆模具；

　　（2）料浆制备：按照配比（表 5.1），将卤水和轻烧氧化镁倒入搅拌机中搅拌，分别添加改性剂，再添加多种辅料，如锯末、粉煤灰和石英砂，搅拌均匀，浆体整体有一定的流动性且能够在模具表层挂浆，便于操作；

表 5.1　镁泥花盆的生产配比（动态配比）　　　　　（单位：kg）

轻烧氧化镁	卤水	改性剂				锯末	粉煤灰	石英砂
		4#	5#	12#	16#			
100	90	0.6	0.6	0.6	1	15	30	10

（3）人工糊制：在提前涂有脱模剂的模具内壁上涂抹一层料浆，放置玻璃纤维布，再涂抹料浆，并根据产品尺寸和厚度要求在边角位置进行加厚固定；

（4）合模养护：糊制料浆完成后进行合模，在适宜养护条件下，等待固化成型；

（5）脱模以及表面处理：花盆硬化后脱模，修理边角或者补填不平整处，得到原坯体；

（6）给原坯体喷涂颜色，成品（图 5.2）入库养护。

图 5.2　喷涂后的成品

2. 镁泥花盆的优势

（1）绿色环保。镁泥花盆是由镁质胶凝材料制成的，不含有害物质，安全性高。随着人们对绿色环保产品需求的不断扩大，以及消费生活水平的提高，人们对生活品质的追求也越来越高，而镁泥花盆成型不用烧制、无污染正好符合人们当前和未来的需要。

（2）轻质高强。镁泥花盆具有轻质高强的特点，镁质水泥纯浆强度可以达到80MPa以上，添加辅料后强度依然可以达到20MPa以上。镁泥花盆相较水泥花盆，在同等大小时，质量只有水泥花盆的一半，在运输上占据了绝对优势。

（3）节省成本。

① 丰富的菱镁矿资源使得原料采购成本低。

原料有氧化镁、氯化镁、GX 系列改性剂、粉煤灰、河沙、木屑、网格布、模具等，根据市场平均的采购价格，估算每个镁泥花盆成本可控制在 0.8~1.5 元每千克，见表 5.2。

表 5.2　镁泥花盆成本核算

氧化镁	卤水	改性剂	粉煤灰	河沙	锯末
2kg	2kg	4.8g	0.6kg	0.2kg	0.2kg
1.6 元	0.6 元	0.1 元	0.12 元	0.05 元	0.2 元

② 不需要高温焙烧的工艺使得生产成本低，减少碳排放。

镁质水泥多数为手工完成，对于人力的依赖大于机械设备，正常产量下，每人每天可产出 200 个 25cm×25cm 大小的花盆。小到家庭作坊，大到生产企业，工人用量从 1 人至多人不等。

③ 产品成型脱模速度快使得时间成本低。

3. 镁泥花盆的现状及发展趋势

随着越来越多的生产企业投资进行镁泥花盆的生产，有一部分生产企业在不清楚镁质水泥反应机理的情况下就纷纷开工投入生产，开始时，产品从外观上看不出毛病，但其内在质量却有天壤之别，有的厂家做出来的产品不吸潮、不返卤、不变形、不开裂，但很多的产品是在使用过程中开始返卤、开裂、变形，甚至在海运路途中将货柜腐蚀报废。这些企业的损失少则几十万元，多则几百万甚至上千万元，在企业一夜破产的同时，也给菱镁制品行业带来严重的负面影响，这个教训是惨痛的。产品外观没问题，但其内在质量却差别很大，正是镁质水泥的这种假象特征，使得一些企业不遵循配料规则，使用不合格的原料和不明成分的外加剂，给菱镁制品行业带来严重的负面影响。

4. 常见问题及解析

关于市场上镁泥花盆普遍出现的问题，MJT 给出了相应的解决方案供该行业人员进行参考。

图 5.3 镁泥花盆开裂

1）开裂

镁泥花盆开裂（图 5.3）是大家看到的最直观表象，镁质水泥工艺品普遍存在的一个问题是，开裂发生的位置和时间以及开裂的纹路在不同的制品中往往各不相同，需要从多角度进行分析，根据具体的工艺和生产给出相应的应对方案。

（1）合格的原料。

活性合理的氧化镁是保证镁质水泥质量的基础，镁泥花盆使用的氧化镁一般以 80 粉和 85 粉为主要原料，活性在 55%~65%，效果最佳。氯化镁常用形态有卤片、卤粒、卤粉和工业卤水。通常，镁泥花盆以使用卤片为多，可达到充分反应，强度也较好。所谓原料质量是前提条件，是指如果原料出问题，相当于 100−1＝0 的理念，如花盆开裂，第一考虑因素为原料质量，氧化镁或是卤片可以通过化学方法进行检测，确定其活性或含量，是一种直观且有效的判断方法。若原料没问题，再去考虑是否由其他因素导致。

（2）合理的配比。

即使有质量过关的原料，没有合理的配比，也很难生产出合格的产品，强度自然经不住考验，从而开裂。以活性为 65% 的 85 轻烧氧化镁 10 份为例，需要配比 10 份卤水（25°Bé）才能达到科学的配比，分子才能有效结合，晶体结构才能稳定。如果卤水浓度过低，卤水中氯离子消耗殆尽，活性氧化镁没有充分反应，导致氧化镁变成辅料大量剩余，晶体结构因没有水的参与，导致搭建不足，不稳定。大量剩余的氧化镁，后期遇水发生二次反应，使镁泥花盆收缩膨胀，会有开裂风险。

同时，需要适应季节性的动态配比。由于镁泥花盆对环境温度影响非常敏感，通常在夏季采用增加卤水量、降低浓度、保持辅料比例不变的做法。以氧化镁（85 粉）10kg 为例，在气温最高时，可以用 10~12kg 卤水（21°Bé）；气温逐渐降低时，卤水量逐渐降低，浓度随之提高，最低不得低于 8.5kg，波美度不高于 26°Bé。

（3）适宜的养护条件。

在镁泥花盆固化过程中，需要在一定温度和湿度的条件下养护，一般 4~6h 后坯体已完全固化，可以进行脱模。镁泥花盆脱模后，也要进行养护，因脱模后的镁泥花盆内部还有少量的水分，晶体结构需要稳定，从而需要养护。养护时间通常为夏季 7d 以上，冬季 15d 以上，养护环境以不风吹、不暴晒的室内养护为主。

如果气温过高，一段时间内就会固化，会导致水分大量蒸发。大家可以观察到一个现象，例如，脱模后干重花盆是 5kg，只要镁泥料浆使用 5kg，脱模后即可得到 4.8~5kg 的干重花盆，其原因是料浆中的水分并没有挥发，水分结合氧化镁后发生化学反应形成晶相结构，其中，以 $5Mg(OH)_2 \cdot MgCl_2 \cdot 8H_2O$（5·1·8）相为主要代表。然而固化速度过快的花盆，由于气温原因导致水分蒸发，晶体结构会很不稳定，且量少，因无水分参与，导致搭建结束，强度低且不稳定，易碳化、易磕碰掉角、寿命短，甚至脱模时即出现开裂现象。因此通常镁泥花盆固化速度为 4~6h 为最佳，最慢不得低于 24h。气温太低，固化过慢，同样会因时间过长不能形成晶相结构，水分的散失主要靠蒸发，氧化镁失去活性，从而影响强度，导致开裂、制品易变形、反卤、反碱、强度低、寿命短。

（4）科学的改性。

镁泥花盆固化也是一个化学反应过程，化学反应离不开改性剂。改性剂可以辅助镁泥进行晶体优化，提高镁泥结构的强度和稳定性，MJT 推出一系列化学改性剂，根据生产产品的性能要求，可以进行组合搭配。一般来说，镁泥花盆的改性剂以抗卤增强剂（GX-4#）、消泡保色剂（GX-5#）、增韧降溶剂（GX-12#）、防水剂（GX-13#）、固化剂（GX-16#）为四季通用型号，促凝增强剂（GX-0#）、缓凝抗卤剂（GX-1#）、促凝抗卤剂（GX-8#）为季节性型号。

同时，辅料改性也是生产中必不可少的一环。粉煤灰、硅灰、滑石粉、普通石粉、钙粉等固体废弃物的加入，不仅能够减少原料的用量，而且能够利用它们潜在的活性和填充性增加镁泥结构的密实度和强度，从而提高产品的耐水性。例如，增加 30% 左右的粉煤灰或者滑石粉、碳酸钙粉等，均可以增加韧性，且不影响强度，还可以节省成本。加入木屑、米糠等密度小的填料，会使产品质量明显减轻，根据生产经验发现，该类辅料还能够增加制品的韧性，从而也减少花盆因脆性过大而开裂的风险。例如，在镁泥料浆中加入干重 10%~15% 的米糠或者木屑，可以很好地增加镁泥花盆的韧性，降低产品密度，做出来的花盆轻，强度高。同样，如果对制品的刚性要求大，增加 5%~10% 的 40~70 目的细砂，可以在镁泥花盆内部形成骨架，提高刚性和抗变形性。

通常，推荐辅料的总添加量以不超过氧化镁粉体质量的 60% 为宜，镁泥料浆胶凝性很强，对于辅料具有非常好的包容性。也可按氧化镁质量的 200% 添加辅料，通常，辅料过量会加大开裂的风险。但同时，辅料不得低于氧化镁质量的 35%，因镁泥制品是脆性材料，辅料过低也会出现开裂现象。添加适量比例的辅料，可以提

图 5.4 镁泥花盆表面气孔

高产品韧性，避免开裂问题，对产品强度没有影响。

2）表面气孔多

表面气孔（图 5.4）形成原因，是料浆在搅拌过程中空气混入料浆内部。料浆越黏腻，气体越不容易排出。解决方法：其一，镁泥花盆在刷制过程中，应保持表面薄而均匀为宜，并且表面要反复进行刷制，直至把内部气体排出，脱模时才能减少气孔生成；其二，使用水性脱模剂为宜，油性脱模剂不易与镁泥料浆充分结合，脱模时，会呈现出大小不均的聚集性气孔；其三，使用填充辅料时，要选择无土细腻度高的辅料为宜，料浆越细腻，气孔越容易排出，制品表面越光滑。

因此，合格的原料、合理的配比、科学的改性、细致的工艺、合适的养护是做好镁泥花盆工艺品的必要条件。

5.1.2 泰山石敢当

泰山石敢当（图 5.5）所代表的"吉祥平安"文化体现了人们普遍渴求平安祥和的心理，体现了中华民族的人文精神和文化创造力。它不但具有美学价值、艺术价值，而且是重要的历史文物。它具有见证中华民族文化传统生命力的独特价值。当今社会，人们对泰山石敢当的需求越来越大，可是原产地禁采石材，造成原先石刻的泰山石敢当不能满足人们的需求。人们开始利用镁质胶凝材料制作泰山石敢当，让泰山石敢当文化更好地发扬传承下去。泰山石敢当采用镁质材料制作的生产工艺及其他方面跟镁泥花盆类似，在此不多赘述。

图 5.5 泰山石敢当

5.1.3　镁质胶凝材料 3D 打印制品

镁质胶凝材料 3D 打印技术是指利用数字模型文件为基础，运用镁质胶凝材料代替原先的粉末状金属或塑料等可黏合材料，通过逐层打印的方式构造制品。该应用从早期的模具制造、工业设计等领域，扩展到一些产品的直接制造，包括 3D 打印零部件、工艺品、房屋应用场景（图 5.6）等。

图 5.6　镁质凝胶材料 3D 打印工艺品

1. 工作原理

它与普通打印工作原理基本相同，打印机内装具有一定流动性的镁质胶凝材料作为"打印材料"，与计算机连接后，通过计算机控制把镁质胶凝材料一层层叠加起来，固化后最终把计算机上的绘图变为实物。

2. 工艺流程

（1）利用计算机绘图软件绘制好图形，并将计算机跟 3D 打印机连接；

（2）按照 3D 打印机所需要的流动性和制品所要的各力学性能，配制好合适料浆；

（3）启动 3D 打印机开始打印，打印根据具体情况，要考虑打印产品的高度。高度超过一定尺寸时，要间歇打印，先让料浆固化有一定强度，再继续打印；

（4）打印完毕后，要在保湿温条件下进行养护，固化成型后出品。

总之，3D 打印技术和镁质胶凝材料的融合会给社会带来更大的应用价值，市场前景广阔。

5.1.4 镁泥烤炉

镁泥烤炉的制作工艺、流程与镁泥花盆相似，都是利用氧化镁与卤水通过一定比例混合，添加化学改性剂，同时添加一定比例的辅料制得而成。二者反应机理相似，但使用环境不同。镁泥花盆通常以耐水为主，其主要研究方向是如何控制反卤以及遇水后的一系列问题。而烤炉恰恰相反，烤炉需要耐受400℃以上传导热，同时需避免因温差过大导致的一系列问题。

烤炉常见问题是在使用过程中经过高温的考验形成温差，在反复使用几次后，出现炸裂问题。在运输途中，尤其是国外等长途运输中出现的爆裂现象。在使用后，存储过程中，因遇水、遇潮导致的表面起皮、碳化现象，影响美观度。

针对以上现象，对烤炉制品，在生产时就要合理控制配方比例，添加适合的辅料及化学改性剂。

通常，烤炉的辅料以偏高岭土为主，偏高岭土具有非常高的耐火性，可承受1250℃以上的高温环境，是用在绝缘子、陶瓷的主要材料。其中以煅烧高岭土为最佳，也最贵。偏高岭土在添加20%~25%时，可抑制镁质水泥的碱集料反应，抗收缩能力更强，是优良的烤炉辅料。

图 5.7 镁泥烤炉

因烤炉的使用特性，对 MJT 系列改性剂的使用更严格。通常需要在料浆中加入 5% 的改性剂，才能延长烤炉的寿命，降低烤炉的脆性。以 MJT 研发生产的抗卤增强剂（GX-4#）、增韧降溶剂（GX-12#）配合有机改性剂（GX-16#），能全面且高效地解决烤炉在使用中的各种问题，改良材料本身的缺陷。

镁泥烤炉将镁质胶凝材料重新演绎，从质感、造型和颜色上进行了无限拓展，使产品拥有绝佳实用性和装饰性（图 5.7）。

5.2 仿古建筑

仿古建筑，作为中国传统建筑文化的瑰宝，其独特的美感和历史底蕴使其在现代社会中愈发受到人们的喜爱和推崇。它们不仅是历史的见证，更是文化的传承和延续。

在现代城市规划中，仿古建筑成为一种独特的景观。通过精心设计和建造，这些建筑能够巧妙地融入城市环境，与周围的现代建筑形成鲜明的对比，为城市增添一抹别样的色彩。它们不仅提升了城市的整体美感，还为人们提供了一个感受历史文化的场所，让人们能够在快节奏的现代生活中寻找到一份宁静和归属感。

在旅游景区开发中，仿古建筑更是发挥着举足轻重的作用。它们通过再现古代的建筑风貌和文化氛围，为游客提供了一个穿越时空的体验。无论是古老的庙宇、庭院还是街巷，仿古建筑都能够让游客仿佛置身于古代的世界，亲身感受那个时代的风貌和文化魅力。这种身临其境的感受不仅让游客对传统文化有了更深刻的认识，也为旅游景区增添了独特的魅力，吸引了更多的游客前来参观（图 5.8）。

图 5.8　仿古建筑——寺庙

然而，仿古建筑的建造和保护工作也面临着一些挑战。在追求经济效益的同时，我们不能忽视对历史文化的尊重和保护。在建造仿古建筑时，应该注重保持其原有的历史风貌和文化内涵，避免过度商业化和过度开发。同时，我们还应该加强对仿古建筑的维护和保养工作，确保它们能够长久地保存下来，为后人留下宝贵的历史文化遗产。

总之，仿古建筑作为中国传统建筑文化的重要组成部分，在现代社会中仍然具有不可替代的价值和意义。我们应该珍视这些宝贵的文化遗产，通过精心建设和保护，让它们在现代社会中继续闪耀光芒，为后人留下更多的历史记忆和文化瑰宝。

5.2.1 镁质仿古建筑材料组成

1）仿古青砖

仿古青砖（图 5.9）是仿古建筑中常用的材料之一，它以其独特的质感和历史感，为建筑增添了一份古朴典雅的气息。仿古青砖质地坚硬、防滑耐磨，常被用于铺设庭院、街道、庙宇等场所的地面和墙面，营造出一种古老而庄重的氛围。

在传统制作工艺中，仿古青砖多采用陶土作为主要原料，经过高温烧制成型。虽然传统陶土烧制工艺为仿古青砖赋予了独特的魅力，但在生产过程中也不可避免地会产生一些消耗和排放。如烧制过程中需要大量的燃料，这不仅增加了生产成本，还可能对环境造成一定的污染。此外，烧制过程中产生的废气、废水和固体废弃物等也需要得到妥善处理，以防止对环境造成不良影响。而且烧制成型的仿古青砖还存在质脆的问题，在搬运过程中因磕碰导致大量的掉角开裂，这无形中又增加了使用成本。

新型仿古青砖采用镁质胶凝材料作为胶结料，掺加大量的粉煤灰、矿粉、炉渣等填料，通过合理配比、科学改性，经压机压制成型。该产品生产过程中可以处理大量固废，且无额外的能源消耗及废料产生，可谓是环境友好型产品。

2）仿古地砖

仿古地砖（图 5.10）是仿古建筑中不可或缺的一部分，它以其独特的纹理和色泽，为室内空间带来一种温馨而古朴的氛围。与仿古青砖相似，仿古地砖也追求对自然材料的真实再现，强调质感和历史感。

图 5.9　镁质仿古青砖　　　　图 5.10　满铺镁质仿古地砖实例

传统的仿古地砖易受潮、变形，且维护成本较高，还存在一定的甲醛释放等环保问题。为了克服这些问题，现代仿古地砖采用了更加环保和耐用的镁质胶凝材料，通过掺加河沙、石子等粗集料，提高产品刚性的同时，可控制翘曲变形，增加透水性。

而且在镁质仿古地砖的制造过程中，模具浇筑成型技术发挥着至关重要的作用，使得每一块地砖都能呈现出独特的造型和纹理（图 5.11）。

图 5.11　镁质仿古地砖独特的造型和纹理

设计师们会根据市场需求和消费者的审美偏好，设计出各式各样的模具图案，从古典的花卉、几何图案到现代的抽象艺术，无所不包。这些模具不仅赋予了地砖独特的造型，还赋予了它们丰富的文化内涵和艺术价值。

除了模具设计，浇筑成型技术也是镁质仿古地砖制作中的关键环节。在浇筑过程中，工人们需要精确地控制原料的比例、混合均匀度以及养护温湿度等参数，以确保地砖的质量和性能。

总的来说，镁质仿古地砖以其独特的模具浇筑成型技术，使其不仅具有高度的艺术性和审美价值，还具有优异的物理性能和耐用性，是仿古建筑中不可或缺的一部分。

3）仿古青瓦

仿古青瓦（图 5.12）是仿古建筑中用于覆盖屋顶的重要材料，其独特的形状和

图 5.12　镁质仿古青瓦

质感为建筑赋予了独特的风格。传统的仿古青瓦多采用黏土或页岩等天然材料烧制而成，具有良好的防水性能和耐久性。然而，传统烧制工艺除存在能耗高、污染重等问题外，还使得成品青瓦存在质脆、易破损的问题。

为了解决这些问题，采用轻质高强的镁质胶凝材料作为基体，通过添加粉煤灰等固废材料模具浇筑成镁质仿古青瓦。这种仿古青瓦不仅具有传统瓦片的防水性能和耐久性，而且更加轻便、易安装，且更加环保节能（图5.13）。

4）仿古石材

仿古石材是仿古建筑中常用的材料之一，以其坚硬的质地和独特的纹理，为建筑增添了一份古朴典雅的气息。仿古石材可以用于建筑的立面、地面、台阶等部位的装饰，营造出一种古老而庄重的氛围。同时，仿古石材还具有很好的耐久性和抗风化性能，能够长期保持其美观和稳定。

镁质仿古石材（图5.14）一般采用开合模具浇筑成型。针对大体积的石材造型，多在模具芯部填充泡沫板、挤塑板等轻集料物质，形成空腔结构，减少大体积料浆积聚导致的反应温度过高、膨胀开裂问题。为了达到天然大理石或汉白玉的效果，还在料浆中加入一定比例的石英石，待仿古石材完全固化后，经过多轮精抛打磨，完全可以以假乱真。

图5.13　造型独特、安装方便的镁质仿古青瓦

图5.14　镁质仿古石材

5）其他仿古材料

镁质胶凝材料作为基础材料，根据不同的性能要求，通过调整材料配比、合

理改性，采用手工糊制、模具浇筑、设备挤压等不同的生产工艺，可以获得包罗万象的仿古建材。如常见的仿古浮雕（图 5.15）、仿古影壁墙（图 5.16）、仿古摆件（图 5.17）等。

图 5.15　镁质仿古浮雕

图 5.16　镁质仿古影壁墙

图 5.17　镁质仿古摆件

5.2.2　仿古建筑施工流程

仿古建筑施工（以北方仿古寺庙为例）通常包括以下几个主要步骤。

（1）设计和规划。

在开始任何施工工作之前，需要制订详细的平面图和施工计划。

（2）选址与勘测。

选址要考虑地形地势、气候条件和交通便利等因素，确保建筑物的稳固性和实用性。同时还要进行土壤勘测和环境评估，确保选址安全可行。

（3）材料准备。

选择符合古代建筑特点的材料，根据图纸要求，提前由工厂预制好各种仿古组件，并对材料进行质量检测和加工处理，确保其质量达标。

（4）基础施工。

首先进行地面平整和基坑开挖，然后进行基础浇筑和加固，确保建筑物的稳定性和承重能力。在基础施工过程中，还要进行地下管线的铺设和检查，确保建筑物的供水、排水和通风系统正常运行。

（5）主体建筑施工。

按照设计图纸进行结构搭建，包括墙体、屋顶和楼梯等（图 5.18）。

然后进行建筑物的封顶和防水处理，确保建筑物的密闭性和防水性能（图 5.19）。

图 5.18　结构搭建　　　　　　　　图 5.19　封顶及防水处理

针对北方的仿古寺庙类建筑，大都采用双层墙体设计，即垒砌一层红砖墙体起到承重作用，在红砖墙体外部再垒砌一层仿古砖，起到保温、装饰作用，最后用特调石灰膏体进行美缝（图 5.20）。

（6）装饰工艺。

这是仿古建筑的亮点和特色之一。通过精细的雕刻、彩绘及镶盖造型各异的浮雕脊瓦等手段，使建筑物呈现出古代建筑的风貌和特色（图 5.21）。

图 5.20　双层结构墙体

　　总之，镁质仿古建筑材料以其独
特的质感和历史感，为仿古建筑带来了
更加真实和古朴的视觉效果。同时，通
过采用环保、节能的生产工艺和材料，
镁质仿古建筑材料不仅具有更好的性能
和美观性，而且更加符合可持续发展的
要求，为传统建筑文化的传承和发展注
入了新的活力。

图 5.21　安装造型各异的脊瓦

5.3　镁质仿木条板

　　野火与人类生存、社会经济和生态系统等息息相关，长期以来备受人们的关
注。在全球变暖加速下，对野火进行防范的未来趋势变得十分迫切。

　　根据美国国家航空航天局（NASA）的卫星监测数据，2018 年加利福尼亚州严
重干旱导致的严重山火，烧毁的面积约 80 万公顷。2019 年，亚马孙雨林大火烧毁
森林面积约 180 万公顷（图 5.22）。

　　据美国有线电视新闻网（CNN）报道，2019 年澳大利亚全境有超过 590 万公
顷的土地被烧毁，其面积接近英格兰的一半。在澳大利亚各州中，受灾最严重的是
新南威尔士州。截至 2020 年 1 月 3 日，新南威尔士全州共发生了超过 130 场山火。

该州约 360 万公顷的土地被烧毁，1300 余所房屋遭到破坏，成千上万的居民流离失所。这次持续蔓延的大火给当地生态环境造成了严重的破坏。据澳大利亚联邦政府环境部（Australian Federal Environment）部长 Sussan Ley 介绍，这次大火估计造成了新南威尔士州 1/3 的考拉死亡，各种生物 1/3 的栖息地遭到了彻底破坏（图 5.23）。

图 5.22　亚马孙雨林大火燃烧图　　　　　图 5.23　澳大利亚大火

　　而国内据不完全统计，2022 年夏天，重庆市多个区县暴发十余起山火，连日 40℃以上的高温、干旱的天气条件下引发了严重的森林火灾，黑色浓烟弥漫、山火肆虐。2024 年春节以来，贵州省接连发生多起森林火灾，特别是 2 月 10 日至 21 日，火灾一度呈暴发态势，并有人员伤亡，严重威胁生态安全和人民群众生命财产安全。在森林山火中，防火隔离带都发挥了重要的作用。

　　大火肆虐，给当地造成巨大的人身伤亡和财产损失，如何应对森林山火，让当地政府煞费苦心。其中推进森林防火阻隔体系建设成为首选方案之一，选用耐火、环保、高强的无机镁质仿木条板作为隔离带应运而生，以最大限度地减轻森林火灾的危害。

图 5.24　镁质仿木条板

　　利用仿木工艺制作的产品从外观上看和真正木头制品的视觉效果不相上下，真假难辨，但从使用寿命上来说无机仿木要远远优于真正木头，经过风吹日晒也不会腐蚀，更不会生虫，既环保又解决了木材紧缺的窘况。

　　镁质仿木条板，顾名思义就是从外观上模仿木材的外观和质感，但实质是利用镁质胶凝材料的轻质高强、耐火环保，经过特殊工艺加工而成的，具有不同颜色、纹理质感的实用性与观赏艺术性相结合的条板（图 5.24）。它是一种极具潜力的建筑材料，既具有实用性，又能实现自然的视觉效果。通过合理的施工技巧，可以打造出自然与实用完美结合的建筑空间。

5.3.1　镁质仿木条板的特点

（1）防火性。

该条板采用的材料是无机镁质材料，天然具有耐火性。

（2）轻质高强。

该条板所用的材料比其他无机材料（水泥、石膏等）有更好的强度，在同样强度要求下，可以做得更轻。

（3）易于成型。

该条板所用的镁质胶凝材料经过合理调制，流动性比较好，开具不同的模具可以生产不同形状的条板。

（4）适配不同颜色。

镁质胶凝材料料浆固化后原色为白色，可以搭配不同的颜料配制出颜色各异的条板。

（5）环保经济性。

①镁质仿木条板的原材料主要由轻烧氧化镁、卤水以及其他固废材料组成。轻烧氧化镁的烧制温度比水泥低，同等强度下用量比水泥少，更加节能环保。卤水是盐业等的副产，粉煤灰等固废是热电行业的废弃物。仿木条板生产过程中，大量使用这些副产、固废，变废为宝的同时，还能带来一定的经济效益以及环境效益。②镁质仿木条板性能稳定，不燃耐腐，寿命长，是绝佳的装饰板材，广泛适用于室内外环境。

（6）使用寿命长。

镁质胶凝材料经过合理配制和改性制作的条板比木材条板寿命长，大大节约木材。

5.3.2　生产工艺

1. 准备工作

（1）根据要求先开具模具，模具有硅胶模具、树脂模具、高分子塑料模具等；

（2）首先选择与镁质材料相适应的脱模剂，在模具内侧涂抹脱模剂时要均匀，不能太多，把提前准备好的竹筋、增强材料放到模具腔内；

（3）把准备好的氧化镁、卤水、改性剂、颜料、辅料（如锯末等）按照顺序和比例倒入搅拌容器中，搅拌均匀。参考配比见表5.3。

表5.3　参考配比　（单位：kg）

轻烧氧化镁	卤水	改性剂			锯末	细砂	粉煤灰	色料
		4#	12#	13#				
100	120	0.8	0.6	1	20	15	5	适量

2. 成型

（1）把搅拌均匀的料浆倒入准备好的模具中，先刮一层料浆，并放入竹筋和网格布；再放一层料浆刮平，并利用振动平台振动，去除空气，使表面无气孔；

（2）养护：放到养护室内养护；

（3）脱模：固化成型后，把握好时间脱模；

（4）入库：修理边角，打包入库。

5.3.3　常见问题及解析

（1）注意原材料的质量。

氧化镁的质量很关键，如果仅考虑价格而忽视产品质量，用质量差的氧化镁，会出现强度不高、固化慢等问题；同时，还要考虑当地的气候温度，如夏天温度高，则氧化镁与卤水反应快，需添加MJT的缓凝剂进行干预，否则会出现烧板现象。

（2）颜色不均匀。

图5.25　颜色不一的板材

因不同要求，制作不同颜色的制品时，会出现外观返碱发白，色浆颜色不一的问题（图5.25），需要进行工艺改善。

（3）脱模时粘模掉角。

脱模时间要控制好，脱模早，则强度还不够，在脱模时会粘接模具，制品会有缺陷；脱模过晚，则制品与模具粘在一起，不易脱模，消耗人力。

（4）翘曲变形。

因镁质仿木条板属于幅度大、断面尺寸小的镁质制品，易出现翘曲变形。主要原因：制品在养护期间，制品表面水分大量蒸发，失水过快，而底面水分不易蒸发，两者收缩不一致出现翘曲变形；高温条件下，镁质胶凝材料水分反应剧烈，若不能及时散热会造成热应力在制品各部分分布不均匀，制品上下两面散热不平衡，导致条板翘曲变形；还有养护期间摆放不当也会造成翘曲变形等。

5.3.4　前景展望

国内外有很多房屋采用纯木质结构建造，这种方式有历史技术的局限，也有地域资源的影响，虽然轻捷方便，但最大缺点就是不防火，一旦失火会造成人员和财产的重大损失。如云南大理巍山古城，有 600 多年的建筑历史，因火光之灾让云南这个历史文化古城损失惨重。国外的新西兰等国家，装配式房屋的地基填充部分具有减震缓冲作用的泡沫类材料，而地面及屋面墙板多采用中间填满羊毛的木质结构板，也面临失火风险。如果与具有环保、防虫防蛀、轻质高强的无机镁质胶凝材料相结合，制成木质结构的增强防火层，将会成为一种新应用。

5.4　非金属镁质光伏管桩

5.4.1　光伏行业背景

光伏作为全球新能源的关键部分，正在不知不觉中改变全球的能源格局。从 2013 年我国首次超越德国，成为全球最大的光伏应用市场后，我国光伏产业就一直在稳步增长。据国际能源署（IEA）的数据，到 2023 年，全球太阳能生产支出（大约 3800 亿美元）将首次超过石油生产支出（大约 3700 亿美元）。而我国在这方面占据了很大的份额，全球 80% 的太阳能电池板、85% 的太阳能电池和 97% 的太阳能硅片都是我国生产的。

如今，我国光伏产业已经步入万亿级赛道。2022 年，光伏行业的全年总产值突破了 1.4 万亿元；如果算上辅助材料和设备，总产值超过了 2.2 万亿元；截至

2022 年年底，138 家光伏上市公司的总市值高达 3.8 万亿元，大约占据了我国 A 股市值的 5%。

5.4.2 光伏应用分支

1. 农光互补

农光互补，也叫作光伏农业，是利用太阳能光伏发电环保零排放的优点，与高科技大棚（包括种植大棚和养殖大棚）结合起来。在大棚的向阳面或者全部铺上光伏太阳能发电设备，它既能发电，又能给农作物、食用菌和畜牧养殖提供合适的生活环境，创造更好的经济效益和社会效益。常见的有光伏农业种植大棚、光伏养殖大棚等几种形式（图 5.26）。

2. 水光互补

水光互补又可细分为渔光互补、海上光伏和滩涂光伏三类。渔光互补就是在鱼塘上面建设太阳能发电站的项目，一边养鱼一边发电，两不误；海上光伏是在海边不破坏生态环境的地方，建设固定或者漂浮的光伏发电站，提高海域使用效率；滩涂光伏是在海边滩涂地带，修复和保护生态环境的同时，利用空地建设光伏发电站（图 5.27）。

图 5.26　光伏与农业大棚　　　　　　图 5.27　光伏与滩涂鱼塘

3. 林光互补

林光互补就是太阳光电板上方发电，下方种耐阴作物，充分利用土地。现在主要用在宜林地但之前还未开发利用的土地，把这些原本覆盖率低于 30% 的土地资源发挥出来，不管高大的树木还是矮小的灌木都没问题（图 5.28）。

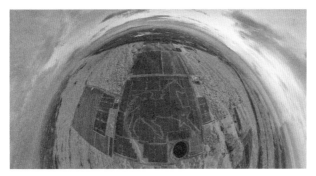

图 5.28　光伏站

5.4.3　光伏产业链组成

光伏产业链是指从硅材料、光伏组件到光伏发电和应用的全过程。2019 年我国光伏发电装机容量高达 204.5GW，整个光伏产业链的规模已经突破了 1 万亿元。这个产业的快速发展带动了周边一系列产业的发展，比如光伏电池片、逆变器、管桩、支架等，光伏产业链不断延伸，已经形成了一个完整的产业，本节仅介绍与镁质材料相关的管桩。

光伏管桩是安装在地面上，用来支撑和固定光伏电池板的结构件，目的是提高发电效率。根据不同的分类方法，光伏管桩有很多种类（图 5.29）。

图 5.29　光伏水泥管桩

按照材料来分，光伏管桩主要有钢材和混凝土两种。钢材管桩由角钢、钢板、螺钉等组成，优点是轻便、安装简单，适合用在短期使用或不需要长期维护的地方。混凝土管桩则由钢筋、混凝土、模板等构成，稳定性高、使用寿命长，适合用在需要长期使用或对结构强度要求高的地方。

按照安装方式，光伏管桩可分为埋入式和非埋入式。埋入式管桩是将管桩埋在地面下，通过膨胀螺栓等固定在混凝土基础上，适合用在地面是硬质土或岩石的地方。非埋入式管桩则是安装在地面上，通过支架和固定件将光伏板固定在地桩上，适合用在地面是软土或需要考虑地面沉降的地方。

预应力管桩的型号是根据桩身混凝土的有效预应力值或力学性能来分类的，主要有 A 型、AB 型、B 型、C 型四大类。它们的有效预应力值分别是 4MPa、6MPa、8MPa、10MPa。不同型号的预应力管桩，用的钢筋量、力学性能、价格等方面都有所不同。因为预应力管桩主要是用来承受纵向压力，所以其抗弯性能要满足管桩吊运和堆放的要求。

5.4.4　新型非金属镁质光伏管桩优势

滩涂和近海地区因为地势平坦、光照强度高，成为新能源发展的热门地方，发展潜力大、综合效益高、生态环境友好。但是，由于这些地方的土壤盐碱化严重，Cl^-、SO_4^{2-} 含量偏高，对金属和传统预应力混凝土光伏管桩、支架的上下结构有很强的腐蚀性，普通光伏管桩、支架在这种环境下无法满足使用寿命和安全性的要求。

展望未来，随着国家政策和光伏产业的发展，海上光伏将成为光伏设计的重要方向。此外，随着光伏产业的发展，多组件组装时载重太大，安装起来比较麻烦。因此，光伏支架的耐久性和轻量化将成为发展趋势。

为了开发出一种结构稳定、耐久性和轻量化的光伏管桩、支架，研究人员以实际建设工程为背景，制备出了非金属镁质光伏管桩。从光伏支架承受的风荷载、雪荷载、自重荷载和地震荷载入手，通过计算，对管桩、支架结构设计中的关键部件、节点进行了强度校核。同时，通过风洞试验等验证了非金属镁质光伏管桩在实际应用中的可行性。

5.4.5　非金属镁质光伏管桩原材料选用及配比

1. 原材料

（1）氧化镁。

轻烧氧化镁性能指标需要满足《菱镁制品用轻烧氧化镁》WB/T 1019—2002 的

相关规定，见表 5.4。

表 5.4　轻烧氧化镁性能指标

级别	含镁量 /%	活性氧化镁含量 /%	细度 / 目	活性氧化钙含量 /%	灼烧失量 /%
优等品	≥85	≥65	≥200	≤1.5	1~9

（2）氯化镁。

氯化镁性能指标需要满足《菱镁制品用工业氯化镁》WB/T 1018—2002 的相关规定，见表 5.5。

表 5.5　氯化镁性能指标

MgCl$_2$	NaCl	KCl	CaCl$_2$	SO$_4^{2-}$	外观
≥45.0	≤1.5	≤0.7	≤1.0	≤3.0	白色、灰白色或黄褐色，呈碎片状或颗粒状，不得潮解，不允许呈大块状结晶体

（3）改性剂。

改性剂见表 5.6。

表 5.6　改性剂

型号	名称	添加量 /‰	外观
GX-4#	抗卤增强剂	5~10	深红棕色黏性液体
GX-5#	消泡保色剂	10	乳白色液体
GX-12#	增韧降溶剂	10~20	橘红色液体
GX-16#	固化剂	5~10	粉红色液体

（4）石子性能。

石子性能指标见表 5.7。

表 5.7　石子性能指标

品种	颗粒级配	堆积密度 / (kg/m^3)	表观密度 / (kg/m^3)	紧密密度 / (kg/m^3)	针片状颗粒含量 /%	压碎值 /%	含泥量 /%
玄武岩	5~16	1500	2910	1680	2	3.2	0.7

（5）砂子性能指标。

砂子性能指标见表 5.8。

表 5.8　砂子性能指标

品种	种类	细度模数	含泥量 /%	紧密密度 / （kg/m³）	堆积密度 / （kg/m³）	表观密度 / （kg/m³）
天然砂	2 区中砂	3.0	1.8	1720	1560	2690

2. 生产配比

非金属镁质光伏管桩所选用的原材料有别于传统预应力混凝土管桩，因此其配料比例、搅拌下料顺序也有区别。现以生产规格为 PHC-400-AB-11 米的管桩为例，计算参考配比见表 5.9。

表 5.9　管桩参考配比　　　　　　　　　　　　　（单位：kg）

轻烧氧化镁	卤水	改性剂				石子	砂子
		GX-4#	GX-5#	GX-12#	GX-16#		
500	380	5	2.5	5	2.5	1300	700

5.4.6　非金属光伏管桩成型养护工艺

传统预应力混凝土管桩成型工艺有两种，一种是先张法预应力管桩，另一种是后张法预应力管桩。先张法预应力管桩是由先张法预应力工艺和离心成型工艺制作出来的细长混凝土预制构件，主要是空心筒体，由圆筒形桩身、端头板和钢套箍等部分组成。而后张法预应力管桩是在管桩内混凝土初凝后，通过预留的孔洞施加预应力。而非金属镁质光伏管桩是借鉴先张法预应力管桩的成型工艺，调整无机胶凝材料配比组成，通过自然养护或低温蒸汽养护而成的新型管桩（图 5.30）。

1. 钢筋笼的绑扎

管桩用的钢筋笼绑扎采用机械化操作，速度快、效果好。一般来说，一个工人花 2~3h 就能绑扎一天需要的钢筋笼。工人把处理好的主筋放进去，小车上的圆盘就能把主筋拉伸。小车在横向的导轨上跑，不论管桩有多长，它都能适应。箍筋放

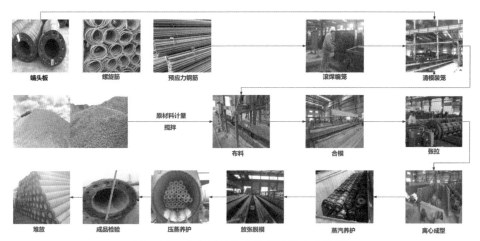

图 5.30　非金属镁质光伏管桩的生产流程

在绑扎机里的圆盘上，小车以一定的速度跑动，圆盘上的钢筋一圈一圈地缠在主筋上，就形成了钢筋笼（图 5.31）。

2. 入模

钢筋笼绑扎好之后，用桁架吊车把它放到预制模具里（图 5.32）。钢筋笼的两头都有螺帽，放进去后，用环形的钢板把它固定住，钢板上都有对应螺帽的螺栓。张拉端和另一端的样子不一样，模具中的空隙就是张拉的空隙。最后，把绑扎好的钢筋笼用桁架吊车吊到混凝土浇筑区。

图 5.31　滚焊编笼

图 5.32　清模装笼

3. 镁质胶凝材料料浆灌注

在灌注区，有相应的灌注车在操作台侧导轨上运行。一根桩的镁质胶凝材料料浆用量均控制在一车，小车在中空的半开模具上运行，下部漏出的料浆逐渐填筑入模型中（图 5.33）。

当灌注完成后，吊来另一半的钢模，进行封闭合模（图 5.34）。

图 5.33　灌注镁质胶凝材料料浆　　　　　　　　　图 5.34　合模

4. 张拉

把管桩的一端送到特定机器里进行拉伸，具体拉伸量取决于管桩设计需求（图 5.35）。

5. 离心成型

把张拉好的管桩放进离心槽里进行离心操作，这个过程分为四个阶段：慢速、低速、中速、高速，这样可以让镁质胶凝材料料浆更紧密。离心时间大约是 15min，具体看离心速度。环形钢板中间的空洞用泡沫板堵住，方便离心成型（图 5.36）。

图 5.35　张拉钢筋　　　　　　　　　　　　图 5.36　离心成型

成型后可以拔出泡沫板，便于倒出多余的浆液，保持桩内部平整。

6. 养护

将经离心成型的非金属镁质光伏管桩放入养护池中，采用常温养护或低温蒸养。蒸养池为混凝土砌成的大池子，将离心成型后的管桩放入池子中，盖上混凝土盖板，自然环境下养护，或者在低温时适当加温至 40~50℃养护（图 5.37）。

7. 脱模

正常自然养护或加温养护 8~12h 后，将钢模吊出。拆掉两侧的固定螺栓，通过桁架吊车即可将模型拆开（图 5.38）。

图 5.37　常温或低温蒸汽养护

图 5.38　脱模

8. 检验堆放

制成的预应力非金属镁质光伏管桩经检验合格后按照桩型、长度等整齐放入堆场（图 5.39）。

图 5.39　管桩堆放

5.4.7　非金属镁质光伏管桩施工方法

光伏发电是利用空地安装光伏板，让阳光转化成电能。这些光伏板架在管桩上，分布在陆地、滩涂、山地、草原等地。根据不同的场地和地质条件，管桩的施工方式也不一样。

1. 坑塘

比如鱼塘、虾池，水深大约 2~4m。在这里安装光伏管桩，可以用打桩船加上拖船（负责运桩）。打桩机一般采用导杆式柴油打桩锤。如果在水更深的地方，也可以用船加上挖掘机振动锤的方式沉桩。

2. 滩涂

水深大约 0~2m。在这里安装光伏管桩，可以用挖掘机配上振动锤完成。

3. 丘陵、硬土地区

在这里安装光伏管桩一般用螺旋光伏打桩机成孔，再用挖掘机配振动锤。螺旋钻孔可以用专用螺旋钻机，也可以在挖掘机上配置液压螺旋钻。

4. 岩坡

一些矿山治理项目中，光秃的岩质山坡也是光伏设备的分布区域。这里地质坚硬，可以采用潜孔锤加上挖掘机配振动锤方式，施工光伏基础桩。用潜孔锤成孔，再用振动锤打入预制桩。

5.4.8　非金属镁质光伏管桩的优点和应用前景

非金属镁质光伏管桩在光伏发电领域的应用具有以下优点。

（1）高强度。

镁质胶凝材料具有较高的强度，使得光伏管桩在承受光伏设备质量和风荷载等方面具有较好的性能。通过测算，相同龄期的镁质光伏管桩理化性能指标可以媲美 C80 混凝土预应力管桩。

（2）良好的耐腐蚀性。

镁质胶凝材料具有较好的耐腐蚀性，特别是自身固化反应所需的调和剂卤水中就含有 Mg^{2+}、Cl^- 等，在滩涂盐碱地恶劣环境下使用，反而有利于其强度发育，延长光伏管桩的使用寿命。

（3）环保性能。

非金属镁质光伏管桩的生产和施工过程对环境污染较小，符合绿色环保的发展理念。

（4）施工便捷。

采用先进的成型工艺和设备，提高了光伏管桩的生产效率，降低了施工难度和成本。

（5）适应性强。

非金属镁质光伏管桩可根据不同的地质条件和场地环境，采用不同的施工方法，具有较强的适应性。

（6）美观大方。

镁质胶凝材料具有良好的表面光洁度，使光伏管桩具有较好的美观性能。

总之，非金属镁质光伏管桩以其独特的优势，在光伏发电行业中具有广泛的应用前景。随着技术的不断进步和市场的不断扩大，非金属镁质光伏管桩的应用领域将进一步拓展，为光伏发电行业的发展注入新的活力。

5.5　非金属镁质光伏支架

目前我国普遍使用的光伏支架有混凝土支架、钢支架及铝合金支架三种。混凝土支架和钢支架（图 5.40）因稳定性高应用于大型光伏电站；铝合金支架因质轻美观耐用一般应用于民用建筑屋顶和阳光房，但因成本高且承载力低，无法应用在大型太阳能电站上。滩涂和近海地区空气湿度大，Cl^-、SO_4^{2-} 含量偏高，对金属和混凝土光伏支架的结构有很强的腐蚀性，传统采用涂层方案则成本偏高，为此需要轻质高强、耐腐蚀、成本低的新型光伏

图 5.40　光伏支架

支架。

5.5.1 新型非金属镁质光伏支架优势

非金属镁质光伏支架是以菱镁水泥为胶凝材料，辅以竹筋、玻璃纤维布等作为增韧材料，复合无机及有机填充材料制作而成，具有轻质高强、耐腐蚀、承载力强、成本低廉等优点。

5.5.2 非金属镁质光伏支架原材料选用及配比

1. 原材料

氧化镁、氯化镁、改性剂的要求与非金属镁质光伏管桩要求一致。

2. 生产配比

非金属镁质光伏支架所选用的原材料有别于传统混凝土支架和钢支架，作为新型材料与产品，其配料比例、搅拌下料顺序也有区别。现以生产规格为 PHC-400-AB-11 米 2×6 的支架为例，浆体参考配比见表 5.10。

表 5.10　浆体参考配比　　　　　　　　　　（单位：kg）

轻烧氧化镁	卤水	改性剂				碳纤维	硅灰
		GX-4#	GX-5#	GX-12#	GX-16#		
100	85	1	0.5	1	0.5	0.5	1

5.5.3 非金属光伏支架成型养护工艺

1. 制备成型

根据设计尺寸在浸润模具中均匀铺一层料浆，放置中心骨料、碳纤布进行浸润，提前裁剪玻璃纤维布和无纺布。根据设计尺寸准备成型模具，先铺设料浆，再放置中心成型骨料，包覆浸润碳纤布，再包覆玻璃纤维布、无纺布，处理表面直至达到相应尺寸后放置模具固化成型。

2. 养护

将成型的非金属镁质光伏支架带模具放入养护室，采用常温养护或低温蒸养。自然环境下养护或者在低温时，适当加温至 40~50℃养护。

3. 脱模

正常自然养护或加温养护 8~12h 后将模型拆开。自然条件下继续养护。

4. 打孔

制成的支架经检验合格后按照图纸进行砂磨、钻孔。

5. 安装

光伏支架由后立柱、前立柱、横梁、斜撑、斜梁、背后拉杆、连接件等组成，采取螺栓进行连接，光伏组件经过安装孔和支架横梁进行连接（图 5.41）。

图 5.41　非金属镁质光伏支架

5.5.4　非金属镁质光伏支架的优点和应用前景

非金属镁质光伏支架在光伏发电领域的应用具有以下优点。

（1）高强度。

镁质胶凝材料具有轻质高强特点，使得光伏支架在承载太阳能光伏板质量和风雪荷载等方面具有优异的性能。通过测算，非金属镁质光伏支架的抗折强度为142MPa，抗压强度为84.5MPa。

（2）良好的耐腐蚀性。

非金属镁质光伏支架具有好的抗盐卤性。盐湖卤水中富含 Cl^-、SO_4^{2-}、Mg^{2+} 等离子，当氯氧镁水泥处于盐卤环境中，这些离子会侵入水泥内部，并与其发生反应，产生的交叉型针状结构，增强了水泥强度，从而对体系水化产物的组成和含量以及内部结构产生影响。

（3）环保性能。

非金属镁质光伏支架的生产和施工过程对环境污染较小，符合绿色环保的发展理念。

（4）施工便捷。

采用预制生产工艺，提高了光伏支架的生产安装效率，降低了施工难度和成本。

（5）美观大方。

在实用基础上，镁质胶凝材料制品具有良好的美观性，使光伏支架成为一道靓丽的风景线。

总之，非金属镁质光伏支架具有以上优势，在光伏发电行业中具有广泛的应用前景。

5.6 装配式结构匀质板

5.6.1 国外装配式发展状况

在欧洲，装配式发展历史最悠久的是法国，具有130年的装配式建筑发展史，目前法国的预制装配率达到了80%，主要采用预应力混凝土装配式框架结构体系，生产和施工的质量很高。德国的装配式住宅主要采取叠合板、混凝土、剪力墙结构体系，采用构件装配式与混凝土结构，耐久性较好。德国是世界上建筑能耗降低幅度最快的国家，近几年更是提出发展零能耗的被动式建筑。从大幅度的节能到被动式建筑，德国都采取了装配式住宅来实施，装配式住宅与节能标准相互之间充分融合。美国也有近100年的装配式建筑发展历史，并早在40多年前就针对工业化建筑进行立法，出台了相关的行业规范，不仅要注重质量，也要注重美观，目前美国的经济适用房主要采用装配式建筑，其中每 16 个人中就有一个人居住在装配式建筑中。20 世纪 60 年代澳大利亚就提出了"快速安装预制住宅"的概念，1987 年，高强度冷弯薄壁钢结构技术趋于成熟，1996 年，澳大利亚与新西兰联合规范的 AS/NZS4600 冷弯成型结构钢规范发布实施。规范发布后，澳大利亚每年花费约 6 亿美元建造轻钢龙骨独立式住宅 120000 栋，约占澳大利亚所有建筑业务产值的 24%（图 5.42）。

欧美等国家的装配式住宅已经发展到了相对成熟、完善的阶段。而亚洲的主要代表则是日本和新加坡，基本都是在 20 世纪 90 代开始发力装配式建筑，领先我国应该有 20 年。

欧美日等国家和地区装配式住宅发展大致经历了三个阶段：第一阶段是工业化形成的初期阶段，重点建立工业化生产（建造）体系；第二阶段是工业化的发展期，逐步提高产品（住宅）的质量和性价比；第三阶段是工业化发展的成熟期，进一步降低住宅的物耗和环境负荷，发展资源循环型住宅（图 5.43）。这些国家的实践证明，利用工业化的生产手段是实现住宅建设低能耗、低污染，达到节约资源、提高品质和效率的根本途径。

图 5.42　国外装配式发展状况

图 5.43　资源循环型住宅

5.6.2　国内装配式发展现状

2016 年，装配式建筑在我国各地的推广与发展开始呈星火燎原之势。政府大力推广预制装配式施工方式。目前主要有预制混凝土装配式（PC）建筑、钢结构建筑、木结构装配式建筑三种。这其中关注比较高的是 PC 建筑，国内 PC 建筑行业初具规模，至 2015 年末，全国共有 PC 建筑工厂 104 座，产业化基地 56 个，主要分布在沿海地区如山东、浙江、江苏、上海等，内地分布较少。PC 建筑是低能耗绿色建筑的代表之一，在减少能耗、节约资源方面具有突出的表现。相较传统的现浇混凝土的生产方式，PC 建筑在生产效率、工程质量等多方面都具有巨大的优势。其次，PC 建筑市场容量巨大：近 5 亿平方米新开工面积，3 万亿元产值，建设 150 万套保障性住房。PC 建筑在国内发展空间巨大，据《建筑产业现代化发展纲要》，"十三五"期间，装配式建筑要达到新建建筑的 20% 以上，保障性安居住房采取装配式搭建的要达到 40% 以上。

近年来，人们生活水平不断提高，要求越来越多样化，舒适度要求越来越高，环保节能的意识越来越深入人心。原先国内几种装配式建筑已不能满足人们的要求，PC 建筑利用水泥为基材，做的装配式建筑质量太大，运输不便，保温效果达不到要求；钢结构建筑保温效果也达不到要求；而木结构装配式建筑不防火，安全性不高。本节所设计介绍的装配式结构匀质板，利用环保的镁质材料，比水泥要轻质高强，利用高强度冷弯薄壁钢结构作为龙骨，再添加泡沫颗粒作为保温材料，所制作的装配式建筑板材具有强度高，保温效果好，整体质量轻，标准化安装等特点（图 5.44），满足了人们各方面需求。

图 5.44　标准化安装

5.6.3　装配式结构匀质板

装配式结构匀质板是一种利用镁质胶凝材料按一定比例掺和 EPS 颗粒等功能性材料和改性材料，经过一定特殊工艺，和预制好的结构板（木制或钢制等）固化结合为一体的新型板材（图 5.45）。目前该种产品在国内外大力推行装配式底层房屋，该产品越来越受到客户的青睐。

图 5.45　镁质装配式结构匀质板

5.6.4　装配式结构匀质板的特点

1. 防火保温

该板材兼具有机材料的保温性和无机材料的防火性。

2. 轻质高强

该板材比其他无机材料（水泥、石膏等）有更好的强度，质量可做得更轻。

3. 标准装配化

该板材可以工厂预制，易于实现标准化，可以实现装配模块化，节省现场施工的时间。

4. 很好的力学性能

框架或内部采用钢结构（或其他），与经过改性的无机胶凝材料充分结合，固化后能发挥两者的优势，让板材能够承受更大载荷。

5. 环保安全性

镁质胶凝材料作为一种环保、无污染的材料，被越来越多地应用在各个行业。

5.6.5 生产工艺

1. 准备工作

（1）预制好结构框架，把框架按照位置放到模具中。

（2）选择的脱模剂要跟镁质材料相适应，在模具内侧涂抹脱模剂。

（3）把准备好的氧化镁、卤水（或硫酸镁溶液）、改性剂、泡沫颗粒按照顺序和比例倒入搅拌容器中，搅拌均匀，氯氧镁装配式匀质板参考配比见表5.11。

表 5.11　氯氧镁装配式匀质板参考配比　　　　　　（单位：kg）

轻烧氧化镁	卤水	改性剂			泡沫颗粒立方	短纤维	发泡剂	石英粉
		GX-1#	GX-4#	GX-13#				
100	120	0.6	0.8	1.5	0.8	0.5	0.2	20

（4）把提前配好的发泡溶液利用发泡机发泡，泡沫加到料浆中，再进行均匀搅拌。

2. 成型

图 5.46　料浆浇筑

（1）把搅拌好的料浆倒入准备好的模具中，并利用振动泵振动，将料浆填满模具和框架（图5.46）；

（2）养护：放到养护室内养护；

（3）脱模：固化成型后，把握好脱模时间；

（4）入库：修理边角，打包入库。

5.6.6 注意事项和问题解析

1. 质量控制

氧化镁质量对板材的强度起到至关重要的作用，所以原材料要合格；改性剂在其中也起到很关键作用。

2. 一定的流动性

按照比例和配方搅拌的料浆要有一定的流动性，否则操作不便，会出现板材空洞缺陷，影响板材的强度和外观。

3. 控制脱模时间

在北方地区冬天气温低，需要有养护条件的养护室，温度和时间要控制好，时间太短则强度还达不到要求，时间过长则会出现烧板现象。

5.6.7　发展前景

因装配式结构匀质板的优势，其应用场景会越来越广，除常见的装配式房屋，还会出现装配式医院、装配式酒店、装配式公寓等。

5.7　镁质装配式建筑

随着国家提出要发展新型建筑方式，大力推广装配式建筑，力争在 10 年左右时间，使装配式建筑占新建建筑的比例达到 20%~40% 以上。现如今，在一些高端别墅、美丽乡村建设中已大范围采用了低层装配式工艺，在政策支持和鼓励下，低层装配式建筑发展迅速。

传统建筑以水泥、砖石、钢筋等为主材，在带动发展的同时，也消耗了大量的土地资源、水资源等，加重了环境污染，恶化了生态环境。而传统材料由于用料、结构等方面的局限，在节能、抗震等方面也极为限制。装配式建筑以其绿色、环保、节能、减排的特点逐渐成为建筑业新趋势，它将传统建筑构件移到工厂中进行标准化设计和一体化生产，不仅施工质量好、工期短，还能有效减少粉尘污染、噪声污染。

装配式墙板以镁质胶凝材料作为材料，通过添加 MJT 研发的改性剂处理，可大量内掺黏结复合秸秆类（稻草、麦草及甘蔗渣、棉秆等）、废旧木材类（含树枝、树叶、竹板、竹枝）以及粉煤灰类（含火山灰、硅微粉等废弃物）等各种废物掺合料。其中，废旧木材类占 10% 左右，用于空心板框架建设；秸秆类占 85% 左右，用于空心板填充和粉碎后用于黏结料；粉煤灰类占 5% 左右，用于黏结和板材外层。再结合传统木结构体系的榫卯连接形式进行施工，承重柱、梁采用木方，建筑模板缠绕玻璃纤维丝，辅以镁质胶凝材料增强固定；整个建筑整体根据设计图纸，采用工厂预制、现场拼接的方式，接缝搭接处以镁质胶凝材料料浆辅以玻璃纤维网格布嵌缝带做抗裂增强、连接，待固化后成为整体结构（图 5.47）。

图 5.47 工厂预制镁质结构横梁支撑及结构件

通过此工艺技术一次成型生产的生态墙板、生态楼梯，采用独立悬挂安装，可承载 5000kg 以上，具有防震、防火、防水、防冻、防裂、防虫蛀、防老化、防腐蚀等独特优势，安装方便、性价比极高，可广泛应用于民用和工业建筑。

5.7.1 镁质低层装配式建筑的特点

1. 设计的多样化

可以根据住户的要求，设计创造不同构造风格的建筑类别，满足高档别墅、新农村建设房屋、搬迁房、工地民房等不同人群的需要（图 5.48）。

图 5.48 设计多样化的镁质低层装配式建筑

2. 预制构件生产的工厂化

建筑主体结构和建筑构件，都可以在工厂提前预制生产，在这种生产方式下，建筑主体结构的施工精度得到保障，建筑质量稳定，也降低了现场施工工人的工作量。

3. 施工安装的专业化

低层装配式建筑的施工现场只需要数量较少的专业施工人员即可，这也是装配式建筑与传统建筑施工过程中的最大区别。简单的安装工序，湿作业操作的减少，提高了施工技术的专业化水平，高水平的机械设备辅助使建造方式更加精确。

4. 建筑结构的一体化

建筑结构的一体化可以实现各项材料的预制生产，使得建筑结构主体完成时会更加统一、坚固。

5. 管理运营、维护的科学化

通过计算机技术以及信息化技术，可以实现预制构件从设计、生产、施工吊装到后期维修管理全过程的科学化。

5.7.2　镁质装配式墙板配料及成型工艺

1. 原材料

轻烧氧化镁、调和剂、粉煤灰、矿粉、硅微粉、稻壳、秸秆粉、锯末渣、改性剂、玻璃纤维长丝、竹胶板、废旧模板等。

2. 参考配方

镁质装配式墙板配料参考配比见表 5.12。以 25~35℃的外界环境温度为例作以说明。

表 5.12　镁质装配式墙板配料参考配比　　　　　　　　　　（单位：kg）

轻烧氧化镁	氯化镁液（23°Bé）	粉煤灰、矿粉、硅微粉等	稻壳、秸秆粉、锯末渣等	玻璃纤维长丝	竹胶板、废旧模板	GX-4#	GX-12#
100	150	50~60	30	—	—	0.8	1

注：可根据所用填充骨料细度、含水率等不同，适当调整配料比例及添加量。

3. 镁质装配式墙板（构件）成型工艺

（1）模具清理

清理模具内表面残渣，喷涂脱模剂。

（2）预制料浆

按照生产配料技术要求，搅拌出所需料浆。

（3）板材面板铺装成型

预制搅拌的底料铺在模具表面，玻璃纤维长丝均匀撒在底料上面，用棍子辊压玻璃纤维长丝，使其在料浆中完全浸透（图 5.49）。

然后在其表面均匀铺一层料浆，在料浆上面均匀分铺预制好的建筑模板或竹篦子网片（图 5.50）。

再用料浆铺盖在建筑模板表面，使其均匀覆盖、浸透。然后，在上面均匀地撒上玻璃纤维长丝，再铺盖一层料浆使玻璃纤维长丝完全浸透（图 5.51）。

图 5.49　铺撒玻璃纤维长丝　图 5.50　铺竹篦子或建筑模板　图 5.51　继续铺玻璃纤维长丝

4. 装配预制模板

在铺装的板面上，沿着模具四周安装、固定建筑木模板长条，然后在板面宽度中间位置侧立固定一根，板面长度方向左右两侧均匀侧立铺装。构成与板材厚度相同的中间框架结构。然后在板面料浆上均匀铺撒、覆盖玻璃纤维长丝，再把料浆均匀倒在上面，借助毛刷、棍子使料浆完全浸透玻璃纤维长丝。在料浆凝固、硬化过程中，底板与中间木模板框架结构形成统一结合体（图 5.52）。

5. 上下板面组装

（1）方式一。

把预制好的板材平板铺装在固定好的底板框架结构上，用镁质胶凝材料料浆浸透密织玻璃纤维网格布嵌缝、上下板面连接而成（图 5.53）。

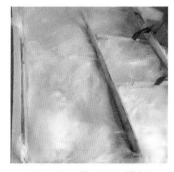
图 5.52　装配预制模板

图 5.53　上下面板组装

（2）方式二。

① 悬空搭建建筑木模板方式

在框架结构上平铺裁割好的建筑木模板，然后铺浆复合玻璃纤维长丝而成。

② 框架中空填充泡沫板方式

在框架结构中空部分填充聚苯乙烯泡沫板，然后灌浆嵌缝连接，最后在泡沫板上铺浆复合玻璃纤维长丝而成。

5.7.3　生态房屋主体组装施工流程

1. 地基施工

根据设计图纸做好地基，等待地基固化再进行下一步安装（图 5.54）。

图 5.54　地基施工

2. 板材核对

生态板材进场后，施工组长依据拆解图纸现场清点所需板材（图 5.55）。

图 5.55　板材核对

3. 立墙组装

板材清点无误后，工人借助吊车依照图纸将板材立放在地基上（图 5.56）。

图 5.56　立墙组装

4. 墙体点胶固定

生态板材在立放摆放的同时，工人进行点胶固化作业（图 5.57）。

图 5.57　墙体点胶固定

5. 墙体勾缝

生态板材点胶固化后，工人开始进行勾缝作业（图 5.58）。

图 5.58　墙体勾缝

6. 主体固化完成

勾缝作业完成后，等待建筑整体固化及建筑主体施工完工（图 5.59）。

图 5.59　主体固化完成

5.7.4　镁质低层装配式建筑的优势

1. 建造成本低，废料变生态建材

采用镁质低层装配式建筑主体板材及构件，可以大量消耗水稻壳、玉米秸秆、小麦秸秆、芦苇、竹子、废木板、建筑垃圾、矿渣等废弃物，成本降低 50% 以上，是以循环生态理念结合新技术变废为宝制成生态建材。废物处处都有，原料就地取材，大大降低了原料成本，而且废弃物得到了综合利用，是利国利民的好项目。

2. 建造速度快

镁质低层装配式建筑所需材料在工厂进行预制化生产，在施工现场只需要完成吊装和拼接，模块化的拼接、组装方式大大减少了施工现场湿作业的过程。从进入场地开始动工，最快 7 天完成房屋建设，不需要过多的晾晒、通风即可进入装修阶段。施工速度快，安装速度更快，施工难度小，同时改变了现场湿作业的方式，使得污水排放、扬尘污染、噪声污染得到了很好的控制，节能环保效果更显著。

3. 建筑质量有保障

与传统建造方式有大量现场作业不同，镁质低层装配式建筑将墙板、楼梯、框架等建筑部件在工厂中按照设计的规格、尺寸制作完成，再统一运输到施工现场通过合理的连接方式进行拼接，这样从不同程度上避免了现场多变情况的复杂性，有效避免了传统建造方式下可能出现的人工作业误差。通过此科学合理的方式，不仅保证了建筑质量，而且降低了工人的劳动强度，也可以减少施工的时间，从而提高生产效率。

5.7.5 镁质装配式建筑性能测试结果

1. 承载力测试

该材料承载强度高，是传统建材的 28 倍左右，超强承载。

2. 防火阻燃测试

新型墙体材料用喷枪上 1000℃高温进行测试，完全不燃，阻燃性能达到 A 级。

3. 抗震测试

生态材料能够实现抗震 8 级以上，抗折、抗压、抗拉，强度高。

4. 防水防腐测试

防水密封性好，长期泡在水里 10 年，不变形、不腐烂、不膨胀、不收缩、不损坏。

5. 高温水煮测试

在开水中连续蒸煮 10h，不变形、不发泡、不开裂、不透水、无损坏。

6. 防油污测试

经过食用油、柴油、机油等各种油污的测试，产品易擦洗、无渗透、耐油污，擦拭后干净如初。

7. 抗压测试

该墙板抗压强度达到 3600kg/m² 以上，超过一般的传统墙板。

5.7.6　发展前景

镁质低层装配式建筑作为如今装配式建筑的后起之秀，因其建造成本低、独有的废物重新利用、建筑质量有保障、建造周期短、绿色环保等优势，受到越来越多投资者的欢迎，相信会有美好的未来。

5.8　重钢结构装配式匀质板（硫氯复合墙板）

5.8.1　重钢结构装配式匀质板（硫氯复合墙板）的材质特性

重钢结构装配式匀质板（硫氯复合墙板）是一种先进的建筑材料，其独特的构造和性能使得它在现代建筑领域具有广泛的应用前景。这种墙板采用重钢结构作为骨架，通过装配式工艺进行安装，具有高效、快速、环保等优点（图 5.60）。

重钢结构装配式匀质板（硫氯复合墙板）的主要特点是匀质性和高强度。墙板内部填充了硫氯复合材料，使得整个墙板具有均匀的密度和强度，从而保证了墙体的稳定性和耐久性。此外，硫氯复合材料还具有优良的防火性能，能够有效提高建

图 5.60　重钢结构装配式房屋

筑的安全性。

　　与传统的墙体材料相比，重钢结构装配式匀质板（硫氯复合墙板）具有更高的施工效率和更低的成本。由于采用装配式工艺，墙板可以在工厂预制完成，然后直接运输到施工现场进行安装，大大缩短了施工周期。同时，墙板的制造过程中采用了先进的生产工艺和技术，使得其成本更加合理，为建筑行业的可持续发展提供了有力支持。

　　在实际应用中，重钢结构装配式匀质板（硫氯复合墙板）可广泛应用于各种建筑领域，如住宅、商业建筑、工业厂房等。其优良的物理性能和环保特性使得它成为现代建筑领域中的一种理想选择。随着人们对建筑品质和环保要求的不断提高，重钢结构装配式匀质板（硫氯复合墙板）将会在未来发挥更加重要的作用，为建筑行业的发展注入新的活力。

5.8.2　硫氯复合墙板的性能优势

1. 高强度

　　硫氯复合墙板经过改性后，其抗压强度和抗折强度可达到 60MPa 和 9MPa，这使得它在承受重钢结构带来的压力时表现出色。

2. 良好的空气稳定性和耐候性

　　硫氯复合材料是一种坚硬的胶结材料，只能在空气中继续凝结硬化，使其具有良好的空气稳定性。同时，硫氯复合墙板固化后环境越干燥，越稳定，这使得它在各种气候条件下都能保持稳定的性能。

3. 对钢材温和腐蚀

　　硫氯复合墙板以硫酸镁、氯化镁为调合剂，在保留了氯氧镁胶凝材料强度高、固化速度快的优势下，通过复配硫酸镁，中和了板材中反应不完全的游离氯化镁，对钢材腐蚀性小，降低因氯离子侵蚀钢材造成的风险。

4. 环保节能

　　硫氯复合墙板采用工业废弃料为主要原料，不仅实现了资源的再利用，而且其低热度、低腐蚀性的特性也使得它在节能方面表现出色。此外，该墙板还具有良好的保温性能，能够有效地减少能量的传递和散失，提高建筑的保温效果。

5.8.3 硫氯复合墙板在重钢结构装配式建筑中的应用

在重钢结构装配式建筑中，硫氯复合墙板发挥着重要的作用。由于其轻质、高强、保温、防火等优点，硫氯复合墙板被广泛应用于外墙、内墙、隔墙等部位。同时，该墙板还可以与钢结构构件紧密连接，形成整体稳定的结构体系，提高建筑的整体性能。

5.8.4 重钢结构装配式建筑施工流程

重钢结构装配式建筑的施工流程是一个系统化、标准化的过程，旨在确保建筑的质量和效率。以下是该施工流程的主要步骤。

1. 设计阶段

（1）根据建筑的使用功能、地理位置、环境要求等因素，进行初步设计。

（2）设计重钢结构框架和硫氧镁复合墙板的布局和连接方式。

（3）制定施工详图，包括钢结构尺寸、墙板预制尺寸、安装节点等。

2. 预制阶段

（1）在工厂内按照施工详图进行重钢结构的预制，包括钢柱、钢梁等构件的切割、焊接和校正（图 5.61）。

（2）预制硫氯复合墙板，根据墙体的位置和尺寸进行切割和养护（图 5.62）。

图 5.61　重钢结构的预制　　　　图 5.62　预制硫氯复合墙板

3. 运输阶段

（1）将预制好的重钢结构构件和硫氯复合墙板运输至施工现场。

（2）确保运输过程中构件和墙板的完整性和安全性。

4. 基础施工阶段

在施工现场进行基础施工，包括地基处理、基础混凝土浇筑等（图 5.63），确保基础平整、水平，为后续的钢结构安装做好准备。

（a） （b）

图 5.63 基础施工

（a）规划放线；（b）夯实地基

5. 钢结构安装阶段

按照施工详图，将预制好的重钢结构构件吊装至指定位置（图 5.64）。使用高强度螺栓或其他连接方式将钢柱、钢梁等构件紧密连接，形成稳定的钢结构框架。

图 5.64 搭建重钢结构构件

6. 墙板安装阶段

将预制好的硫氯复合墙板吊装至钢结构框架的相应位置（图 5.65）。

图 5.65 吊装硫氯复合墙板

使用专用连接件将墙板与钢结构构件紧密连接，确保墙体的稳定性和密封性（图 5.66）。

图 5.66 紧固墙板

7. 内外装修阶段

在安装好的墙板基础上进行内外装修，包括墙面处理、门窗安装、保温层施工等（图 5.67）。

8. 验收阶段

完成施工后，对整个建筑进行全面的质量检查和验收。确保建筑的结构安全、功能完善、外观美观，符合设计要求和相关标准。

通过上述施工流程，能够高效、快速完成重钢结构装配式建筑，同时保证建筑

图 5.67   进入装修阶段的重钢装配式房屋

的质量和性能。这种施工方式不仅提高了施工效率，降低了成本，还有助于推动建筑行业的可持续发展。

5.8.5   硫氯复合墙板的未来展望

随着人们对环保、节能等问题的日益关注，硫氯复合墙板作为一种绿色、环保的建筑材料，其市场前景十分广阔。未来，随着技术的不断进步和应用的深入推广，硫氯复合墙板将在重钢结构装配式建筑中发挥更加重要的作用，为建筑行业的可持续发展做出更大的贡献。

总之，硫氯复合墙板作为一种新型的建筑材料，在重钢结构装配式建筑中具有广泛的应用前景。其优异的性能、环保节能的特性以及广阔的市场前景使得它成为未来建筑行业发展的重要方向之一。

5.9   轻质隔墙板

随着我国建筑工业化和装配式建筑的不断推进，装配式隔墙板的应用领域也越来越广，前景广阔。但对隔墙板的要求越来越高，不但要求轻质、高强，还要求防火、保温、模块化，安装施工更加方便，更加趋向于集成化方向发展。因此还要针对目前隔墙板存在的问题进行系统解决，使其更加趋向人性化发展。

镁质轻质隔墙板是以轻烧氧化镁为胶凝材料，氯化镁或硫酸镁为调和剂，加入适量改性剂，以及粉煤灰、锯末等辅料，搅拌成料浆，再添加发泡泡沫，倒入模具固化后，制成的环保节能、轻质高强墙体材料。

5.9.1　原材料

氧化镁、氯化镁、锯末、石粉、纤维、棕榈丝等。

5.9.2　分类及技术参数

分类及技术参数见表 5.13。

表 5.13　轻质隔墙板技术参数

项目 / 类型		指标（板厚）/mm				
		90（100）	120	150（160）	180	210
抗压强度 / MPa	水泥条板、复合条板	≥3.5				
面密度 / （kg/m³）	水泥条板	≤90	≤110	≤130	—	≤180
	复合条板	≤90	≤110	≤130	≤150	≤160
含水率 /%		≤12/10/8				
复合条板面板垂直于板面的抗拉强度 /MPa		≥0.2				

轻质隔墙板根据构造可以分为空心条板、实心条板、复合条板、波浪形企口隔墙板和保温匀质隔墙板五个种类。

1. 空心条板

沿板材长度方向留有若干贯通孔洞的预制条板。

2. 实心条板

用同类材料制作的无孔洞预制条板。

3. 复合条板

由两种或两种以上不同功能材料复合或由面板与夹芯材料复合而成的预制条板。

4. 波浪形企口隔墙板

受气温影响隔墙板有热胀冷缩的变化，隔墙板的企口处会产生内应力，导致外面饰面层出现开裂、不平等问题。针对此问题，MJT 根据多年实践经验，设计了一种波浪形企口的隔墙板（专利号：CN2012206901614），该企口凹槽（榫槽）为波浪形曲面（图 5.68），与另一侧配合的凸槽（榫头）也是波浪形曲面，相对于平面增加了接触面积，内应力变小；再者，榫槽和榫头不是完全贴合，而是预留一部分空间，安装时用弹性密封胶（或聚氨酯泡沫）填入预留孔隙内，当隔墙板受热膨胀，榫槽和榫头的曲面接触仅为几个点，产生的内应力大部分被具有弹性的密封胶（或聚氨酯泡沫）所抵消。而接触的几个点，因曲面结构特点，内应力 F_1、F_2 互相抵消（图 5.69），从而将垂直板面方向的应力均匀分散，应力不再集中，波浪形企口很好地解决了隔墙板的应力集中所导致的饰面层变形开裂起鼓问题。

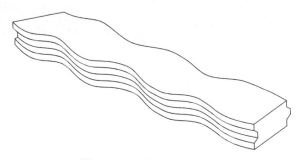

图 5.68　波浪形企口隔墙板

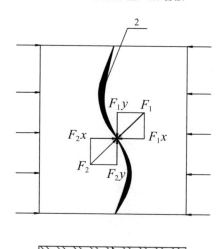

图 5.69　两波浪形企口受力分析示意图

　　针对装配式隔墙板的开裂或裂缝这个比较常见的问题，不仅需要从成型工艺上解决，还要考虑配套填缝和涂装饰面材料的适应性、柔性连接材料、吊装和安装设备及施工现场的安装等方面。

5. 保温匀质隔墙板

　　保温匀质隔墙板（图 5.70）是在原先隔墙板的基础上把挤塑板和匀质板集成为一体，并在匀质板的外面抹一层黏结砂浆层，成为保温效果更佳、安装更方便的新式隔墙板。

图 5.70　保温匀质隔墙板

5.9.3　生产工艺

　　各种隔墙板的生产工艺、材料各有不同，但是可以大致分为以下四个部分：材料与设备的准备，搅拌，浇注成型以及脱模分装打包。

　　卧式抽芯是比较传统的菱镁隔墙板的生产方式，将模具组装完毕，再浇注发泡料浆，成型后脱出，具体生产工艺流程如图 5.71 所示。

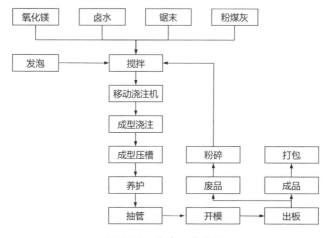

图 5.71　生产工艺流程

（1）前期准备工作。提前将模具清理干净，涂抹脱模剂并组装；需将芯管提前放入模具中，将卤水或硫酸镁溶液的波美度调制好（图 5.72）。

（2）将各原材料搅拌均匀，通过引入发泡工艺，将大量泡沫加入其中，提高料浆的流动性，降低密度。

（3）将搅拌均匀的料浆通过浇注机浇注进模具。模具灌满料浆后，人工将上表面抹平（图 5.73）。

图 5.72　组装模具　　　　　　　　　图 5.73　浇注料浆

（4）浇注完毕，经过 6~8h 反应固化，即可抽出芯管（图 5.74），打开模具，将板材取出，进行打包（图 5.75）。

图 5.74　抽芯　　　　　　　　　　　图 5.75　取出板材

5.9.4　产品优势及市场分析

1. 环保

板材在厂内预制，现场减少湿作业，减少粉尘、废水污染；生产用的无机胶凝材料中，可以掺入一定量的固废，减少污染的同时降低成本。

2. 轻质

通过加入发泡、聚苯颗粒等手段，大大降低板材密度，有效减轻建筑物的自重，同时可减少基础的经济投入，便于施工与运输。

3. 隔音

轻质隔墙板墙体可隔音 40~50dB，保证产品可用于办公、商业、娱乐、住宅等建筑物。

4. 抗震效果好

弹性模量低，对冲击能吸收快，抗震级别能达到 8 级。

5. 保温隔热

在板材中引入密闭的气孔，可有效提高材料的保温性能，同时聚苯颗粒的加入，使得热量不易传导，导热系数降低。

6. 易施工，效率高

轻质隔墙板产品可钻、可锯、可钉，板面平整，带子母槽，便于安装施工。

国家大力倡导环保节能减排，轻质隔墙板正是环保节能的典范，将现场工作交由工厂，工厂预制，拉到工地直接使用，减少现场作业，避免水、粉尘污染；材料轻质高强，规格标准，可带子母槽，减少运输成本；容易施工，有效降低人工成本。隔墙板通过各种工艺降低材料的导热系数，减少热传递，满足国家节能标准。

5.9.5　常见问题及解决办法

1. 裂缝

隔墙板产生裂缝是由多方面原因引起的，可以归结为以下两点：①原材料控制，原材料质量良莠不齐，如果钙含量高，引起的安定性不良致使板材开裂；②养护时间、条件不足，养护时应该提供必要的温湿环境，使得反应充分，达到强度要求，另外还需要足够的养护时间，未反应充分的湿板直接上墙也会导致裂缝。

2. 塌模

生产时经常引入发泡工艺，发泡后难免会出现塌模问题，究其原因就是泡沫不足以支撑料浆体积。可以从多方面分析原因，一是泡沫本身问题，泡壁薄，支撑时间短，料浆还没定型泡沫就消失了，这时需要考虑是否将发泡剂、发泡液搅拌均匀，有无沉降，兑水稀释倍数是否正确，发泡机的钢丝球有没有锈蚀，发出的泡沫是否均匀致密细腻。除发泡剂本身问题外，还需要考虑其他原材料的问题，比如加入的锯末是否过于干燥，导致吸水破泡；外加的粉煤灰等材料是否含杂质，杂质导致泡沫不稳定等。

3. 接口处不平

现场施工时发现板材接口处出现高低不平，这是因为受热胀冷缩影响，接口处尺寸变化导致不平，为此现在设计的板材都有特殊接口，比如由 MJT 设计的波浪型接口，该接口形状可以解决热胀冷缩接头不平整的问题。

5.10 净化板

5.10.1 净化板定义

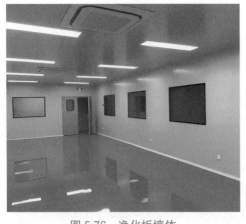

图 5.76 净化板墙体

净化彩钢板，通常叫作净化板或洁净板，是由彩钢板或不锈钢板作为面材，岩棉、纸蜂窝、玻镁板等当芯材，胶合起来做成的复合板。这种板子主要用于洁净室、隔墙和吊顶，具有防尘、抗菌、抗腐蚀、防锈和防静电等优点。正因为这些特性，净化板在医疗、电子、食品、生物制药、航空航天以及精密仪器等高要求环境的净化工程领域得到了广泛应用（图 5.76）。

5.10.2　净化板芯材分类

芯材是净化板的重要组成部分，直接影响净化板的质量和性能。在市场上，净化板芯材的种类繁多，常见的有岩棉板、硅岩板、玻镁手工板和硫氧镁中空净化板等。

以下是一些常见的净化板芯材及其特点。

1. 机制泡沫净化板

采用阻燃型 EPS 泡沫板作为芯材，热镀锌彩涂板为面层及高强度黏结剂，通过冷压胶合而成的净化板（图 5.77）。

2. 阻燃性纸蜂窝净化板

纸蜂窝状芯材由阻燃纸制成，上下面板为复合彩钢瓦或不锈钢板材，如图 5.78 所示。纸蜂窝芯材料遇明火只碳化、不燃烧，不释放有毒物质。阻燃性纸蜂窝净化板刚性大、强度高、承载能力强、保温隔音效果好。

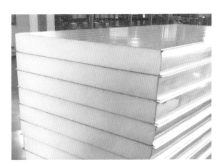

图 5.77　机制泡沫净化板　　图 5.78　阻燃性纸蜂窝状净化板

3. 岩棉净化板

岩棉净化板以彩钢压型板为面层，结构岩棉为芯材，用特种黏结剂复合而成的一种"三明治"结构板材，如图 5.79 所示。属于具有极强防火效果的洁净板，可四侧封堵，在板材中间添入加强筋，使板面更加平整，抗压强度更高。

4. 中空玻镁复合板

中空玻镁复合板（净化板）以彩色涂层钢板为面层，以中空玻镁板为芯材，用热固化胶在连续成型机内加压复合而成，如图 5.80 所示。玻镁板是以氧化镁、调和剂和水三元体系，辅以改性剂改性，以中碱性玻璃纤维网为增强材质，以轻质材料为填充物复合而成的新型不燃性装饰材料，具有防火、无味、无毒、不冻、不腐、不裂、高强质轻等特点。

图 5.79　岩棉净化板　　　　　　图 5.80　中空玻镁复合板

5. 硅岩彩钢夹芯板

硅岩彩钢夹芯板（净化板）采用硅岩板为芯材，镀锌或彩涂板为面层，两层及高强度黏结，通过高速连续自动化成型机加温、冷压复合而成，具有保温隔热、安装便捷的特点，是同类（夹芯板系列）中耐火性能较强的一种新型防火板材，如图 5.81 所示。

6. 硫氧镁彩钢夹芯板

硫氧镁彩钢夹芯板（净化板）采用硫氧镁为芯材，镀锌或彩涂板为面层，如图 5.82 所示。硫氧镁彩钢夹芯板憎水率大于 98%，遇水不发生变形，保温隔音效果好。

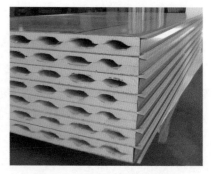

图 5.81　硅岩彩钢夹芯板　　　　　图 5.82　硫氧镁彩钢夹芯板

5.10.3　净化板芯材成型工艺

1. 中空玻镁复合板

中空玻镁复合板多采用手工成型方式。玻镁板厂家根据需求将生产好的 3000mm×1220mm×5mm 的玻镁板裁切成 4cm 宽长条，将板材及长条送至净化板厂二次加工。

净化板厂根据客户要求的成品净化板尺寸对已经覆好膜的面板进行切割。覆膜是为了减少后期生产、运输、安装过程中对净化板漆面的划伤，以达到最大限度的美观。

切割后的面板由人工涂抹发泡胶。手工涂胶的优势在于涂抹胶水更均匀，黏合度会更好，加之大多净化板为非标板材，尺寸规格不一，人工操作更加灵活。现在净化板厂家常用的胶水为"有行·鲨鱼"，黏结效果好，但价格过高，而且该胶水为发泡胶类，设备涂胶存在管路留胶的问题，在生产间隙或停顿期间，管路中的胶液一旦起泡会堵塞整个管路，造成浪费。

彩钢面板涂完胶后放入整张 5mm 厚玻镁板，在上边按一定间隔摆放裁切好的 4cm 宽玻镁板条，充当龙骨。与此同时安装边框，边框和龙骨一起起到支撑的作用。一般边框多由钢带挤压成型，按规定尺寸裁切好后，四角用专用塑料卡件固定连接。

龙骨、边框安装完成后重复前面步骤，依次涂胶，黏结整张玻镁板及上层彩钢面板，最后将黏结完成的净化板材码放整齐，待码放一定高度后冷压胶合，生产完成的成品必须压实 48h 才能出厂。

现在为提升中空玻镁复合板的阻燃隔音效果，往往将中空玻镁板与岩棉结合，在龙骨之间填充岩棉条，成为新型的手工玻镁岩棉净化板。

2. 硅岩板

硅岩板（图 5.83）作为前几年兴起的新型净化板芯材，是以聚苯乙烯泡沫板作为基础芯材，将由氧化镁、硫酸镁配制的防火浆料经改性后，通过真空负压工艺渗透到聚苯乙烯泡沫板内部，固化成型的防火板材。

硅岩板最早由亿丰洁净科技江苏股份有限公司率先应用，采用船型振动挤压成型设备，生产效率低，料浆浪费较多；后采用济南镁雅图机械设备有限公司设计完善的真空吸附型设备（专利号：CN2015203400913），日产标准板材可达 500m³，成功解决了船型设备厚板吸不透、薄板效率低的问题，一经投放市场受到广大生产企业一致好评，随着硅岩板的推广普及和销往全国各地，在业内占有很大比重。

3. 中空硫氧镁板

中空硫氧镁板（图 5.84）作为传统岩棉板、中空玻镁板及硅岩板的替代产品，是由镁质胶凝材料经物理发泡降密后，复合聚苯乙烯泡沫颗粒提高保温隔热性能，经平板生产线辊压成为 2.5cm 厚的瓦楞型板材，待自然养护固化后，经砂光、胶合、裁切等工序，制成的 5cm 厚板材。其综合性能优异，是目前市场上广受好评的新一代净化板材。

图 5.83　硅岩板

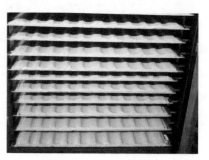
图 5.84　中空硫氧镁板

5.10.4　几种净化板芯材常见问题及分析

1. 中空玻镁板

中空玻镁板芯材主要以玻镁板加工而成，由于传统的生产工艺导致它在高湿度环境下极易出现返卤现象，即常说的玻镁板出现水珠返潮现象。因生产玻镁板的调和剂主要成分是 $MgCl_2$，Cl^- 吸湿性很强，在玻镁板制品受潮时，制品表面会出现黏性的潮渍，这些潮渍随潮气或湿度增大而增多，积聚形成"水珠"。

通过对玻镁板表面水珠成分分析，水珠中主要成分见表 5.14。

表 5.14　玻镁板表面水珠主要成分

成分	Cl^-	Mg^{2+}	K^+	Na^+
浓度 /（g/L）	40.13	13.73	12.24	4.16

根据国标 GB/T 15957 所述，大气环境中主要存在的腐蚀介质是二氧化硫和氯化物。玻镁板表面的水珠中 Cl⁻ 的浓度达到 40.13g/L，若长期处于高湿度环境下，玻镁板表面会形成大量水珠，含 Cl⁻ 的水珠长期对玻镁净化板中的彩钢面板侵蚀，造成大面积的腐蚀现象。

洁净室长期处于一定温湿度的环境下，玻镁板表面水珠中的 Cl⁻ 最先开始腐蚀与玻镁板相黏结的彩钢面板背面，日积月累，腐蚀现象将从彩钢面板背面延伸至外表面，最终呈现出净化板外表面腐蚀现象。

一般中空玻镁净化板出现锈蚀问题时，大都已经安装施工完成，相对无法补救，因此在生产过程中就要严格要求，选用合格原材料，合理制定生产配比等。下面就几个易出现问题的环节进行简单分析。

（1）轻烧氧化镁。

轻烧氧化镁的质量指标通常有活性氧化镁含量、烧失量、游离钙含量和细度等，活性氧化镁含量是有严格的控制范围的，含量过高或过低都会造成负面影响。

活性过低（一般低于 50%）时，固化速度慢，且大量的卤水过剩，大量的 Mg^{2+}、Cl^- 以游离的形式存在于制品中，造成制品吸潮返卤。

当活性过大（大于 70% 以上）时，水化时短时间内形成较多的 $Mg(OH)_2$ 胶体，会提高液相碱度，阻止氧化镁、氯化镁材料的正常反应，使氯化镁以 $MgCl_2 \cdot 6H_2O$ 形式存在，反而加剧制品的吸潮返卤。

冬季低温生产，往往会通过提高烧失量来使料浆加快反应。但烧失量超过 10% 的氧化镁与卤水拌和时，卤水会很快渗透到氧化镁内部，其用量要比烧失量适中的氧化镁所需卤水用量高得多，造成大量的游离氯化镁存在，从而造成制品吸潮返卤。

烧失量过低，通常低于 4% 以下时，这种氧化镁粉的内部结晶结构比较致密，用卤水拌和后，溶液不易渗透到结构内部，固化反应速度变慢，凝结硬化的时间延长，反应进行得不完全，制品中同样会有大量的游离氯化镁，导致制品吸潮返卤。

标准要求氧化镁细度要大于或等于 200 目。细度不合格，同样影响制品的化学反应产物及硬化速度，使制品化学反应进行得不充分，造成氯化镁过剩，引起制品吸潮返卤。

（2）氯化镁不合格造成的吸潮返卤。

由于氯化镁的产地、原料、生产技术、生产工艺等许多因素的影响，质量差别很大，部分产品普遍存在 KCl、NaCl 超标的现象。KCl、NaCl 是工业氯化镁中的有害成分，它们的吸湿性很强，又不参与化学反应，皆以游离的形式存在于制品当中，增加制品吸潮返卤的概率。

（3）生产配方不合理造成的吸潮返卤。

卤水浓度过高（超过 30°Bé）或过低（低于 23°Bé，极端情况下降到 18°Bé 以下）时，会使大量的 MgO 与 $MgCl_2$ 无法进行正常的水化反应，多余的组分以游离形式存在。目前，随着玻镁板厂家越来越多，竞争愈发激烈，各厂家为抢占市场大打价格战，盲目增加卤水用量，进而达到多加锯末及砂光废料的目的，从而降低生产成本。此方式会使制品中含有大量的自由水分，这些水分溶解了大量的氯化镁，当制品内部的水分向表面迁移，到达制品表面时，水分蒸发到空气中，使制品表面结露形成小水珠甚至大水珠、结晶，表现严重的吸潮返卤。

（4）养护措施不当。

玻镁板制品的养护必须具备三个条件，即温度、湿度和时间，这三个条件是相辅相成缺一不可的。玻镁板在硬化过程中有一定的湿度要求，若养护间湿度偏低、温度较高，则制品表面的水分因内部大量的反应热被带走，使制品表面来不及硬化，大量的 $MgCl_2$ 未参与反应并以游离的形式存在于制品内部及表面，从而造成吸潮返卤。

养护时间是所有镁质制品硬化的必然条件，没有足够的时间就无法产生足够的强度。制品中氧化镁与氯化镁若未充分进行化学反应，就会导致大量的游离氯化镁的存在，同样给制品埋下了吸潮返卤的隐患。

2. 硅岩板

（1）硅岩板在生产过程中无法完全渗透。

硅岩板是通过真空负压原理将无机防火料浆渗透到聚苯乙烯泡沫板泡沫颗粒间隙中，如果间隙过小，则料浆渗透阻力大，易出现吸不透现象。可通过调整聚苯乙烯泡沫板注塑成型过程中的气压和注压时间来控制颗粒间隙，即调整"生熟度"。

传统生产设备结构简单、做工粗糙、密封性差，传送皮带与挡板、真空吸附箱之间采用硬连接，随着时间推移磨损严重，孔隙越来越大，从而导致漏气泄压、真空吸力不足等问题。目前各地相继推行 65% 或 75% 的节能标准，板材越来越厚，吸力不足、吸不透的问题更加突出。建议在皮带与挡板、真空箱间加装橡胶条，提高密封性，减少摩擦带来的皮带损耗，延长使用寿命。

（2）硅岩板渗透后滴料。

聚苯乙烯泡沫板颗粒间隙过大时，渗透后阻力小，因重力作用，料浆在未初凝前流动滴落，使板材上下密度不一致，存在密度差，导致表面不平整，影响使用。因此基板在保证能完全渗透的前提下"能熟则熟"。

滴料还与轻烧氧化镁的质量有关，粉的活性差，则料浆的黏性差，固化速率慢，料浆进入基板内部后，在重力作用下滴落流出。

现在市面上流通的硅岩板竞争激烈，为保留合理利润空间，只能通过盲目增大水量，降低密度来实现。水量越大，相应的料浆黏度越低，料浆滴落现象越明显。因此可以通过配合使用固化剂，调节料浆的反应速率，加快初凝速率，增加料浆与泡沫颗粒的黏结强度，从而杜绝料浆滴落。

（3）硅岩板强度下降、粉化与析晶。

板材存放使用一定时间后，内部无机料强度下降、粉化，多是选购了质量不达标的轻烧氧化镁，在固化反应过程中没有形成硫氧镁水泥独有的稳定的"5·1·7"相，再加上改性不到位，随着时间推移，风吹日晒，其化学稳定性能降低，导致粉化。

表面起粉和有结晶体析出多是配比不当，盲目降低生产成本，过大的水灰比所致。特别是某些厂家为了掩盖自身设备吸力不足的缺陷，鼓吹"买设备送配方"，但其配比严重失调，水分过量，轻烧氧化镁未能与卤水（或硫酸镁溶液）充分反应生成结晶相，反而直接和水反应生成氢氧化镁，氢氧化镁随着水分的蒸发迁移到板材表面，形成粉末，严重时后期影响黏结强度，导致脱落。

结晶体析出是因为氯化镁、硫酸镁过量，反应不充分，在低温环境中过饱和，泛霜析晶。目前生产硫氧镁渗透板的方法多是现场溶解硫酸镁，但硫酸镁溶解时会大量吸热，溶液温度低，溶解效果差，分散不均匀，且低温不利于硫氧镁体系反应固化，造成板材强度低，同时硫酸镁后期还会结晶析出。建议提前配制溶液，沉化备用，为硫酸镁充分溶解升温提供时间，有条件的厂商可以建立养护间，保持一定的温度，使体系固化反应更充分。

3. 中空硫氧镁板

（1）吸潮返卤。

中空硫氧镁板虽然名义上叫作硫氧镁板，但实际上 80%~90% 以上的企业还是采用氯化镁当调和剂来生产，更有甚者采购当地来源不明的化工水来代替卤片配制的卤水。这些来源不明的化工水往往实际有效氯化镁含量偏低，同时富含一定量的其他杂质，虽说严格按照科学配比来生产，但难免会有氧化镁、氯化镁剩余，这些残留的氧化镁、氯化镁有游离形态存在于板材中，在遇到合适的温湿度时吸收空气中的水分，发生二次反应，从而引起返卤、开裂问题。

（2）强度低。

很多厂家为了追求利润最大化，盲目增加发泡比例及砂光废料的用量。合理的砂光废料用量在一定程度上可以起到调整反应速度、增加料浆黏度的作用，但如果无节制地添加反而会使反应速度变慢，强度下降。

同时，人们往往认为在整个中空硫氧镁板体系中，发泡的成本是最低的，毕竟稀释后的发泡液里面90%以上都是水，而且多发泡最直观的结果就是可以多出板，以最少的代价获得最大的收益何乐而不为，但往往因此得不偿失。多发泡会引入大量水分，变相降低卤水浓度，使得板材固化速度变慢，强度降低。在中空硫氧镁板中，最理想的比例为发泡料浆和聚苯乙烯泡沫颗粒各占一半，这样既保留了产品的保温隔音性能，又不会使产品强度损耗过大。

5.11 地暖模块

5.11.1 地暖优势

首先，地暖系统最突出的优点就是其加热梯度的合理性以及均匀性，采用地暖采暖效果令人体感觉更舒适。整个室内地板的均匀散热使得相对温差大大缩小，居室地表温度高于用户呼吸系统温度，尤其符合注重养生的中医学"热从头生，寒从足入"的理论，"暖人先暖脚"正是地暖的制胜法宝。另外，地暖对人体足底反射区具有良好的调理和护理作用，从而对身体内在机能产生积极影响。

其次，地暖系统有利于居室环境的维护和改善。对于传统水暖散热片来说，出水温度大都在70℃以上，非常容易产生灰尘团，这也是为什么暖气片附近的家具和墙壁往往容易发黑变脏，且很难清洁。而地暖就完全避免了这类问题，创造了清新、洁净、健康舒适的环境。

另外，地暖可合理节约居室空间、提升家居合理布局。细心的用户不难发现，传统散热器也许只有10多厘米的厚度，却导致几平方米的居室面积遭到浪费或正常使用受到影响，采用地暖方式，可以将对居室面积和家具摆放的影响缩小到最小限度。

5.11.2　地暖模块的现状

1. 欧洲市场

欧洲在 20 世纪就已经开始采用模块来铺装地暖了（图 5.85）。因标准化、工具化的施工理念，欧洲早已全面升级为模块式安装，采暖市场起步早成熟度高。

图 5.85　欧洲市场上采用地暖模块的房屋

2. 国内市场

地暖模块从欧洲传过来后，国内很多厂家开始做。但因技术、产量、生产线等限制，导致国内地暖模块市场的现状是价格差距大、使用者少、种类繁多、质量参差、施工无统一标准。目前国内大多采用挤塑板为基板的地暖模块，也有采用硅酸盐水泥为胶凝材料的地暖模块（图 5.86）。

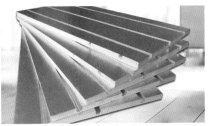

（a）　　　　　　　　　　　　　　（b）

图 5.86　国内常见的地暖模块

（a）挤塑板地暖模块；（b）硅酸盐水泥地暖模块

　　其中，挤塑板地暖模块结构是把挤塑板加工成模块尺寸，并加工出放水管的凹槽，在挤塑板开凹槽一端粘一层铝箔板，此形式的挤塑板保温效果好、导热系数低，最大缺点是不耐火，防火等级为 B 级，安全性差。

　　而对于硅酸盐水泥为基材的地暖模块，是以硅酸盐水泥为胶凝材料，添加泡沫颗粒降低密度，该方式得到的地暖模块质量大，虽防火但保温效果差，热损失大。

图 5.87　镁质地暖模块

　　为了解决以上存在的问题，MJT 创新设计以镁质胶凝材料为基材添加泡沫而制作的地暖模块，该地暖模块为预制沟槽式（图 5.87）。镁质胶凝材料相对于硅酸盐水泥要轻质高强，环保无污染；相对于挤塑板强度高、耐火，防火等级为 A 级，安全性高，再利用石墨烯传热片，导热效果好，热损失小；利用发泡降密又有隔热、吸音的特点。

5.11.3　镁质地暖模块的定义、组成及制作工艺

1. 定义及组成

　　地暖整体系统主要包括四部分：热源系统、管道系统、控制系统和保温系统，它们构成了一个完整的地暖系统，各自发挥着重要的作用，确保室内能够得到适宜的温度（图 5.88）。

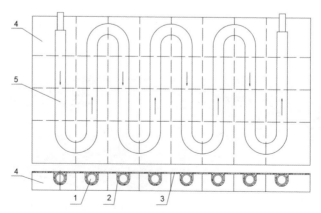

1—地暖模块；2—石墨烯传热片；3—基板；4—地暖模块组；5—地暖管。

图 5.88　镁质地暖模块结构

其中保温系统是为了维持室内的温度平衡，防止热量散失而设置的。而地暖模块是保温系统的主要组成部分，用以提高地暖系统整体的节能性和保温效果。

镁质地暖模块是利用轻烧氧化镁、调和剂（卤水或硫酸镁溶液）、改性剂、辅料粉煤灰，按照合理比例顺序加到搅拌机中均匀搅拌，再用发泡装置打出泡沫，添加到料浆中再均匀搅拌，灌注到模块模具中，固化成模块结构后，对表面进行处理后，再在凹槽装水管侧嵌入石墨烯传热片的新型地暖模块（专利名称：一种地暖结构；专利号：CN202320820876.5）。

2. 制作工艺

原材料：轻烧氧化镁、调和剂（卤水或硫酸镁）、发泡剂、改性剂、粉煤灰、短纤维等。

按照要求设计配比见表 5.15。

表 5.15　镁质地暖模块设计配比　　（单位：kg）

轻烧氧化镁	硫酸镁溶液	改性剂			粉煤灰	短纤维	发泡剂
		GX-15#	GX-13#	GX-16#			
100	120	1	1	1	20	0.5	0.5

称取各种材料，按照顺序将轻烧氧化镁与调和剂进行搅拌，添加改性剂和短纤维，搅拌均匀后添加粉煤灰，然后发泡机发泡打到搅拌机中均匀搅拌。

把搅拌好的料浆灌注到模块模具中。

固化成型，脱模修理。

把石墨烯传热片嵌到模块凹槽里。

5.11.4　地暖及建筑的未来发展

随着世界对碳达峰、碳中和要求越来越急迫，如何节约能源，减少碳排放，成为各国、各地区政府的普遍共识。MJT 设计了一种零碳排放的智能化防火保温地暖系统。本系统由太阳能发电发热保温板单元、能量转化单元、智能控制单元和地暖模块单元及外墙防火保温单元组成，将光伏太阳能板与外墙保温板结合为一体板，根据光生伏特效应原理，把太阳辐射能转化成电能，同时太阳能热水器把光能转化为热能，通过智能控制单元控制储水器内的水是否加热（或其他家用电器打开或关闭），把已加热的水输送到地暖模块单元的管路中，经过管道循环散热，室内达到设定温度，由智能控制单元控制系统确定是否继续加热。在夏季，智能控制单元可以控制空调制冷模式启动与关闭。另外，地暖模块单元和外墙保温单元均具有防火保温性能。整个系统采用防火保温节能建筑系统，实现零碳排放及智能控制（专利名称：一种安全型地暖模块；专利号：CN202320820872.7）。

5.12　门芯板

5.12.1　防火门的概念及作用

防火门通常是指设在楼梯走道、电梯间、电缆井、排烟道等一些封闭场所的门（图 5.89），是在一定时间内能满足耐火稳定性、隔热性，可以阻止火势蔓延及扩散，确保人员疏散，消防工作中必不可少的设备。

1. 防火门构成

防火门由门框、面板（内填充隔热材料）、防火五金配件、电磁门吸等部件组成。门扇通过合页连接形成，门上配置闭门器、防火锁，双扇门还加装暗插销（装在固定扇一侧）和顺位器，以防门扇中缝的搭叠。与常开防火门联动的有火灾探测器和火灾联动控制系统。

图 5.89　防火门

2. 防火门的分类

（1）按材质分类。

防火门按材质可以分为木质防火门、钢质防火门、钢木质防火门以及其他材质防火门。

（2）按耐火性能分类。

防火门基于耐火极限分为三种：甲级防火门（耐火极限≥1.5h），乙级防火门（耐火极限≥1h），丙级防火门（耐火极限≥0.5h）。

（3）防火门芯板的种类。

防火门芯板作为防火门主要的防火隔热填充材料，近几年不断升级换代：从最早的珍珠岩板、硅酸铝棉板到菱镁防火门芯板，再到石膏基门芯板、水泥门芯板、硫氧镁门芯板，不断发展，不断创新。

① 膨胀珍珠岩防火门芯板（expanded perlite core board of fire resistant doorset）是以膨胀珍珠岩为主要成分，掺加适量的黏结剂制成的用于填充在防火门内的板材（图 5.90）。早期的珍珠岩防火门芯板多采用水玻璃作为黏结剂，在使用过程中存在返碱锈蚀门皮现象；后来采用氧化镁和氯化镁混合料浆作为黏结剂，拌和膨胀珍珠岩，但在操作过程中不注重科学配比，采用粗放式生产工艺，稠了加水，稀了加粉，往往导致大量氯化镁剩余，吸潮返卤，锈蚀门板。为了综合利用珍珠岩防火、质轻的特点，将憎水处理后的膨胀珍珠岩作为辅材添加到镁质胶凝材料发泡料浆中，起到降低板材密度、增加整体耐火极限的效果。

② 膨胀蛭石防火门芯板（expanded vermiculite core board of fire resistant doorset）是以膨胀蛭石为主要原料，添加胶黏剂及其他改性剂压制成型的具有不燃防火保温性能的用于填充在防火门内的板材（图 5.91）。

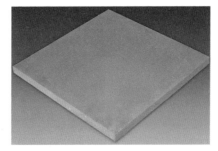

图 5.90　膨胀珍珠岩防火门芯板　　　图 5.91　膨胀蛭石防火门芯板

③ 泡沫混凝土防火门芯板（foamed concrete core board of fire resistant doorset）是用物理方法或化学方法将气泡加入到由水泥、掺合料、外加剂和水制成的料浆中，经混合搅拌、浇筑成型、养护制成的用于填充在防火门内的板材（图 5.92）。但在使用过程中发现，泡沫混凝土防火门芯密度过高、质脆，在切割运输过程中损耗大。

④ 菱镁防火门芯板（magnesite core board of fire resistant doorset）是以轻烧氧化镁、氯化镁或硫酸镁（或氯化镁与硫酸镁的混合物）与水的混合物为胶凝材料，通过添加增强材料、改性剂和泡沫剂，经过发泡、成型、养护制成的用于填充在防火门内的板材（图5.93）。

图 5.92　泡沫混凝土防火门芯板

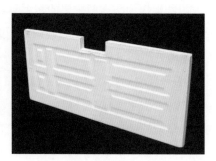
图 5.93　菱镁防火门芯板

⑤ 石墨防火门芯板（GEP core board of fire resistant doorset）是以硅、钙质矿物原料及黏结改性剂为主要无机胶结材料，复合膨胀石墨聚苯乙烯泡沫颗粒（又称为膨胀聚苯颗粒），辅以适量发泡、憎水等添加剂（不含氯化镁、氯氧镁），经加水混合搅拌、模具或设备压制成型、养护、加工等工艺而制成的用于建筑节能工程的具有良好防火性能的保温板材（图5.94）。

石墨匀质板作为近几年新兴的一种防火保温建材，被广泛应用在木质防火门夹芯中，在木质防火门行业开启了"填充工艺升级4.0"革命。

图 5.94　石墨防火门芯板

5.12.2　镁质防火门芯板生产工艺流程

镁质防火门芯板生产时，先将原材料进行混合，再掺入物理发泡泡沫并搅匀，根据生产形式的不同，采用辊压成型或浇筑成形工艺，门芯板养护成型后，还需要进行压平、砂光、切割、雕花处理，具体的生产工艺流程如图 5.95 所示。

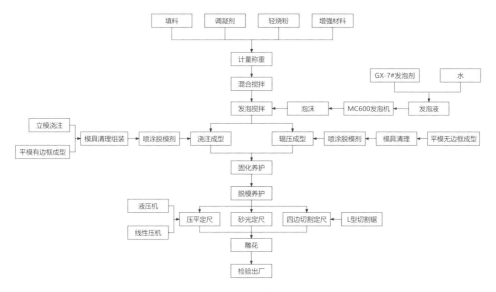

图 5.95　镁质防火门芯板生产工艺流程

5.12.3　镁质防火门芯板的性能

1. 耐火性能

防火门芯板的主要性能是耐火性。在火灾中，防火门芯板能够承受高温，阻止火势蔓延，为人员疏散提供宝贵的时间。根据不同国家和地区的标准，防火门芯板的耐火时间要求在一定范围内，如中国国家标准要求甲级防火门的耐火时间不少于1.5h。

2. 隔热性能

防火门芯板具有良好的隔热性能，能够有效地阻止热量传递，降低火灾发生时温度对门板的影响，从而保护门的结构和完整性。

3. 强度和稳定性

防火门芯板经过特殊处理，具有较高的强度和稳定性，能够承受门的正常开关和撞击，不易变形或损坏。

4. 环保性能

防火门芯板的主要材料是无机矿物质，对人体无害，且不会释放有毒气体。此外，防火门芯板的生产过程也较为环保，符合现代绿色建筑的要求。

5.13 镁钢耐火复合风管板

消防排烟管道工程主要有消防风管和排烟风管两部分，按高压系统材质选择，发生火灾时排烟系统和防烟系统启动，既能及时排除房间内的烟气和热量，还能向室内输送大量的新鲜空气（图 5.96）。消防排烟管道保温耐火材料，要具有良好的耐火、耐腐蚀、密封、耐久等性能，并且在燃烧时不能产生有毒气体，且无大量烟雾产生。

镁钢耐火复合风管板全称为硫氧镁无机胶凝复合彩钢覆面耐火性消防排烟管道，是消防排烟专用板，由单面或双面彩钢面层，硫氧镁板芯层复合而成（图 5.97）。它是一种绿色、环保的新型消防排烟产品。与其他类型的排烟风管相比，具有防火、耐火、防水、抗折、隔热、隔音、无毒、质轻、外形美观的特点，施工工艺简单，制作方便。目前，镁钢耐火复合风管板已成功应用于医院、学校、地下停车场、机场、地铁、隧道、高铁站、商业综合体以及国际会展中心等大型重点项目中。

图 5.96　消防排烟管道　　　　　　图 5.97　镁钢耐火复合风管板结构

结构中核心材料硫氧镁板是氧化镁、硫酸镁和水的三元体系，通过合理配比、改性，以上下两层玻璃纤维网格布为面增强材料，中间夹心层复合矿物掺合料、聚苯颗粒或珍珠岩、增强纤维，辅以轻微发泡，经机械辊压成型的板材。

5.13.1　产品特性

镁钢耐火复合风管板所用的基板为硫氧镁彩钢复合板，硫氧镁彩钢复合板用了硫氧镁板材与彩钢复合工艺，很好地满足了消防排烟风管的防火及耐火极限要求（图 5.98）。

图 5.98　硫氧镁彩钢复合板

1. 防火性能优异

镁钢耐火复合风管板由芯材和面层复合而成，芯材采用硫氧镁隔热板材（不燃性 A1 级），面层一般为彩钢，二者通过耐火胶黏结而成，使它具有良好的耐火性能。检测证明，它能耐受超过 1200℃的高温。8mm 镁钢耐火复合风管板耐火极限大于等于 1h，14mm 板耐火极限大于等于 2h，18mm 板耐火极限大于等于 3h。国家防火建筑材料质量监督检验中心测试结果显示，镁钢耐火复合风管板满足防火标准 GB 8624—2006、GB/T 20285—2006、GB/T 5464—2010 的要求。

2. 保温隔热性好

镁钢耐火复合风管板芯材使用憎水型珍珠岩和防火阻燃泡沫颗粒作为填充物，起到一定的隔热效果，耐火极限测试显示，当外部温度达到 1000℃以上时，风管内部温度恒定在 180℃以下。

3. 防腐防酸无毒

镁钢耐火复合风管板芯材是由硫氧镁胶凝材料复合无机矿物质材料组成，防腐蚀、防酸碱，保证在潮湿的地下室环境下风管不变形、不风化。

4. 优越性

彩钢与硫氧镁板复合，解决了目前消防排烟系统难题，传统的镀锌铁皮风管用作消防排烟系统耐火极限达不到 2h，并且镀锌钢板风管无消声性能，必须加装消声器。此外，镀锌铁皮管导热系数大，无保温隔热性能，需另外加裹保温层，不适合在空气潮湿性大的环境中使用，在此种环境中使用易腐蚀生锈。硫氧镁芯材与镀锌铁皮复合后，可完美地解决隔热、吸声、防火等问题。

5. 隔音和吸音性能

硫氧镁板芯材本身由多孔晶体结构组成，能吸收风管中的噪声，降低共振。

6. 抗折强度

硫氧镁板芯材与彩钢复合，既有彩钢的韧性，又有芯材的刚性，其结合完美体现出超强的抗折能力。

5.13.2 产品相关参数及用途

1. 硫氧镁板芯材产品参数

产品规格：1200mm × 2440（3000）mm × 8mm、10mm、14mm 或 20mm。

2. 镁钢耐火复合风管板技术参数

镁钢耐火复合风管板技术参数见表 5.16。

表 5.16 镁钢耐火复合风管板技术参数

名称	技术要求	产品参数
密度 /（kg/m³）	0.8~1.0	0.85
抗折强度 /MPa	≥10	21.1
抗返卤性	应无水珠、无返潮	无水珠、无返潮
氯离子含量 /%	≤10	0.2
软化系数 /%	浸水 7d，软化系数≥85	88
燃烧性能	A1 级	A1 级

5.13.3 硫氧镁风管板生产制作工艺

1. 生产工艺流程

生产工艺流程如图 5.99 所示。

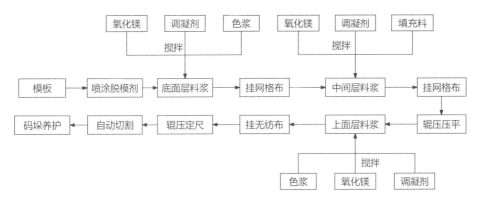

图 5.99　硫氧镁风管板生产工艺流程

硫氧镁风管板料浆参考配比见表 5.17。

表 5.17　料浆参考配比

轻烧氧化镁 / kg	硫酸镁溶液 （26°Bé）	滑石粉 / kg	粉碎料或 砂光粉 /kg	闭孔珍珠岩 / kg	EPS 颗粒 / kg	改性剂 / kg	发泡剂 / kg
250	300	100	50~60	12	6	2	0.5

2. 养护工艺

硫氧镁风管板养护阶段要设有两个养护房，分别为一级养护房和二级养护房。

（1）一级养护房内配有加温、排湿的装置及温湿度表，目的是板材在养护架上经 8~12h 存放，要养护至一定的强度及含水率（图 5.100）。脱模时板材底面不粘模板，脱模顺畅，板面干净无残渣。

养护房卷帘门处于封闭状态，经 4h 左右，养护房内温度可达 50℃以上，达到此温度后保持 1h，在此时间段内，板材硬化速度及结构强度快速提升。养护房内蒸汽接近饱和，湿度表显示接近 100%。然后，启动养护房顶棚排湿装置，大概历经 20min 左右，温湿度表的温度会降到 40℃左右，湿度会降到 70% 左右。然后关闭排湿装置，养护房继续

图 5.100　上架板材在养护房内

处于密封状态。3h后，再重复此操作一次。如此循环操作，目的是通过加温措施，在一级养护阶段使制品获得较好的结构强度，尽可能排出制品内的水分，减少二级养护的时间。

（2）二级养护房采用密封养护措施，养护房定期通风。脱模后的板材按5张一摞进行叠放，中间用扁平的三道木条均匀地间隔开（图5.101）。养护房卷帘门处于封闭状态，里面挂有温湿度表，地面上放置立式排风扇。硫氧镁板材在存放过程中，由于水化反应继续进行，结构强度不断上升，板材放热温度虽没有前期剧烈，但依

图 5.101　板与板木条间隔

然在激发放热。待养护房温度升至50℃，湿度达到90%时，打开排风扇，把湿气排出养护房。板材在二级养护房一般存放3d，到第三天时，摞放起热产生的温度可降低到40℃以内。说明板材前期快速水化反应的阶段已经结束，结构强度达到最终强度的80%左右，含水率已接近13%。

5.13.4　硫氧镁保温风管板切割

经3d养护后，硫氧镁板可按批次转移到厂房内存放、养护，通常在10~38℃的车间环境温度下，存放7~10d即可切割（图5.102）。切割后的板材边缘整齐、无毛刺。通过调节生产线上下压辊间距可生产不同厚度的板材，例如8mm、10mm、14mm；通过调换模板尺寸，可用于生产不同长度的板材，例如2440mm、3000mm。

图 5.102　硫氧镁板成品存放——车间一角

5.13.5　镁钢耐火复合风管的制作步骤

镁钢耐火复合风管是一种采用钢板和硫氧镁板材制作的防火风管，主要包括以

下几个制作步骤。

1. 材料准备

（1）钢面处理。

对镀锌钢板钢面进行处理，包括清洗、除锈、涂漆等，以保证其表面光滑、平整、无锈蚀。钢板用于增强风管的承载力。

（2）硫氧镁板材处理。

对板材进行处理，包括烘干（控制板材含水率）、板材裁切、除尘等，经过切割后的镁质板表面必须光滑，不得有明显的划痕或疤痕。镁质板加工后进行钻孔、弯曲、压边等处理。硫氧镁板材用于提高耐火隔热性能。

2. 黏结组装

将硫氧镁板材和钢板用专用胶水进行黏合。黏合时，要注意胶水的适用温度和黏结时的压力。并将黏合好的镁钢板材按照设计的方案一一组装，用角铁将它们连接，使用铆钉、螺栓等连接件进行固定。组装时要注意缝隙处理和尺寸调整。

3. 后处理

（1）收口。

风管的口边需要进行处理，将边缘收口并预留接口，后期安装时可以方便地拼接（图 5.103）。

图 5.103　收口

（2）防火。

对组装好的风管进行防火处理，包括涂刷防火涂料、包覆防火材料等，以保证其防火性能。

（3）焊接。

对组装好的风管进行焊接处理，以保证其结构稳定、密封性好。

（4）检验。

对制作好的镁钢耐火复合风管进行质量检查，确保符合设计要求和相关标准。

以上是镁钢耐火复合风管的制作工艺流程，镁钢耐火复合风管是一种性能稳定、安全可靠的风管，在工业领域应用广泛。制作时需要把好质量关，确保制作出来的产品能够满足标准要求。

5.13.6　常见问题及解决方法

1. 板材强度不够，脆性大

（1）原因。

① 原材料氧化镁、七水硫酸镁、玻璃纤维网格布，没有把好质量关。氧化镁存在活性含量低、烧失量偏大或偏小的问题等。硫酸镁是农业级或废酸做的，质量较差。玻璃纤维网格布克重低、经纬丝单薄、网孔大，面增强效果有限。

② 配方、配料不合理，一味追求低成本，加入了太多粉碎料、吸水性较强的珍珠岩或玻化微珠、超低克重的聚苯颗粒及引入了过多的发泡泡沫降密、填充。

③ 没有选择合适的改性剂进行硫氧镁改性处理，单一的化工原料或不科学的助剂起不到良好的改性功能。

④ 养护房养护阶段不太重视或不懂得如何去做。

（2）解决办法。

① 要有科学的原材料检测手段，选用规格合格的氧化镁和硫酸镁，不同于氯化镁板材，硫酸镁板材对氧化镁的质量要求更高。好的氧化镁与硫酸镁是保证产品质量的前提条件。

② 配比要科学合理，各物料掺量要微调到稳定的比例，避免每一批次配制出来料浆的状态不一，导致产品参差不齐。

③ 改性剂的添加要具有提高制品结构强度、韧性；早期缓凝，平衡均匀硬化，

提高制品耐水性及防止制品收缩、开裂，优化晶体结构的作用。改性剂的诞生是经过实验室大量的实验、数据的分析，结合现场生产制品情况，不断优化、改良出来的，要具备科学性、合理性。

④ 要重视科学合理布局养护房建设，建议设两个养护房，分一级养护房和二级养护房。通过养护房加温、排湿的方式，让板材发育强度有明显提升，有效控制制品含水率。

2. 板材表面泛碱、泛霜

（1）原因。

氧化镁与硫酸镁溶液反应不充分，导致氧化镁与硫酸镁同时残余、过剩，就会在板材表面形成霜层（图 5.104），严重时板面还有长毛现象。

图 5.104　硫氧镁板表面霜层

（2）解决办法。

除了在问题 1 解答办法中讲的，选择合格的原材料、配比、配方，改性处理及养护房养护；MJT 经长期现场指导客户发现，硫酸镁溶液的温度、浓度及使用时水溶液中残留有未溶解的硫酸镁晶体颗粒，都会造成硫氧镁料浆固化反应不彻底，硫酸镁结晶析出，出现泛碱、泛霜。现结合着当时改良后的成功案例，以作说明。

配制硫酸镁溶液要有三个池子。第一个池子，用于兑水搅拌成硫酸镁溶液，此池子内硫酸镁溶液浓度要高于生产所需浓度，刚溶解出来的溶液，温度为 1℃，接近冰点，硫酸镁溶液要沉化备用，可作为沉淀池。第二个池子，将沉淀好的硫酸镁溶液的上清液泵送至第二个池子，然后加水、充分搅拌，调至生产所需浓度。第三个池子，可以用半透明的塑料罐取代。将第二个池子调配好的溶液经泵送到塑料罐内，塑料罐在厂房内，以靠近生产线为宜。然后在塑料罐底部通入压缩空气，带有常温的气流在溶液中翻滚、冒泡，将溶液由冰冷调至近似车间温度的状态，这样既加温了硫酸镁溶液又使备用溶液混合更均匀。经这三步处理，氧化镁能与硫酸镁溶液更好地结合，避免了后期硫氧镁制品泛碱、泛霜的问题。

5.14　硫氧镁防火板

新型建筑材料是建材工业的重要组成部分，是建材工业中的新兴产业。硫氧镁防火板绿色环保、无甲醛释放、轻质高强、A 级防火、防腐防潮、可加工性能好、使用寿命长，满足了建筑装饰与防火安全的双重需要，在建筑和装饰装修领域应用越来越广泛（图 5.105）。

图 5.105　硫氧镁防火板拼接制作的托盘

硫氧镁防火板是氧化镁、硫酸镁和水的三元体系，通过合理配比、改性，以纤维丝调节韧性度，铺放纤维网格布为板面增强材料，内掺复合植物纤维和矿物掺合料，经机械设备辊压成型的板材。其特有的物理和化学性能，让防火板具有防火防水、质轻高强、抗弯承重，强度高，在以上基础上可任意开槽、卡式组合、开孔刨锯、钉锤自如，加工快捷，完全满足深加工和工业制品多方面功能需求。

5.14.1　硫氧镁防火板生产制作工艺

1. 原材料

原材料包括轻烧氧化镁、硫酸镁、滑石粉、重钙粉、粉碎料或砂光粉、锯末、纤维丝、改性剂、发泡剂等。

2. 配料参考配方

以较低的生产环境温度（8~15℃），配料参考配比见表 5.18。

表 5.18　料浆的配比

（单位：kg）

轻烧氧化镁	硫酸镁溶液 28°Bé	滑石粉（单独做面层所需）	粉碎料或砂光粉	重钙粉	锯末	纤维丝	改性剂		发泡剂
							A：硫氧镁改性剂	B：促凝固化粉	
300	390	100	90~100	120	90~100	0.5	2.4	6~9	0.5

3. 基本成型工艺

硫氧镁防火板采用平模流水线设备生产制成，设备架构中搅拌系统通常有三套。前面一套用于搅拌、配制面层料浆。可以根据板材要求，面层料浆中内掺颜料制作成铁红色、黄色、黑灰色等装饰板材。中间一套为主料配制，是配料方案中的主要部分。最后一套作为板材背面铺浆，做常规板材时一般用不到。主要用于防火板砂光板材，板材上下面砂光，做双面覆膜装饰板。

（1）成型工艺。

通过调节生产线上下压辊间距可生产不同厚度的板材，例如 5mm、8mm、10mm、12mm 等；通过调换模板尺寸，可用于生产不同规格的板材，例如 1220mm × 2440mm、1220mm × 3000mm 等。

（2）硫氧镁防火板脱模及养护工艺、切割工艺，见 5.13 节镁钢耐火复合风管板所述。

5.14.2　硫氧镁防火板用途

根据深加工各方面参数要求，经过大量的物理化学性能测试和各类工艺覆贴实验，基材可用于制作以下产品。

1. 镁质防火装饰板

通过对硫氧镁质板进行烘干、双面砂光处理，可以热压复合三聚氰胺面，制作上千种花色装饰板（图 5.106）。

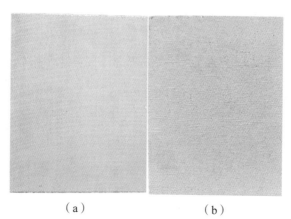

（a） （b）

图 5.106 硫氧镁板

（a）光亮底面；（b）砂光面

三聚氰胺贴面镁质板是将不同颜色或纹理的纸放入三聚氰胺树脂胶黏剂中浸泡，然后干燥到一定的固化程度，将其铺装在硫氧镁砂光板上，经热压而形成的一种镁质装饰板材（图 5.107）。其色泽鲜明、硬度大、耐磨、耐热性好，同时具备天然木材所不能兼备的优异功能，常用于大型商场、宾馆、别墅及家庭装饰、装修等。

图 5.107 镁质装饰板材

2. 家装领域（橱柜、衣柜）

家装领域的板材要求是绿色环保、零甲醛释放的。该板材是由木质生态板双面复合镁质防火板为衬底，然后在双面防火板上热压复合防火皮而成（图 5.108）。其具有防火、抗渗透、易清洁、效果逼真、表面平整光滑、绿色环保等优点。

在拼装制作工艺中，木质生态板双面复合镁质防火板采用热压胶合的方式，以硫氧镁水泥作为胶凝材料，通过改性处理，然后内掺水溶性树脂搅拌复合而成，通过高压热固定型的方式组合成防火复合板材。最后，在防火复合板材的双面热压复合防火皮。

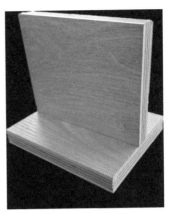

图 5.108　家装衣柜板材

防火皮是由酚醛树脂胶、进口的牛皮纸以及装饰色纸经高温高压压制而成的一款表面装饰材料，它的表面有各种各样的纹理色彩，可以仿木纹、石头纹，种类多种多样，是一款目前最流行的表面装饰材料。

3. 仿木地板

镁质板材可加工制作仿木地板，是由镁质板材、饰面层、保护层和连接系统组成（图 5.109）。镁质板材采用砂光板，饰面层是仿木地板外层的表面，印刷纸上印有木纹或石纹等图案，然后通过热压技术将其与镁质砂光板结合。保护层是一层透明的塑料涂层，可以保护地板表面不被划伤或磨损。连接系统是指在镁质砂光板侧面进行开槽，两张板材进行卡式组合（图 5.110）。

图 5.109　镁质仿木地板

图 5.110　镁质砂光板卡式组合

仿木地板的优点在于它具有非常类似于传统木地板的外观，但却具有更强的耐用性，易于维护，不容易受潮变形等特点。

4. 硫氧镁集装箱地板

硫氧镁集装箱地板是一种新型防火、防水、高强、无污染而且专用于活动板房、出租屋、临时工棚的地板材料。产品由氧化镁、优质硫酸镁、中碱玻璃纤维网格布、植物纤维、不燃质轻的闭孔珍珠岩、矿粉、板材粉碎料、改性剂，辅以轻微发泡，经科学配比生产，并按照科学成熟的养护工艺制作而成。

硫氧镁集装箱地板在生产制作过程中，面层料浆通过改性处理，并且刻意添加水溶性树脂这种增亮、成膜物质后，面层板面更加油量、有光泽。对于内掺色浆的装饰板材，可以展现出持久的鲜艳颜色，不褪色、不发花（图 5.111）。

硫氧镁集装箱地板 A 级防火、耐水耐潮、表面硬度好、耐磨程度高、承载力强（悬空放置，中间 1.5m 下无支撑，承重 150kg 不折断），且不滋生细菌、环保无毒害，内掺色浆的装饰板材可以免刷油漆直接使用，施工简便，加工性能好。

在应用领域，镁质板材除热压三聚氰胺、压贴防火皮、面层内掺色浆做装饰，还可以通过 PET 复合、包覆 PVC 工艺、生产防火家具、吸音板、MGO 装饰地板、装配式建筑材料、电气设备热层板等（图 5.112）。

图 5.111　硫氧镁釉面集装箱地板　　图 5.112　硫氧镁地板条（宽 30cm）

5.14.3　性能优势

1. 防火防潮和耐冻融性能

硫氧镁防火板有良好的防火性能，是不燃板材，火焰持续燃烧时间为零，800℃不燃烧，1200℃无火苗，达到防火不燃级别 A1 级。硫氧镁防火板与优良的龙骨所构成的隔断系统，耐火极限达到 3h 以上。

硫氧镁水泥 5·1·7 相在水中溶解度为 0.034g/100g 水（石膏为 0.205；铝酸盐水泥为 0.029；硅酸盐水泥 CSH（C/S=1.5）为 0.084），其抗水性远优于石膏，相当于水泥制品。在干冷和潮湿天气，硫氧镁防火板性能始终稳固如一，不受凝结水珠和潮湿空气的影响，即使放在水中浸泡数日取出后自然风干，不会变形、变软，可以正常使用，经国家建筑材料测试中心检验无水珠、无返潮。

硫氧镁防火板抗冻融方面也非常出色，冻融 100 次强度保留率大于 70%，表面无龟裂、粉化、起皮现象。

2. 强度高

硫氧镁防火板质量虽轻，但结构紧密，稳定性好，不变形，具有木材般的韧性，在抗冲击、抗压、抗拉和抗断性能上表现出色，刚柔并重。硫氧镁防火板抗折强度大于 8MPa，抗压强度可达 90MPa，抗冲击强度大于 34MPa，抗弯强度到 322kgf/cm^2（垂直）和 216kgf/cm^2（水平），干缩率低至 0.3%，湿涨率为 0.6%。

3. 优良的建筑热工性能

硫氧镁防火板具有优良的储热能力，蓄热系数 S=2.20W/（m^2·K）（金属铁为 112.1W/（m^2·K），木材为 4.9W/（m^2·K））是调节室温的节能材料。硫氧镁防火板导热系数为 0.15~0.29W/（m·K）（混凝土为 1.28W/（m·K）；建筑砖为 0.69W/（m·K）；玻璃为 1.09W/（m·K）），镁制品是传热低的材料，具有极好的隔热性；优于水泥和石膏制品的热容性能，其热容值为 1000J/（kg·K）；因此隔热性能远优于水泥和石膏制品。

4. 环保健康

硫氧镁防火板不含石棉，无甲醛、苯及放射性元素，遇火无烟、无毒、无异味。生产所用的材料为天然的矿粉和植物纤维，同时能消耗工业排放的固废物（废渣、粉煤灰、石粉、矿渣、炉渣、工业垃圾等和农林业加工副产物木屑、植物秸秆等），是废弃物综合利用的好材料。生产过程自然养护，耗能少，无排污物，节能环保，使用时板面不会掉粉，其独特的自然细孔结构能够调节室内温度，使居家和办公更加舒适。

5. 防虫防霉

硫氧镁防火板具有防霉、防菌、防虫和防白蚁的功能，符合欧美国家建材防霉标准。

6. 经济实惠

硫氧镁防火板，质量稳定可靠，性价比高，质轻高强，加工性能优越，韧性优越，不易断裂，安装方便。

5.15　高压挤出热固生态板

我国农村地区秸秆焚烧问题由来已久，秸秆焚烧给人们的生活和经济的正常运行带来了严重的困扰，已经成为社会的一大顽疾。针对各地频频发生的秸秆焚烧现象，政府出台禁烧措施，但收效甚微。

为减轻环境污染，保护生态环境，开发利用农作物秸秆尤为重要。镁质植物纤维生态板是一种绿色、环保的新型建筑装饰板材，它的结构组成以改性硫氧镁水泥作为胶凝材料，大量掺加复合破碎的农作物秸秆、稻草、锯末等，通过特种成型设备加热、加压挤压而成（图5.113）。通过此工艺技术生产的生态板密实度高、结构强度好、尺寸稳定性优越、防虫蛀、零甲醛释放、可加工性能好，废物可重新利用，保护了生态环境。该板将是国家极力倡导的利国利民的好项目。

图 5.113　镁质植物纤维生态板

高压挤出热固法是指在加压并加热的状态下，使板坯中的各组成物紧密接触并促使镁质胶凝材料固结聚合，达到材料所要求的性能。热压的要素为热压温度、单位压力和加压时间。将胶凝材料氧化镁与人造板的碎料（木质纤维或秸秆、稻草等废弃物）进行充分预混，然后加入定量的硫酸镁溶液与 MJT 系列改性剂，经搅拌混合后再进入捏合机混炼形成塑性料（塑性指数 10≤Ip≤17），经给料系统均匀地进入挤压机内，在热压温度 100℃，2000t 压机的强力压合下，把塑性料压缩成设定厚度的板材。比如，塑性料摊铺状态是 5cm，经挤压后变成 1cm 的薄板。通过连续上架，统一压合的方式，可批量生产生态板材。在挤压装置中若安排装饰压花板还可得到具有立体感的装饰板材。

5.15.1　镁质生态板生产工艺

镁质生态板组成成分中 90% 以上是秸秆、稻草、锯末等植物纤维。这些植物纤维破碎处理完要进行烘干处理，确保含水率在 8% 以内。硫氧镁胶凝材料与秸秆等粉碎料混成半干状态，然后经热压复合的装置压制成高密度板材，密度在 $1300\sim1400kg/m^3$。

（1）将胶凝材料氧化镁与人造板的碎料（木质纤维或秸秆、稻草等废弃物）在干粉混料机内进行充分预混，混合均匀。

（2）配制硫酸镁溶液，计量好的 GX 系列改性剂逐次加入硫酸镁溶液中，搅拌均匀。

（3）将混合好的氧化镁和植物纤维复合料通过传送带进入捏合机，启动设备搅动，然后加入硫酸镁母液进行充分混炼，捏合形成塑性料。

（4）混合好的塑性料经给料系统均匀地运送到平板流水线进行分摊放料。由梳理圆辊控制出料板材厚度，一般为 5cm 左右。

（5）摊铺、梳理完的塑性料经平模流水线传送至热压合机。

（6）高压挤出热固机流程上是采用逐层上架、热压的方式，把进入框架的塑性料压制成密实的板材，通常厚度 5cm 左右的塑性料可压制为 1cm 厚（图 5.114）。

（7）热压定性阶段耗时约 15~20min，然后传送设备把板材运输至存放区进行散热、排湿。

（8）晾放后的板材，进行码垛存放。2~3d 后即可切割、打包，如图 5.115 所示。

图 5.114　5cm 厚度的板材　　　　图 5.115　压合后打包的 1cm 厚度板材

5.15.2　高压挤出热固工艺的关键要素

（1）通常热压温度越高，镁质胶凝材料的固化凝聚速度也就越快，加压时间可相应地缩短，生产效率也就越高，生产成本也可进一步降低。DSC/TG 曲线对硫氧镁 5·1·7 相的分析结果显示，5·1·7 相在 131℃时会失去 4 个结晶水，形成强度较差的 5·1·3 相。在以硫氧镁为镁质生态板的胶凝材料时，为兼顾强度、防火性能以及生产效率，宜将加热温度控制在 90~100℃。

（2）单位压力与板材的容重息息相关，单位压力越大，板材的容重就越大，达到规定厚度的时间就越短，一般单位压力可以采用 15~22kg/cm² 为宜，如生产尺寸 1300mm×3000mm 的板材，应选择不低于 1000t 的压机。生产者可根据所生产要求的压合比例和板材容重而定。

（3）热压时间对板材质量（如板厚度、容重、表面质量和固结强度）的影响较大，适宜的加压时间也就是硫氧镁的凝固程度相当，水分汽化恰当，板材在高温热压板时，其含水率一般在（10±2）%，而且板材离开压机时应有足够的强度，板体不分层，不开裂。加压时间不足，不能使镁质胶凝材料充分固化，从而使板材强度降低，如板坯水分含量过高，降压时还会出现分层放炮现象，且制成的板材在大气平衡过程中，易因大量溢出水分而发生翘曲变形。

5.15.3　镁质生态板特点和优势

1. 成本低，变废为宝

热压镁质生态板配料方案中 90% 以上是秸秆、稻草、锯末等植物纤维，综合利用工农业废物是绿色环保产品。原料就近取材，经粗加工后就可使用，在废物得到充分利用的同时，大大降低了板材造价成本。

2. 成型速度快，后期养护周期短

此板材成型过程中采用热压的方式，大大加快了硬化体的成型速度，经上热压装置到下架成为可抬放的一体化板材，仅需 15~20min，完全不同于传统镁质板材需要 12h 左右的养护时间才能脱模的现实情况，有效提高了生产效率。并且此工艺技术下架的板材，自身含水率低，含水率通常在 13% 左右。板体表面散发着热气，经与空气接触，更有利于排除里面过剩的水分，经 2~3d 厂内养护存放后，即可切割、打包，待出厂。

3. 板材平整，密实度高

经强大的压力压缩定型的板材，所有的混合物都被密实地挤压在了一起，板面平整度高、抗弯曲性能好、密实度高，真正达到了仿木的视觉效果。

高压挤出热固工艺生产镁质生态板是一种科学、合理、高效的现代化新技术，采用科技的手段将固废物回收利用、变废为宝，既创造了经济价值又降低了环保负担，利国又利民，值得大力推广和应用。

5.16　隧道防火保护板

隧道和地下运输设施是非常重要的交通手段，隧道火灾是一种危及人类生命的主要灾源之一。所以，要有效对隧道进行防火保护，就要对隧道的防火设计提出更高要求，必须考虑全面的安全措施，并使各项措施做到有机的互补和协调。

隧道防火保护板（泄爆板）通常是指对隧道混凝土结构进行防火保护的新型环保板材（图 5.116）。主要目的是火灾时将隧道混凝土结构保护起来，达到隧道发生火灾时水泥不炸裂，隧道结构不被破坏的目的。国内采用顶部防火保护板材，种类较多，但主要以玻镁板和硅酸钙板为主，本书仅介绍玻镁板所制的隧道防火保护板。其中玻镁板又名镁质板，即以氧化镁和调和剂（卤水或硫酸镁溶液等）为主料，配以石英砂、植物纤维等辅料，添加一定比例的 GX 系列改性剂，搅拌成料浆，以相应设备边倒料浆边铺网格玻纤布（和无纺布等），经切割、养护、固化成型而得。

图 5.116　安装防火保护板的隧道

其特点为高强、防腐、耐候、环保、寿命长、无污染、无虫蛀、防火等级为 A1 级等，可以满足不同类型建筑的需要，执行标准为《隧道防火保护板》GB 28376—2012。

5.16.1　分类

隧道防火保护板固定安装在公路和城市交通隧道的混凝土结构表面，能提高隧道结构耐火极限的防火保护板。

1. 根据材料形式分

（1）单一隧道防火保护板，是由单一匀质材料构成的隧道防火保护板（图 5.117）。

（2）复合隧道防火保护板，是由两种或两种以上材料（含装饰面板）复合而成的隧道防火保护板（图 5.118）。

2. 按保护部位分

（1）隧道顶部防火保护板；

（2）隧道侧墙防火保护板。

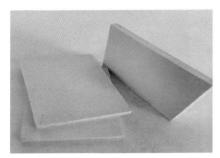
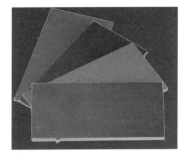

图 5.117　单一隧道防火保护板　　　　图 5.118　复合隧道防火保护板

3. 按耐火试验升温曲线分

（1）BZ 类：按 GB/T 9978.1 规定的标准升温曲线进行升温和测量的隧道防火保护板（适用于四类隧道耐火 2.0h）；

（2）HC 类：按 GA/T 714—2007 规定的 HC 升温曲线进行升温和测量的隧道防火保护板（适用于三类隧道耐火 2.0h）；

（3）RABT 类：按 GA/T 714—2007 规定的 RABT 升温曲线进行升温和测量的隧道防火保护板（适用于一类、二类隧道耐火 3.83h、3.3h）。

5.16.2　发展前景

隧道防火保护板技术一直在不断发展，以提升隧道的安全性及其他功能。本节简介最新的几种产品。

隧道防火装饰板是在传统隧道防火保护板基础上增加了装饰功能，刚性基材与柔性饰面完美结合，具有更好的力学和结构特性，常见为无机预涂板和钢镁板。

（1）无机预涂板，又称"隧道装饰板"，以镁质胶凝材料板为基材，经表面处理、氟碳涂装等精细深加工而成的，可直接安装，不需表面处理的装饰板材，产品使用寿命可达 25 年以上，适用于隧道内护围等装饰（图 5.119）。

（2）钢镁板是以镁质胶凝材料板为基材，将辊涂有高耐候性氟碳漆或无机磁漆的高性能铝板与其有机结合，辅以高温加压、静压养护等工艺制作而成（图 5.120）。产品化学性能稳定，使用寿命可达 20 年以上。主要应用于城市轨道交通站台、城市隧道等。

图 5.119　无机预涂板

图 5.120　钢镁板

5.16.3　常见问题及解析

1. 翘曲变形

一般的防火板幅面大、厚度小，产生的绝对变形大，在施工中板材拼接处拉缝和在大面上产生翘曲鼓凹现象。

处理方法：防火板成型后，必须放置在一定的温度、湿度，以及充分养护时间的环境内。根据实际生产环境温度，在检测原材料质量合格的前提下，加入适量GX 系列改性剂加以提高。

2. 脆化

因生产质量不过关，有的厂家做的防火板刚生产出来在短时间内拥有优良的韧性，可将整片的薄板卷成筒状，但随着放置时间的延长，板材逐渐变脆，易断裂。

处理过程中要掌握一定的理论知识，从以下方面进行分析。

（1）分析所用的原材料是否满足要求：若氧化镁活性偏低，会影响板材的强度；或含氧化钙过量，会导致板材脆性大；所加的玻纤布若为高碱性则前期强度较好，后期强度衰减大；填充辅料锯末是否过少，所加的石英砂等是否过量，以上都是需要考虑的问题。

（2）氧化镁和调和剂配比是否科学：摩尔比偏大，氧化镁量过多，板材硬度好，但脆性大。

（3）是否加匹配的改性剂：料浆中添加 GX-12# 改性剂，可以增加韧性，也是非常重要的一环。

（4）养护工艺能否达到要求：养护工艺可参考本书养护工艺一节。

5.17　大模内置保温系统

5.17.1　定义

将镁质渗透（或匀质）保温板置于外模板内侧，以现浇混凝土外墙作为基层，镁质渗透（或匀质）保温板内表面与混凝土现浇成型后结合成一体，再在镁质渗透（或匀质）保温板外侧做保温砂浆找平层、抹面胶浆复合玻纤网抗裂层、饰面层形成的外墙外保温系统，简称镁质大模内置保温系统。

5.17.2　镁质大模内置保温系统

镁质大模内置保温系统性能要求见表 5.19。

表 5.19　大模内置保温系统性能要求

项目		单位	性能指标 涂装饰面		试验方法
耐候性	外观		无可见裂缝，无粉化、空鼓、剥落现象		
	抹面材料至保温层拉伸黏结强度	MPa	≥0.15	破坏部位应位于保温层内	
抗冲击性	二层及以上		3J 级		
	首层		10J 级		
耐冻融性能			寒冷地区 30 次冻融循环后系统无空鼓、脱落，无渗水裂缝；严寒地区 50 次冻融循环后系统无空鼓、脱落，无渗水裂缝		JGJ 144
		MPa	保护层与保温层的拉伸黏结强度不小于 0.1MPa，破坏部位应位于保温层		
热阻			复合墙体热阻符合设计要求		
抹面层不透水性			2h 不透水		
保护层水蒸气渗透阻			符合设计要求		
吸水量			水中浸泡 1h，只带有抹面层和带有全部保护层的系统的吸水量均不得大于或等于 $500g/m^2$		

5.17.3 保温板材质种类

镁质大模内置保温系统保温板以模塑聚苯乙烯板（EPS）、挤塑聚苯乙烯板（XPS）、改性聚氨酯硬泡板（PIR）、石墨聚苯乙烯板、热固复合聚苯乙烯保温板渗透型及压制型（图5.121）等作为保温材料的构造层。

图 5.121　匀质型大模内置保温板

5.17.4 保温板参数要求

（1）保温板压缩强度应不小于0.20MPa，垂直于板面方向的抗拉强度应不小于0.15MPa。保温板燃烧性能应符合《建筑材料及制品燃烧性能分级》GB 8624—2012要求不低于B1级。密度、导热系数、吸水率、尺寸稳定性等应符合相关标准要求。

（2）保温板的规格尺寸允许偏差应符合表5.20的规定。

表 5.20　保温板的规格尺寸允许偏差　　　　（单位：mm）

长度	厚度	高度	平整度	对角线长度
±1.0	±1.0	±1.0	±1.0	±1.0

（3）保温板及防火隔离带的燕尾槽及企口规格尺寸见表5.21的规定，保温板示意图如图5.122所示。

表 5.21　保温板及防火隔离带的燕尾槽、企口规格尺寸　　　　（单位：mm）

企口槽			燕尾槽			
宽度	深度	间距	上口宽度	下口宽度	深度	间距
15	15	20	10	15	10	≤50

注：企口宜为双企口；两面燕尾槽应错位居中布置。

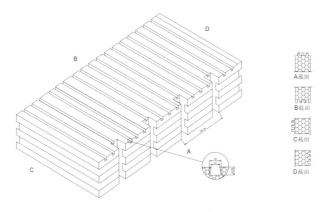

图 5.122　保温板示意图

采用镁质渗透板或匀质板当大模内置保温芯材的，多将板材生产加工成 1200mm×600mm 的标准板材，养护成型后用双企口六面开槽机（图 5.123）进行开槽。

图 5.123　双企口六面开槽机

（4）防火隔离带应采用无机防火材料，其性能指标见表 5.22 的规定。

表 5.22　防火隔离带性能指标

序号	项　目	单位	指标	试验方法
1	表观密度	kg/m²	≥90	GB/T 5486
2	抗压强度	MPa	≥0.15	
3	导热系数	W/(m·K)	≤0.046	GB/T 10294
4	垂直于表面的抗拉强度	MPa	≥0.10	GB/T 30804
5	燃烧性能	—	A 级	GB 8624

（5）锚栓性能应符合现行行业标准《外墙保温用锚栓》JG/T 366 的规定，锚栓的抗拉承载力标准值大于或等于 0.60kN，锚栓圆盘的抗拉拔力标准值大于或等于 0.50kN。限位专用连接桥锚盘的抗拉拔力标准值大于或等于 0.50kN，锚盘面积不小于 0.0025m²，其他性能符合相关标准要求。限位专用连接桥如图 5.124 所示。

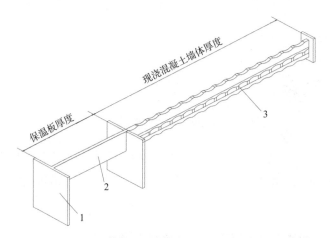

1—锚盘；2—连接插片；3—连接杆。

图 5.124　限位专用连接桥示意图

5.17.5　注意事项

（1）镁质大模内置保温系统外立面抹面砂浆厚度不宜大于 15mm。

（2）当大模内置保温系统采用燃烧性能等级 B 级的保温材料时，首层防护层厚度不应小于 15mm，其他防护层厚度不应小于 5mm 且不宜大于 6mm，并应在大模内置保温系统中每层设置水平防火隔离带。防火隔离带的设计与施工应符合国家现行标准《建筑设计防火规范》GB 50016 和《建筑外墙外保温防火隔离带技术规程》JGJ 289 的规定。

（3）保温板的实际厚度为设计厚度与单侧燕尾槽深度的总和。

（4）镁质大模内置保温系统饰面层宜采用浅色涂料、饰面砂浆等轻质材料。

5.17.6　系统构造设计和技术要求

（1）镁质大模内置保温系统构造图如图 5.125 所示。

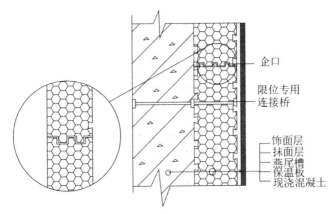

企口

限位专用
连接桥

饰面层
抹面层
燕尾槽
保温板
现浇混凝土

图 5.125　镁质大模内置保温系统构造图

（2）保温板设计安装宜从阳角部位开始，水平向阴角方向铺放。阴阳角构造设计如图 5.126 和图 5.127 所示。

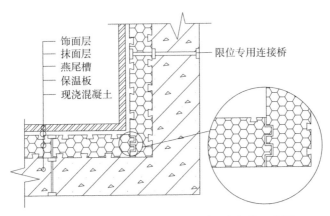

饰面层
抹面层
燕尾槽
保温板
现浇混凝土

限位专用连接桥

图 5.126　镁质大模内置保温系统阴角部位示意图

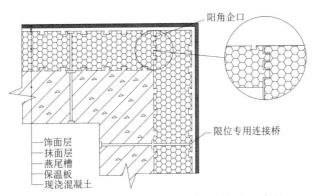

阳角企口

限位专用连接桥

饰面层
抹面层
燕尾槽
保温板
现浇混凝土

图 5.127　镁质大模内置保温系统阳角部位示意图

5.17.7 大模内置保温板安装施工工法

1. 安装施工

大模内置保温板安装施工是采用大模内置有网带槽挤塑保温板外墙外保温做法，即将保温板置于外墙外模板内侧，与墙体混凝土同时浇灌，混凝土墙体与保温板背面有机地结合在一起，在保温板外抹聚合物砂浆，再在聚合物砂浆外用瓷砖黏结剂粘贴面砖（或用涂料饰面）(图 5.128)。

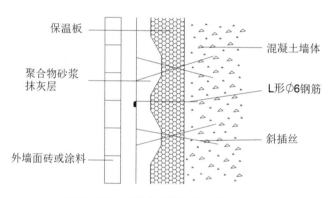

图 5.128 大模内置保温板安装示意图

2. 工法特点

（1）外墙外保温板与墙体混凝土同时浇灌，便于施工，提高工效，节省成本。
（2）外墙外保温板与墙体连接更加牢固。
（3）外保温板与墙体形成有机的整体，有利于延长外墙外保温使用寿命。

3. 适用范围

适用于外饰面为瓷砖或涂料的现浇混凝土剪力墙结构体系。

4. 基本原理

在墙体钢筋外侧安装保温板，并在板上插入经防锈处理的 L 形 Ø6 钢筋（或尼龙锚栓，锚入墙内长度不得小于 50mm），与墙体钢筋绑扎，既作临时固定又是保温板与墙体的连接措施，然后安装大模板。浇灌混凝土完毕后，保温层与墙体有机地结合在一起。

5. 施工流程与操作要点

1）施工流程

施工流程如图 5.129 所示。

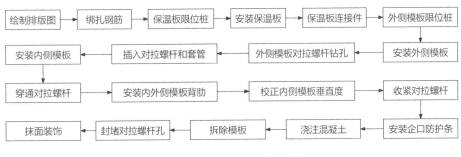

图 5.129　大模内置施工流程

2）操作要点

（1）墙体钢筋绑扎经验收合格后，方可进行保温板安装。

按照设计所要求的墙体厚度在地板面上弹墙厚线，以确定外墙厚度尺寸。同时按图位置在外墙钢筋外侧绑砂浆垫块（不得采用塑料垫卡），每平方米保温板内不少于 3 块。

（2）保温板拼装。

挤塑保温板正面有梯形凹槽，并带有单片钢丝网架与通过挤塑板的斜插钢丝（又称腹丝，采用涂锌钢丝）焊接，形成三维空间。先安装阴阳角保温板材，再安装墙板之间保温板：安装保温板时，板之间高低应用专用胶黏结，板之间的垂直缝应在钢丝网之间用火烧丝绑扎，间距小于或等于 150mm。保湿板就位后，将 L 形 Ø6 钢筋穿过保温板（用电烙铁穿孔），深入墙内长度不得小于 100mm（钢筋应做防锈处理），并用火烧丝将其与墙体钢筋绑扎牢固。L 形 Ø6 钢筋布置间距为 900mm。保温板安装至门窗洞口时，按照门窗洞口尺寸及节点做法要求，剪裁保温板进行拼装，保温板外面低碳钢丝网片均按楼层层高断开，互不连接。

（3）模板安装。

采用大模板，按保温板厚度确定模板配制尺寸、数量，按弹出外墙线位置安装模板，在底层混凝土强度不低于 7.5MPa 时，开始安装上一层模板，并利用下一层外墙螺栓孔挂三角平台架在安装外墙外侧模板前，须在现浇混凝土墙体的根部或保温板外侧采取可靠的定位措施，以防模板挤靠保温板模板放在三角平台架上，将模板就位，穿螺栓紧固校正，连接必须严密、牢固，以防止出现错台和漏浆现象。

（4）混凝土浇灌。

现浇混凝土的坍落度应大于或等于 150mm，墙体混凝土浇灌前，保温板顶面必须采取遮挡措施，应安置槽口保护套，形状如"Ⅱ"形，宽度为保温板厚度加模板厚度；混凝土应分层浇注，高度控制在 500mm，混凝土下料点应分散布置，连续进行，间隔时间不超过 2h。振捣棒振动间距一般应小于 500mm，每一振动点的延续时间以呈现浮浆和不再沉落为度，严禁将振捣棒紧靠保温板。洞口处浇灌混凝土时，应沿洞口两边同时下料使两侧浇灌高度大体一致，振捣棒应距洞边 300mm以上。

（5）模板拆除。

模板拆除在常温条件下，墙体混凝土强度不低于 1.0MPa，冬期施工墙体混凝土强度不低于 7.5MPa 及达到混凝土设计强度标准值的 30% 时，才可拆除模板。拆模时应以同条件养护试块抗压强度为准。先拆外墙外侧模板，再拆外墙内侧模板。穿墙套管拆除后，混凝土墙部位孔洞应用干硬性砂浆填塞，保温板部位孔洞应用保温材料（挤塑板或聚苯颗粒浆料）堵塞。拆模后保温板上的横向钢丝必须对准凹槽，钢丝距槽底应大于或等于 8mm。

6. 质量控制

（1）熟悉各方提供的有关图纸资料，参阅有关施工工艺。

（2）了解材料性能，掌握施工要领，明确施工顺序。

（3）根据材料和技术质量标准向施工人员进行技术交底。

（4）保温板采用挤塑板，其材料性能应符合《绝热用挤塑聚苯乙烯泡沫塑料》GB/T 10801.2—2002 的各项性能指标。挤塑板凹槽线应采用模具成型，尺寸准确，间距均匀。

（5）用于窗口外侧面保温、局部找平和堵孔的聚苯颗粒保温浆料的性能指标应符合行业标准《胶粉聚苯颗粒外墙外保温系统》JG/T 158—2004 的要求。

（6）为防止钢丝网片锈蚀、提高保温板的阻燃性能、保护挤塑板不受日晒雨淋影响以及使保温板表面与外部找平砂浆有良好的结合，在保温板表面及钢丝网架上均喷涂界面剂，用于有网体系挤塑板外表面的界面剂与钢丝应有牢固的握裹力，经 90℃反复折弯 5 次不脱落，其技术性能应符合行业标准《混凝土界面处理剂》JC/T 907—2002 的要求。

（7）挤塑板胶黏剂对挤塑板的溶解性应小于或等于 0.5mm，其在挤塑板之间的黏结抗拉强度应大于或等于 0.1MPa。

（8）保温板钢丝网架质量要求见表 5.23。

表 5.23　保温板钢丝网架质量要求

序号	项目	质量要求
1	外观	保温板正面有梯形凹凸槽，槽中距 100mm，板面及钢丝表面均匀喷涂界面剂
2	焊点强度	抗拉力大于或等于 330N，无过烧现象
3	焊点质量	网片漏焊脱焊点不超过焊点数的 8‰，且不应集中在一处。连续脱焊不应多于 2 点，板端 200mm 区段内的焊点不允许脱焊虚焊，斜插筋脱焊点不超过 3%
4	钢丝挑头	网边挑头小于或等于 6mm，插丝挑头小于或等于 5mm，穿透苯板挑头大于或等于 30mm
5	挤塑板对接	小于或等于 3000 长板中挤塑板对接不得多于两处，且对接处需用聚氨酯胶粘牢
6	质量	小于或等于 4kg/m²

（9）横向钢丝应对准凹槽中心；界面剂与钢丝和挤塑板的黏结牢固，涂层均匀一致，不得露底，厚度不小于 1mm。在 60kg/m² 压力下挤塑板变形小于 10%。

（10）斜插钢丝（腹丝）宜为每平方米 100 根以上，不得大于 200 根。用于钢丝网架及斜插腹丝的低碳钢丝性能指标见表 5.24。

表 5.24　低碳钢丝性能指标

直径 /mm	抗拉强度 /（N/mm²）	冷弯试验反复弯曲 180°	用途
2.0±0.05	≥550	≥6 次	钢丝网架
2.5±0.05	≥550	≥6 次	镀锌斜插腹丝

（11）对已施工完的保温墙体，不得随意开凿孔洞，加强成品保护。

7. 安全注意事项

（1）施工人员进入现场必须戴好安全帽，系好帽带。严禁酒后作业，现场禁止吸烟、打闹。

（2）吊装时应设专人指挥，统一信号。

（3）施工过程中严禁在保温板上任意打孔、开洞。

（4）施工中所有架子的搭设及使用，必须经过安全员检查，验收合格后方可使用。

（5）高处作业时，保温板、工具应摆放整齐，谨防落物伤人。

（6）夜间施工时必须有足够的照明措施。

（7）保温板存放时远离火源，施工现场要防止电焊、气焊靠近保温板。

（8）严格按照《建筑安装工程安全技术规程》进行操作。

5.18　镁质匀质自保温砌块

图 5.130　镁质匀质自保温砌块

通过在骨料中复合轻质骨料和（或）在孔洞中填充保温材料等工艺生产的，其所砌筑墙体具有保温功能的混凝土小型砌块，简称自保温砌块。镁质自保温复合砌块是指以镁水泥为胶凝材料，以固体废弃物为填充料，加入改性剂、粗细集料、保温材料，搅拌制浆，混合均匀后浇筑成型的砌块（图 5.130）。

依据南北方建筑物外围护墙的传热系数要求不同，可以增加或减薄厚度，实现工厂化生产。采用此种砌块建造的建筑物，不但可以达到规定的建筑节能标准，而且还克服了现行外墙外保温存在的外墙开裂、外保温层脱落、保温层耐久性差等缺陷。保温复合砌块既适合北方的冬季保温，也适用于南方的夏季隔热，具有广泛的地区适应性。

镁质自保温砌块是一种轻质高强墙体材料，已被用于底层建筑、多层混凝土小砌块建筑和配筋小砌块建筑。镁质自保温砌块具有保温和承重一体化、保温材料与建筑物同寿命等特点，市场前景广阔。

目前新疆维吾尔自治区已推出相关政策或标准支持自保温外砌块的生产与应用，如下：

建材行业标准：JCT 407—2013 自保温混凝土复合砌块；

新疆标准：XJJ 109—2019 自保温砌块应用技术标准。

自保温砌块的主要性能指标要求见表 5.25 的规定。

表 5.25　自保温砌块的主要性能指标要求

项目		单位	性能指标	试验方法
干密度		kg/m³	≤900	GB/T 4111
含水率		%	≤10	
吸水率		%	≤18	
干燥收缩值		mm/m	≤0.65	
抗冻性	质量损失	%	≤5	
	强度损失	%	≤25	
抗压强度		MPa	≥5.0	
软化系数		—	≥0.85	
碳化系数		—	≥0.85	
放射性		—	应符合 GB 6566 规定	GB 6566
导热系数		W/（m·K）	符合设计要求	GB/T 13475

5.18.1　产品优点

（1）工艺简单，设备投资小，本产品工艺简单，易生产实施，利于普及推广。

（2）保温性能好，导热系数低于 0.12W/（m·K）。

（3）轻质高强。密度为 650kg/m³ 的镁质自保温砌块抗压强度高于 5MPa。以镁泥取代硅酸盐水泥，强度更高，凝结更快，成型方便。

5.18.2　生产工艺

1. 原材料

轻烧氧化镁、氯化镁、EPS 颗粒、改性剂、发泡剂等。

2. 参考配比

镁质匀质自保温砌块参考配比见表 5.26。

表 5.26 镁质匀质自保温砌块参考配比

砌块类别	轻烧氧化镁 /kg	硫酸镁 /((30°Bé)/kg)	卤水 /((27°Bé)/kg)	粉煤灰 /kg	EPS 颗粒 /m³	改性剂	发泡剂
氯氧镁匀质自保温砌块	100	0	80~85	20	0.3~0.4	GX-1#0.5%~1% GX-4# 6‰~8‰	GX-7# 发泡剂 1：80 倍兑水稀释
硫氯复合匀质自保温砌块	100	20	85~90	35~40	0.3~0.4	GX-1# 0.5%~1% GX-4# 6‰~8‰	GX-7# 发泡剂 1：80 倍兑水稀释

3. 生产工艺流程

生产工艺流程如图 5.131 所示。

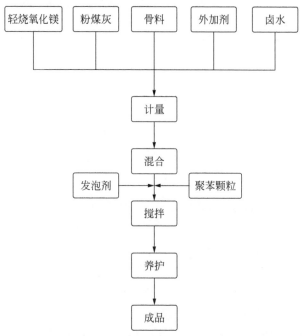

图 5.131 镁质自保温砌块生产工艺流程图

1）原料处理

（1）固废处理　如果工业废渣是块状，先破碎至工艺要求尺寸并过筛使用。

（2）卤液的制备　为提前将氯化镁杂质沉淀，至少提前 24h 溶解卤片，配成卤液，静置澄清，并标定卤液波美度。使用前将沉淀舍弃，只使用上清液，并重新标定波美度。

（3）硫酸镁溶液制备　因硫酸镁溶水吸热，至少提前 24h 溶解硫酸镁，配成硫酸镁溶液，并标定溶液波美度。

2）配料制浆

采用微机控制配料系统，根据生产配方以及搅拌机的大小计量好一次投料量。搅拌机速度宜控制在 90~100r/min，搅拌时间不低于 5min。

搅拌投料制浆顺序如下。

（1）加入计量好的氯化镁 / 硫酸镁溶液，然后在溶液内加入改性剂（部分改性剂需加入到料浆中）及抗裂短纤维，搅拌均匀。

（2）投加轻烧氧化镁、粉煤灰、固废，与溶液充分混合，成为均匀的浆料，加入改性剂，搅拌均匀。

（3）投加聚苯颗粒与浆料混合，通过搅拌机正反转结合，让浆料与颗粒混合均匀，最终达到浆料完全包覆聚苯颗粒，堆积无间隙的目的。

（4）启动发泡机，向颗粒浆料内打入定量的泡沫，搅拌均匀，制成发泡颗粒浆料。

3）浇筑成型

浇筑工艺分为移动浇筑和定点浇筑，通常大家选择定点浇筑，这样可以减少浇筑车，需加入移动轨道。将搅拌好的发泡颗粒浆料放入模箱，工人将模具表面摊平后将模具移动到指定位置。

4）初养护硬化

初养护阶段主要是制品强度的增长，养护温度不宜过高，温度过高易导致坯体放热过大，导致坯体炸裂。初养护最佳温度在 20~30℃，2~3h 即可脱模切割。特别注意坯体中心温度变化，因镁质产品开始放热，保温坯体的热量难以向外扩散，极易造成内部升温过快，热应力过度集中导致裂纹。一般当天下午生产，第二天上午便可脱模。脱模时，以产品不粘模具且结构强度可以吊装、运输为准。

5）坯体切割

初养护达到切割强度，即可切割。

6）后期养护

后期养护主要是促进水化反应继续进行，完成晶须正常增长，后期养护最佳温度在 20℃以上，最佳湿度应保持在 60% 左右，养护期间，禁止户外露天存放，防止太阳直射及雨水侵蚀。后期养护时间为 7d，7d 后自然干燥，28d 后即可出厂。

4. 生产技术要点

（1）板材容重高，或容重轻但强度不足。

① 原材料方面要科学分析检测，确保原材料质量合格；

② 配料时，配方比例要科学合理，让氧化镁能充分地参与水化反应，氧化镁用量不大于硫酸镁溶液用量；

③ 注重改性，硫氯复合镁水泥经改性剂改性后，产品强度及其理化性能得到改良；

④ 注重温湿养护，让后期固化反应顺利进行。

（2）镁质自保温砌块吸水率高，如何提高耐水性。

添加 GX-13# 防水剂，提高镁质自保温砌块的防水、憎水性能，同时有利于板材的现场施工，延长使用寿命。

（3）耐候性差，长时间后强度下降。

原因主要是氯氧镁自保温砌块内存在未反应完全的游离氯离子，而且在空气中 CO_2 和 H_2O 的作用下，氯氧镁内的晶体结构会分解，板材失去强度，软化，使用寿命缩短。

解决方法：

① 科学合理配比，根据原材料的质量变化，动态配比，适当降低卤水浓度以及用量；

② 添加改性剂，通过添加抗卤剂，抑制游离氯的产生，减少返卤现象。

（4）降低导热系数。

随着我国建筑节能要求的不断提高，传统保温材料不足以满足要求。为此一些保温材料如匀质自保温砌块需持续降低其导热系数。传统方案是引入低密低导热材料，例如 SiO_2 气凝胶因由纳米颗粒组成，其孔隙率高、比表面积高、密度低、导热系数低，但其与无机胶凝材料相容性较差，且价格偏高，其在建筑节能领域的发展受到限制。但 EPS 颗粒是以可发性聚苯乙烯珠粒为基础原料，经过膨胀发泡制成的具有闭孔结构的泡沫塑料，具有低密度、高孔隙率、吸水率低、成本低廉等特点，目前已作为轻质保温骨料应用于建筑节能领域。但 EPS 颗粒之间孔隙率与 EPS 颗粒大小有关。为增加整体匀质板的密闭孔隙率，MJT 提出颗粒集配方案。

5.19　功能性多孔镁质产品

多孔镁质材料是一种具有独特多孔结构的先进材料，在体内有大量的连通或闭合的孔。多孔镁质材料具有低体积密度、高孔隙率、高比表面积、高保温隔热性能等特点，并且其具有耐高温、高压、抗酸碱和有机介质腐蚀、良好的机械性能、可控的孔结构、使用寿命长、化学稳定性好等特点，可以适用于各种介质的精密过滤与分离、高压气体排消音、气体分布，在环境治理、工程吸音降噪、污水处理等领域具有广泛的应用前景（图 5.132）。

图 5.132　多孔镁质材料

5.19.1　生产工艺

根据应用领域相关产品的不同，多孔镁质材料可以加工制作成形状各异、功能不同的产品。本节把多孔结构制备方法列举一下，目前可用的制备方法主要有两种。

（1）采用物理发泡的形式制备泡沫。

发泡剂兑水配制成发泡液，然后借助发泡机器打出泡沫，泡沫与镁质料浆充分混合、模具成型、硬化、脱模、养护、加工等工序制得所需形状产品。

（2）采用化学发泡（双氧水、稳泡剂）的方式制备泡孔。

在改性镁质料浆中加入设定量的双氧水、稳泡剂，在恒定温度料浆介质的载体中，会使镁质料浆体积膨胀，内含多孔结构。根据料浆的稠稀度、料浆温度、双氧水的加入量、搅拌转速及时间等，来调节制品密度、孔径大小和分布。

通过以上两种发泡方式，可以制得气眼小孔、蜂窝孔、大小不均扁平圆孔及连通孔等孔结构，满足不同产品的应用需求。

5.19.2　产品特点

1. 气孔率高

通过配方、工艺技术的调控，重要特征是具有较多的均匀可控的气孔。气孔有开口气孔（镁质胎体中与大气相通的气孔）和闭口气孔（镁质胎体中不与大气相通的气孔）之分。开口气孔具有过滤、吸收、吸附、消除回音等作用；而闭口气孔则有利于阻隔热量、声音以及液体与固体微粒传递。

2. 强度高

菱镁胶凝材料通过改性处理后，其莫氏硬度6~7，净浆试块测试抗压强度最高可达130MPa，密度600kg/m³发泡制品抗压强度大于或等于5MPa。

3. 物理和化学性质稳定

多孔镁质材料可以耐酸碱腐蚀，也能够承受高温高压，自身无毒无害、性状稳定，是一种绿色环保的功能材料。

5.19.3 产品应用

1. 用于催化剂载体

多孔镁质材料具有良好的吸附能力和活性。在环境工程中，多孔镁质材料被广泛应用于空气净化、水处理等方面。被覆催化剂后，反应流体通过镁质孔道，将大大提高转化效率和反应速率。由于本材料具有比表面积高、热稳定性好、耐磨、不易中毒、低密度等特点，作为汽车尾气催化净化器载体已被广泛使用。

2. 用于吸声降噪装置

多孔镁质材料作为一种吸声材料，主要利用其扩散函数，即通过多孔结构分散声波引起的气压，从而达到吸声的目的。多孔镁质材料作为吸声材料，要求孔径小（20~150μm），孔隙率高（60%以上），机械强度高。多孔镁质材料可做防火隔离带应用于高层建筑、隧道、地铁等具有较高防火要求的场所，电视传输中心、电影院等具有较高隔音要求的场所。

3. 用于过滤和分离装置

多孔镁质材料的孔径大小可调，由多孔镁质材料的平板、圆球或管状产品组成的过滤装置具有过滤面积大、过滤效果高的特点。广泛应用于污水净化、油分离过滤、有机溶液、酸碱溶液、其他黏性液体及压缩空气、焦炉煤气、蒸汽、甲烷、乙炔等气体的分离。由于多孔镁质材料具有耐高温、耐磨损、耐化学腐蚀、机械强度高等优点，在腐蚀液、高温流体、熔融金属等方面显示出其独特的优势。

（1）废水处理。

用多孔镁质材料过滤工业废水和生活污水，可以去除水中悬浮物、细小颗粒等，已成为废水处理和净化的重要发展方向，适用于处理各种污染废水，效率高、成本低。

（2）腐蚀性液体过滤。

多孔镁质材料的耐酸碱腐蚀性使其在过滤酸性、碱性等腐蚀性液体或气体时显示出特有的优势。

（3）熔融金属过滤。

经多孔镁质材料的过滤能除去熔融金属中大部分的夹杂物和气体等杂质，提高金属材料的强度等内在质量，特别在电子元件、电线用金属和精密铸造用金属方面尤为重要。

（4）高温气体过滤。

高温烟气的除尘、高温煤气的净化等高温气体的过滤都必须使用耐高温的多孔镁质材料。

（5）放射性物质的过滤。

核电厂等产生大量放射性废物，经过燃烧能成为化学稳定的固体粉末，多孔镁质材料能将其固化，保存起来方便又经济。

4. 用于隔热保温

由于多孔镁质材料具有巨大的气孔率和低的热传导系数，热阻大、体积热容量小，传统的窑炉、高温电炉其内衬多为多孔镁质材料。为增加其隔热性能还可以将内部气体抽真空。先进的多孔镁质材料甚至可以应用于航天器外壳保温、导弹头部保温等。世界上最好的隔热材料正是这种多孔结构制品。

5. 用于磨具

多孔镁质材料可用作研磨球、砂轮、磨脚石、磨刀石等具有研磨功能的磨料使用。

（1）研磨球是一种常见的研磨介质，用于磨料磨细物料，广泛应用于研磨、混合、分散和球磨等领域（图 5.133）。其外形多为球形，通常是由各种材料制成，例如陶瓷、玻璃、钢铁、天然石材等。不同领域需要选择不同材质和类型的研磨球，以满足制造需要。与传统的磨削技术相比，研磨球具有高效、精密、低噪声、低耗能等明显优势。

镁质胶凝材料经改性处理后具有优异的黏结、内掺骨料复合性能，所制成品具有优良的力学结构强度，经抗压测试实验，最高可达 130MPa。如此优异的无机胶凝材料，在配料过程中可加入磨料（碳化硅微粉、棕刚玉微粉等）来提高镁质研磨球的结构强度和耐磨性能。相比于陶瓷、玻璃、天然石材等非金属材料，镁质研磨球具有自己独特的优势。

（2）砂轮又称固结磨具，是磨具中用量最大、使用面最广的一种，使用时高速旋转，可对金属或非金属工件的外圈、内圆、平面和各种型面等进行粗磨、半精磨和精磨以及开槽和切断等。

菱镁砂轮（图 5.134）是由改性菱镁水泥与磨料以一定比例复合而成，既继承了菱镁水泥强度高、硬度大的优点，又保留了磨料良好的耐磨性。菱镁砂轮按使用磨料的不同，分为普通磨料菱镁砂轮和超硬磨料菱镁砂轮。前者用刚玉和碳化硅等普通磨料，后者用金刚石和立方氮化硼等超硬磨料制成。市场上已开发利用的磨料有黑刚玉、黑碳化硅（粗砂、微粉）、氧化锆珠、白刚玉（粗砂、微粉）、棕刚玉（粗砂、微粉）、金刚砂等。

图 5.133　菱镁研磨球　　　　　图 5.134　菱镁砂轮

（3）磨脚石是利用菱镁材料制成各种不同规格、形状的搓脚石（图 5.135）。磨脚石有促进足部血液循环、健康人体等功效。同时，能除去足部老（硬）皮、护肤美容，并含有数十种对人体有益的矿物质，是中老年人极好的保健用品。

　　人造磨脚石是镁质胶凝材料经化学发泡制成的，泡孔可控，颜色、轻重可调。原材料储量丰富，生产成本低廉，且本身含有可溶性盐类，具有杀菌作用。

　　（4）磨刀石是用来磨刀的磨具，使刀刃变得更加精致和锋利（图 5.136），例如磨菜刀、磨刀剑、斧子等。菱镁材料可以黏结复合粗砂和细砂磨料，做不同的磨砂面。粗砂面打磨平整菜刀的缺口，细砂面精细打磨，可以淋上一些水，磨后的刀剑又亮又快。

图 5.135　磨脚石

图 5.136　阳江十八子菱镁磨刀石

　　以菱镁砂轮为例，其生产工艺通常为手工制作，模具成型。根据需要定制好砂轮模具（常见一般为铸铁的，耐温、耐磨损、尺寸稳定性好），用前在模具内壁及上沿口均匀涂刷脱模剂。在搅拌配制浇筑料浆方面，先按设定的配方比例，搅拌出菱镁料浆，然后往料浆中加入改性剂及水溶性乳液。搅拌均匀后，再次加入硅微粉、磨料（棕刚玉、碳化硅），直至完全搅拌混合均匀。将配制好的料浆倒入模具中，然后放在振动平台上振动、流平以消除残余气泡。置于室温 10℃ 以上环境温度下自然养护 8~12h 脱模。脱模后放在养护架上进行 7~15d 的自然养护即可摞放、打包。参考配比见表 5.27。

表 5.27　配料参考配方　　　　　　　　　　　　　　（单位：kg）

轻烧氧化镁	氯化镁溶液	硅微粉	棕刚玉（微粉）	碳化硅（粗砂）	GX-1# 或 GX-8#	GX-4#	水溶性树脂乳液
100	110~120	15	25	40	0.8	0.6	2

　　注：①本列表中，轻烧氧化镁为 90 粉，活性含量不得低于 65%；②氯化镁溶液为优等品卤片（>45% 含量）或高纯氯化镁（>98.5% 含量）配制而成。卤水波美度（30~32°Bé）；③根据生产环境温度的差别，选用 GX-1# 或 GX-8# 来调节凝固速度。

6. 用于空气分配装置

多孔镁质材料还可用于气液、气粉两相混合，即通常所说的布气、散气。通过多孔镁质材料的散气作用，使两相接触面增大而加速反应。活性污泥法处理城市污水中使用的多孔镁质材料布气装置就比较成功，不仅布气效果好，而且使用寿命长。利用多孔材料将气体吹入粉料中，可使粉料处于松散和流化状态，达到快速均匀传热、加快反应速度、防止粉末结块的目的，适用于粉末输送、加热、干燥和冷却，特别在水泥、石灰和氧化铝粉等粉料生产及输送中有良好的应用前景。

5.20　其他新制品

5.20.1　镁质负离子生态板

随着人们对环境、健康意识的增强，以及技术的不断突破，一种新型的环保材料——负离子生态板随之诞生，而该板源于对负氧离子的认识。19 世纪末，德国物理学家菲利浦·莱昂纳德（Philip. lionad）博士第一次在学术上阐述了负氧离子对人体健康的功效，在负氧离子方面做出卓著贡献。

首先什么是负离子？其实负离子在我们的生活中无处不在，我们知道空气的主要成分是氮气、氧气、二氧化碳，其中只有氧气和二氧化碳对电子有亲和力，负离子就是这些气体分子结合了自由电子形成的。

空气中氧气含量是二氧化碳含量的 700 倍，因此空气中生成的负离子绝大多数是氧气负氧离子。如自然界的放电现象，大气紫外线照射、瀑布冲击、森林树木放电，以及部分天然矿石释放等都能使周围空气电离，形成负离子。

而负离子生态板一般是将能产生负离子的天然矿石超微化，制成微米级或纳米级超微粉体之后，与其他有机或无机材料按比例构成单元共混、浸渍、涂层等方式制备而来的。处理后的天然矿石能够释放高浓度的空气负离子（超过 5000 个每立方米），无副作用，符合环保要求。本节所讲便是利用氧化镁这种天然矿石而制的负离子生态板。

负离子生态板具有消除污染、清洁空气、沉降除尘、抗菌灭菌的作用，经权威机构检测，负离子生态板对甲醛净化率 84.5%，对大肠杆菌和金黄色葡糖球菌的抗菌率更是高达 99.9%，呵护人们的健康。由建材行业环境友好与有益健康建筑材料标准化技术委员会归口的《负离子功能建筑室内装饰材料》JC/T 2040—2022 正式发布，已于 2023 年 4 月 1 日实施。

1. 负离子生态板功能原理

（1）负氧离子的除尘净化、保健等作用。

① 负氧离子带负电荷的属性具有了极强的捕捉能力，能够主动捕捉空气中的灰尘、甲醛、二手烟等污染物质，并将这些污染物降解，从而净化空气（图 5.137）。

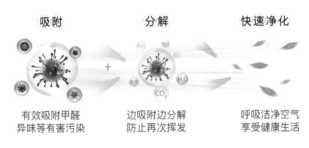

图 5.137　负离子空气净化原理

② 由于带负电荷，负氧离子的活性大大提升，其迁移距离也变得更远，因此负氧离子能将更多的氧气带入人体呼吸系统、心血管系统、脑皮层、神经系统，起到增强肺功能（比如医疗器械氧气机）、改善睡眠质量、降低血压等一系列保健作用。

（2）负离子生态板的抗菌作用。

负离子生态板是由超微粉体（微米或纳米）氧化镁为主料制备而得，而超微粉体氧化镁的抗菌机理有两种：活性氧（ROS）氧化损伤和吸附作用的机械损伤。

① 活性氧（ROS）氧化损伤。

活性氧氧化损伤机理，即超微粉体氧化镁表面的氧空位可以催化水中的溶解氧发生单电子还原反应而产生超氧阴离子 O_2^-。由于 O_2^- 具有强氧化性，因此可以破坏细菌细胞膜壁蛋白肽链，从而迅速消灭细菌。

② 吸附作用的机械损伤。

超微粉体氧化镁表面存在大量晶格局限羟基、游离羟基以及离子等多种活性位点，这些都可以作为吸附和表面反应。吸附作用的机械损伤机理是对活性氧氧化损伤机理的补充，它不仅能够解释在没有 ROS 存在下氧化镁仍具有良好抗菌性能的问题，颗粒对微生物的吸附作用也能造成细胞膜损伤，MJT 进一步验证了超微粉体氧化镁粒径越小抗菌性能越高机制，因此可以通过减小氧化镁粒径、增加比表面积、增强吸附作用等来提高氧化镁的抗菌性能。

2. 应用与发展

以特制氧化镁为主料经过特殊工艺制作的生态板将成为一种新型功能无机材料，尤其是在与人类生存和健康密切相关的抗菌材料领域，更显示了独特的优势，如持久的抗菌活性、成本低、不易变色、无生物毒性等。未来会大量应用在医院、饭店、商场、家居的室内装饰、装修等场景，并会越来越受青睐。

5.20.2　无机石英石系列产品

随着国家对环境污染和碳排放要求越来越高，瓷砖及石材行业由于其无法避免的"高能耗""高排放""资源依赖"几个缺陷，亟待进行产业升级替代。无机石英石（图 5.138）由于生产过程不需要烧制，与天然石材、瓷砖相比，具有生产工艺绿色环保、无排放、低能耗、资源多样、可循环利用的显著优势，解决了瓷砖及天然石材行业的痛点，切合环保要求，符合政策导向。几种石材性能对比见表 5.28。

图 5.138　无机石英石

表 5.28　几种常见石材性能对比

项目	瓷砖	天然石材	无机石英石	综合对比
生产工艺	烧制工艺（1100~1250℃）	—	免烧利废搅拌聚合成型工艺技术	绿色环保的革命性生产工艺
节能	1m² 瓷砖能耗 8kg 标准煤（全国瓷砖产量约 100 亿平方米，消耗 8000 万吨标准煤）	高污染	5.44kW·h/m² 折合标准煤约 2.2kg/m²（生产 100 亿平方的无机石英石折合消耗标准煤约 2200 万吨）	能耗比瓷砖减少 5800 万吨标准煤的消耗

续表

项目	瓷砖	天然石材	无机石英石	综合对比
减排	高污染、高排放（8000万吨标准煤的消耗会产生 2.08 亿吨二氧化碳）	高污染	生产过程中无污染零排放	比瓷砖减少 1.5 亿吨二氧化碳的排放
利废	局限于单一的黏土	局限于天然石采矿	可利用各种天然硬质骨料颗粒，如石英砂、玻璃颗粒、瓷片颗粒、固废尾矿等作为原材料	相较于瓷砖和石材原材料不受限制，不消耗特定的自然资源，可利用再生资源
循环利用	无法循环利用	无法循环利用	可二次循环利用	原材料 100% 利用，无机石英石可回收利用，实现 100% 循环

可参考执行标准《人造石加工、装饰与施工质量验收规范》JC/T 2300—2014和《人造石建筑板材》GB/T 41919—2022。

MJT 正进一步研究全固废基胶凝材料的新应用，携手海内外朋友一起为社会减排降废、创造适合人类生存的环保生态环境贡献一份力量。

5.20.3　喷射发泡镁质材料

在地下工程、水利工程以及岩土工程施工过程中，常用到喷射混凝土工艺。施工时，一般使用喷射机将混凝土喷射到工程体的外立面上，混凝土在速凝剂的作用下迅速固化，为工程体提供一定的防护作用。喷射混凝土施工快速而高效，广泛应用于隧道工程之中。

在实际生产中，一些隧道、矿井使用的钢制支护难以抵抗温、湿度的侵蚀，需要对其进行一定的防护处理。由于隧道、矿井的内部空间较大，人工涂刷不便，一般采用喷射混凝土工艺，对钢制支护进行覆盖，来保证支护的耐久性。实际上，这些钢制支护保护层的强度并不需要太高，只要起到覆盖、隔绝作用即可。并且喷射混凝土工艺的物料较多，成本较高，其强度存在冗余，市面上开始出现采用发泡混凝土进行喷射施工的工艺。

发泡混凝土作为钢制支护的防护层，质量轻、成本低、吸音而又保温性好，能耐受地下工程中的温度变化，也不会出现因应力而导致的防护层开裂等问题。实际上，除了发泡混凝土以外，硫氧镁发泡料浆也适合作为防护层使用。除具有发泡混凝土的诸多优点外，硫氧镁料浆中含有的极少量的游离硫酸根，可促使钢制支护表面生成钝化层，从而保护钢制支护不受腐蚀（图 5.139）。

图 5.139　发泡镁质材料进行喷射施工

1. 工艺

喷射发泡镁质材料施工中，一般采用物理发泡的形式降低容重。施工时，喷射机的蠕动泵分别抽取镁质净浆与预先配好的发泡液，发泡液在气源的作用下，在喷射机泡沫发生装置处产生泡沫，继而与镁质净浆混合。混合料浆在喷嘴前部，借助喷射机内部的结构设计充分混合，并在喷嘴处凭借气源的风压喷出。此外，部分工艺也会将镁质料浆与物理发泡产生的泡沫预先混合，再使用喷射机直接喷出，该工艺对泡沫的稳定性要求较高，且对设备压力控制、喷射风压控制有一定的要求。

2. 施工步骤

（1）准备工作，检查水、电、气管路，检查设备是否完好，对施工界面进行预先处理，清除浮灰、杂质等，在喷射点下方铺设废旧垫材，以承接回填废料；

（2）配料工作，发泡液稀释至适宜浓度，硫酸镁溶液、氧化镁、辅料、改性剂、防水乳液等按比例混合均匀备用；

（3）喷射工作，开启电源、气源，使用喷射机分别抽取镁质净浆与发泡液进行喷射工作，喷射时应自下而上尽可能垂直于界面施工；

（4）结束工作，应先停止物料供应，使用清水冲洗设备，再关闭电源、气源，离场时注意清理回弹料浆，并留样养护，跟踪强度变化；

（5）后续工作，喷射厚度难以满足施工要求时，可在喷涂的料浆固化后进行复喷作业。

3．参考配比

（1）发泡剂可按产品说明书要求进行稀释，使用 GX-7# 发泡剂时，可按 1∶40~1∶20 进行稀释；

（2）硫酸镁溶液可用 28~30 波美度进行配置，原料配比参考附录；

（3）使用活性含量为 60% 的轻烧氧化镁时，可按氧化镁∶硫酸镁溶液 = 1∶1~1.2 比例进行配料，并加入氧化镁质量 1% 的 GX-15# 硫氧镁改性剂，根据稠度要求，可加入氧化镁质量 7%~10% 的硅灰或粉煤灰进行调节，亦可加入抗流挂类助剂、短纤维等进行调整；

（4）根据施工要求，可加入适量的防水乳液以提高防护层的耐水能力，可加入一定量的促凝类制剂，如促凝粉、GX-8# 促凝抗卤剂、晶种等，以提高防护层的固化速度，便于后续工作的开展。

5.20.4　发泡镁质水泥自流平

在建筑装修中，自流平工艺的使用越来越广泛，先后出现水泥自流平和环氧自流平，但随着生活水平的提高，技术的不断发展，又出现了镁质水泥发泡自流平来代替传统的水泥自流平。镁水泥加上适量的发泡后变得轻质高强，具有保温、隔热、防火、环保等特点，并可同地暖管道结合，构成新式的地暖保温形态。

目前自流平按照材料分为无机材料自流平（镁水泥、硅酸盐水泥等）和有机材料自流平（环氧树脂等）（图 5.140）。常见的水泥自流平是无机物，使用一定标号水泥为基料，单组分，施工中加入水。环氧自流平是有机物，以环氧树脂为胶黏材料再添加颜料、填料及助剂组成，通常使用时需加入固化剂，施工中基本不加入其他辅料。环氧自流平主要采用环氧树脂为主材，由固化剂、稀释剂、溶剂、分散剂、消泡剂及某些填料等混合加工而成。环氧自流平包括混凝土基层和环氧自流平地坪涂层两部分。以上两种材料自流平有一定局限性，MJT 研究出发泡镁质水泥自流平，现简要介绍。

发泡镁质水泥自流平就是采用镁质无机胶凝材料，在科学配方的指导下，添加一定量的外加剂和填充料，经过均匀搅拌，再用发泡机把提前配好的发泡溶液发出泡沫，按照要求添加到料浆中，再用泵送系统把发泡料浆推放到指定地面（或屋

 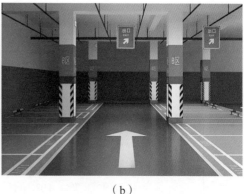

（a）　　　　　　　　　　　　　　　　（b）

图 5.140　自流平

（a）无机材料自流平装修；（b）有机材料自流平装修

面），经过自然流平，再用刮平方法人为干预，使平面平整自然固化成型的一种新式方法。

1. 镁质发泡水泥自流平的特点、应用和结构组成

1）特点

（1）发泡镁质水泥自流平具有良好的绝热、保温、隔音、轻质等性能，比硅酸盐水泥自流平强度高。同样强度下，可以用更少的发泡镁质水泥，不占用空间。镁质材料又属于环保材料，优于其他传统保温材料。

（2）采用发泡镁质水泥作为地面保温隔热材料，使得隔热层与楼板基面之间结合附着性能大大提高，减少脱层、空鼓、龟裂等情况出现（图 5.141）。

（3）发泡镁质水泥的抗压强度高于苯板，有承载受力优势，并且镁质材料属于无毒、耐火材料，安全性更好。

（4）发泡镁质水泥自流平的使用寿命优于单独环氧自流平，发泡镁质水泥自流平使用寿命在 10 年以上，而环氧自流平使用寿命一般为 3 年。

（5）发泡镁质水泥自流平可泵送运输，

图 5.141　发泡镁质水泥自流平

大大提高施工效率。

（6）款式多样，可根据用户需求选择合适的颜色及成型效果。

2）应用范围

发泡镁质水泥自流平用途广泛，可用于高层住宅的地面，也可用于工业厂房、车间、仓储、商业卖场、展厅、体育馆、医院、办公室等，还可用于居家、别墅地面采暖保温层框架结构的墙体填充层、屋面保温层等。镁质发泡水泥自流平还可作为各类保温层的装饰面层或耐磨基层使用。

3）结构组成

发泡镁质水泥自流平分垫层自流平和面层自流平。

（1）垫层自流平是垫在木地板、塑胶地板、地毯下面用的自流平。

（2）面层自流平是直接当地面使用的，也可以作为地坪漆的基础地面，各项技术要求都比较高（图 5.142）。

图 5.142　地坪漆的基础地面

2. 施工工艺

在施工中，控制发泡镁质水泥的水量是防止水泥沉淀和表面酥松的重要措施；而合理的输送方式又可有效减少气泡的破碎，从而减少含水量；选择相应的外加剂、性能优良的发泡剂和一定的辅料，又可为发泡镁质水泥的质量提供可靠的保证。实践证明，采取上述措施后，在容重不足 300kg/m³ 的情况下，其抗压强度可达到 2MPa 以上，如果在大面积的施工中，能够稳定地达到如此指标，发泡镁质水泥的优异性能就显而易见了。

发泡镁质水泥地暖保温层观感质量好，上下密度均匀，稳定性好，保温效果

好，表面平整无裂纹，表面强度高（图 5.143）。发泡镁质水泥地暖保温施工方法优
于化学隔热材料，其耐压强度高，质量轻，隔音、保温性能好，防潮抗渗性能好、
工期短、见效快、成本低，质量易于保证，符合节能环保的要求，该工艺不仅解决
了楼地面低暖保温层施工质量问题，更重要的是在节能、环境保护、施工速度、降
低造价、降低施工耗能、降低劳动强度等方面，取得了良好的社会和经济效益。

图 5.143　发泡镁质水泥地暖保温层效果

5.21　磷酸镁应用

磷酸镁水泥（简称 MPC）是由重烧氧化镁、磷酸盐以及缓凝剂组成。在常温
下与水反应，同时放出大量热并迅速硬化。磷酸镁水泥既有水泥的部分特征，同时
又具备化学结合陶瓷的属性。

磷酸镁水泥具有许多优于传统水泥材料的性能：凝结硬化迅速，早期强度高；
体积相容性好，黏结强度高；作为修补材料使用，具有优异的耐腐蚀性能，耐磨性
能。磷酸镁水泥也可以有固化各种废弃物，对含重金属的固体废弃物的固化效率较
高，有利于环境保护。

鉴于磷酸镁水泥以上特性，现介绍常用的几种应用形式。

（1）快速修补材料。

磷酸镁水泥凝结硬化速度快，早期强度高，体积稳定性好，和被修补的材料之
间会有很高的黏结强度，相比于普通硅酸盐水泥具有更好的性能。在修补时，磷酸

镁水泥能很好地填充到硅酸盐水泥的孔隙之中，使修补界面更加牢固，形成较高的黏结强度。这些性能使得磷酸镁水泥在国防工程、高速公路、城市主干道等工程的快速修补上有着广泛的应用。

（2）固化有害及放射性废弃物。

磷酸镁的固化机理是将污染元素先转化为溶解度低的磷酸盐，然后将其包裹在磷酸镁水泥基质中。采用磷酸镁水泥对放射性废弃物的固化，与普通硅酸盐水泥相比，效果更加显著。

经研究发现磷酸镁水泥固化中、低放射性废物有着良好的效果，可以作为一种良好的中、低放射性废物固化基材。

（3）作为临床骨的替代材料。

磷酸镁骨水泥因其具备良好的生物相容性、可塑性、较高机械强度和成骨潜力而成的一种新型无机骨水泥材料，已被引入骨缺损修复领域，满足了临床上对可塑材料可塑性、稳定性以及骨诱导性的要求。

（4）作为铸造砂黏结剂。

在铸造行业中，造型材料是决定铸件质量的基础。而造型材料的质量又取决于黏结剂的种类。磷酸盐铸造砂黏结剂是近些年发展起来的一种新型无机黏结剂，与有机树脂黏结剂和无机水玻璃黏结剂相比，具有良好的力学性能和热稳定性，具有溃散完全、发气量低、无毒环保和成本相对低的特点。

磷酸镁水泥具有在几分钟到几十分钟快速硬化的能力，且具有非常高的黏结强度，被工程界称为无机胶，磷酸镁水泥能在空气和水中硬化，并能长期在水中保持强度增长，因此非常适合做自硬铸造砂黏结剂。

总之，磷酸镁水泥有着凝结时间短、早期强度高、耐腐蚀性能好等优良性能，使得其在建筑工程领域有着广泛的应用。随着中国城镇化水平的不断提高，新建房屋的需求下降，而随着时间的推移，房屋的修补将会是巨大的需求缺口，磷酸镁水泥可以作为一种良好的修补材料，并且在面临抢险救灾中的道路损害，磷酸镁水泥也可以作为紧急修补材料。磷酸镁水泥作为一种新型的气硬性胶凝材料，由于其优良的性能受到广泛的研究。

附 录

附录1　氯化镁、硫酸镁波美度与密度、浓度对应表

在镁基材料生产中，常用波美度来表示卤水的浓度。实际上，波美度反映的是卤水密度的高低，而卤水中的杂质也贡献了一定的波美度，这使得劣质卤片化成的卤水波美度较高，卤水中氯化镁浓度却不能满足生产需求，成品板材的质量也大打折扣。在探究镁基材料相关技术时，人们往往按卤水中氯化镁含量，也就是摩尔量来计算物料比。为方便业内同仁在摩尔量与波美度等数据之间进行换算，特编制常用卤水配比与波美度、密度等参考对照表，见附表1.1。

附表1.1　常用卤水配比与波美度、密度等参考对照表

卤片与水配比	波美度 /°Bé	密度 /（g/cm³）	比重	物质量浓度 /（mol/L）	水与氯化镁摩尔比	盐度 /‰	氯度 /‰
0.6	20	1.16	1.16	2.06	26.1	186.73	139.00
0.65	20.5	1.1647	1.1647	2.17	24.5	196.16	146.02
0.7	21.5	1.1741	1.1741	2.28	23.3	205.03	152.63
0.75	22.5	1.1837	1.1837	2.40	22.1	213.40	158.85
0.8	23.5	1.1934	1.1934	2.51	21.2	221.31	164.74
0.85	24.5	1.2033	1.2033	2.61	20.3	228.78	170.30
0.9	25	1.2083	1.2083	2.71	19.5	235.86	175.58
1	26	1.2185	1.2185	2.88	18.2	248.97	185.33
1.1	27	1.2288	1.2288	3.04	17.2	260.82	194.16
1.2	28	1.2393	1.2393	3.19	16.3	271.60	202.19

续表

卤片与水配比	波美度 /°Bé	密度 /（g/cm³）	比重	物质量浓度 /（mol/L）	水与氯化镁摩尔比	盐度 /‰	氯度 /‰
1.3	29	1.25	1.25	3.34	15.5	281.44	209.50
1.38	30	1.2609	1.2609	3.46	15.0	288.72	214.92

注：1. 该表为室温 20℃ 条件下，使用海化卤片与蒸馏水配制卤水，测得相关数据后绘制而成，实际实验、生产活动中，受限于温度、卤片批次、水质条件、量具误差等因素，测得的数据会与该表有所偏差；

2. 受制于仪器精度与操作误差，该表格仅限对测量精度要求一般的实验、生产活动中作为参考使用。

在配制 26°Bé 卤水时，可将卤片与水按 1∶1 的比例进行配料。待卤片完全溶解后，溶液的密度约为 1.2185 g/cm³，每升卤水中含有约 2.88mol/L 的氯化镁，卤水盐度为 248.97‰，氯度为 185.3304‰。在 26°Bé 的卤水中，水与氯化镁的摩尔比为 18.2，此时的摩尔比满足标准稠度料浆中 5·1·8 相的生成。当卤水达到 20°Bé 时，此时的水与氯化镁的摩尔比为 26.1，标准稠度料浆中 5·1·8 相生成量降低，影响制品强度。当卤水达到 28°Bé 时，在上述体系下，会有大量 $MgCl_2$ 剩余，应警惕返卤风险。

在硫氧镁制品生产中，往往通过波美度数据实现对硫酸镁溶液的质量控制。使用七水硫酸镁配制硫酸镁溶液时，七水硫酸镁溶解吸热，使得配制硫酸镁溶液的时间大大延长，生产人员往往不能及时得到硫酸镁溶液的波美度数据，继而难以精准把控物料配比。为方便业内同仁配制硫酸镁溶液，并在摩尔量与波美度等数据之间进行换算，特编制常用硫酸镁溶液配比与波美度、密度等参考对照表，见附表 1.2。

在配制 27°Bé 硫酸镁溶液时，可将七水硫酸镁与水按 0.7∶1 的比例进行配料。待七水硫酸镁完全溶解后，溶液的密度约为 1.229g/cm³，每升七水硫酸镁溶液中含有约 1.95mol/L 的硫酸镁，七水硫酸镁溶液盐度为 201.09‰。在 27°Bé 的硫酸镁溶液中，水与硫酸镁的摩尔比为 28.3，此时的摩尔比有利于硫氧镁体系中 5·1·7 相的生成。当硫酸镁溶液达到 23°Bé 时，此时的水与硫酸镁的摩尔比为 36.6，制品中以 $Mg(OH)_2$ 相为主，制品的强度大大下降。当硫酸镁溶液达到 32°Bé 时，此时的水与硫酸镁的摩尔比为 22.2，制品中 5·1·7 相比例进一步提高，制品的强度也有所提高。

附表 1.2　常用硫酸镁溶液配比与波美度、密度等参考对照表

七水硫酸镁与水配比	波美度 / °Bé	密度 / (g/cm³)	比重	物质量浓度 / (mol/L)	水与硫酸镁摩尔比	盐度 / ‰
0.5	23	1.189	1.189	1.53	36.6	162.79
0.6	25	1.208	1.208	1.75	31.7	183.14
0.7	27	1.229	1.229	1.95	28.3	201.09
0.8	29	1.25	1.25	2.14	25.7	217.05
0.9	31	1.272	1.272	2.32	23.7	231.33
1	32	1.283	1.283	2.47	22.2	244.18

注：1. 该表为室温20℃条件下，使用一等品七水硫酸镁与蒸馏水配制溶液，测得相关数据后绘制而成，实际实验、生产活动中，受限于温度、七水硫酸镁批次、水质条件、量具误差等因素，测得的数据会与该表有所偏差；

2. 七水硫酸镁在储存、运输过程中，容易失水粉化，失水粉化后的七水硫酸镁不影响使用，但在使用失水粉化后的七水硫酸镁并参考本表格配制指定波美度溶液时，应酌情减少七水硫酸镁的添加量；

3. 受制于仪器精度与操作误差，该表格仅限对测量精度要求一般的实验、生产活动中作为参考使用。

附录 2　摩尔比与质量比的对应表

镁基制品的生产配比，要与生产环境相贴合。不同的温湿度条件下，不同配比做出的产品，最终质量有一定的差异。氧化镁与氯化镁、硫酸镁的比例一般称为摩尔比，而在实际生产中，物料的投放比例往往以质量进行计算。每当环境变化，需要动态调整配比时，计算较为繁琐。为方便业内同仁调整配比，特绘制氯氧镁与硫氧镁的摩尔比与重量比的对应表如下。

附表 2.1、附表 2.2、附表 2.3 中列举了常用的不同品位的氧化镁与卤水、硫酸镁溶液的投放比例，并列举了不同摩尔比之下，可选用的调和剂的波美度与质量数据。不同波美度调和剂的调配比例，可参考附表 1.1 和附表 1.2。

附表 2.1　摩尔比与质量比参考对应表（氯氧镁）

（1）当氧化镁活性为 60% 时

摩尔比 K	氧化镁		卤水（氯化镁含量45%）		
	活性	质量 /kg	波美度	浓度	质量 /kg
4	60%	10	21	0.185	19.256
			22	0.190	18.75

摩尔比 K	氧化镁		卤水（氯化镁含量45%）		
	活性	质量/kg	波美度	浓度	质量/kg
4	60%	10	23	0.197	18.08
			24	0.204	17.46
			25	0.213	16.725
			26	0.225	15.83
			27	0.236	15.095
			28	0.245	14.54
			29	0.253	14.08
			30	0.262	13.597
5	60%	10	21	0.185	15.4
			22	0.190	15
			23	0.197	14.467
			24	0.204	13.97
			25	0.213	13.38
			26	0.225	12.67
			27	0.236	12.076
			28	0.245	11.63
			29	0.253	11.26
			30	0.262	10.878
6	60%	10	21	0.185	12.838
			22	0.190	12.5
			23	0.197	12.056
			24	0.204	11.64
			25	0.213	11.15
			26	0.225	10.556
			27	0.236	10.063
			28	0.245	9.694
			29	0.253	9.387
			30	0.262	9.065

续表

摩尔比 K	氧化镁		卤水（氯化镁含量45%）		
	活性	质量/kg	波美度	浓度	质量/kg
7	60%	10	21	0.185	11.004
			22	0.190	10.714
			23	0.197	10.333
			24	0.204	9.979
			25	0.213	9.557
			26	0.225	9.048
			27	0.236	8.626
			28	0.245	8.309
			29	0.253	8.046
			30	0.262	7.77
8	60%	10	21	0.185	9.628
			22	0.190	9.375
			23	0.197	9.042
			24	0.204	8.732
			25	0.213	8.363
			26	0.225	7.917
			27	0.236	7.548
			28	0.245	7.27
			29	0.253	7.04
			30	0.262	6.799
9	60%	10	21	0.185	8.56
			22	0.190	8.33
			23	0.197	8.04
			24	0.204	7.76
			25	0.213	7.43
			26	0.225	7.04
			27	0.236	6.71
			28	0.245	6.46
			29	0.253	6.258
			30	0.262	6.04

当固定摩尔比为 6 时，每 10kg 活性氧化镁含量为 60% 的氧化镁，可使用 11.15kg 的 25°Bé 的卤水进行配料，卤水的浓度为 21.3%。

（2）当氧化镁活性为 65% 时

摩尔比 K	氧化镁		卤水（含氯化镁 45%）		
	活性	质量 /kg	波美度	浓度	质量 /kg
4	65%	10	21	0.185	20.86
			22	0.190	20.31
			23	0.197	19.59
			24	0.204	18.92
			25	0.213	18.12
			26	0.225	17.15
			27	0.236	16.35
			28	0.245	15.75
			29	0.253	15.25
			30	0.262	14.73
5	65%	10	21	0.185	16.69
			22	0.190	16.25
			23	0.197	15.67
			24	0.204	15.13
			25	0.213	14.50
			26	0.225	13.72
			27	0.236	13.08
			28	0.245	12.60
			29	0.253	12.20
			30	0.262	11.78
6	65%	10	21	0.185	13.90
			22	0.190	13.54
			23	0.197	13.06
			24	0.204	12.61
			25	0.213	12.08

续表

摩尔比 K	氧化镁		卤水（含氯化镁 45%）		
	活性	质量 /kg	波美度	浓度	质量 /kg
6	65%	10	26	0.225	11.44
			27	0.236	10.90
			28	0.245	10.50
			29	0.253	10.17
			30	0.262	9.82
7	65%	10	21	0.185	11.92
			22	0.190	11.61
			23	0.197	11.19
			24	0.204	10.81
			25	0.213	10.35
			26	0.225	9.80
			27	0.236	9.34
			28	0.245	9.00
			29	0.253	8.72
			30	0.262	8.42
8	65%	10	21	0.185	10.43
			22	0.190	10.16
			23	0.197	9.80
			24	0.204	9.46
			25	0.213	9.06
			26	0.225	8.58
			27	0.236	8.18
			28	0.245	7.88
			29	0.253	7.63
			30	0.262	7.37
9	65%	10	21	0.185	9.27
			22	0.190	9.03
			23	0.197	8.71
			24	0.204	8.41

续表

摩尔比 K	氧化镁		卤水（含氯化镁 45%）		
	活性	质量 /kg	波美度	浓度	质量 /kg
9	65%	10	25	0.213	8.05
			26	0.225	7.62
			27	0.236	7.27
			28	0.245	7.00
			29	0.253	6.78
			30	0.262	6.55

当固定摩尔比为 6 时，每 10kg 活性氧化镁含量为 65% 的氧化镁，可使用 12.08kg 的 25°Bé 的卤水进行配料，卤水的浓度为 21.3%。

附表 2.2　摩尔比与质量比参考对应表（硫氧镁）

（1）当氧化镁活性为 60% 时

摩尔比 K	氧化镁		硫酸镁溶液（硫酸镁纯度 99%）		
	活性	质量 /kg	波美度	浓度	质量 /kg
5	60%	10	25	0.192	18.61
			26	0.200	17.87
			27	0.217	16.47
			28	0.222	16.10
			29	0.228	15.67
			30	0.235	15.21
6	60%	10	25	0.192	15.51
			26	0.200	14.89
			27	0.217	13.72
			28	0.222	13.41
			29	0.228	13.06
			30	0.235	12.67
7	60%	10	25	0.192	13.29
			26	0.200	12.76

摩尔比 K	氧化镁		硫酸镁溶液（硫酸镁纯度 99%）		
	活性	质量 /kg	波美度	浓度	质量 /kg
7	60%	10	27	0.217	11.76
			28	0.222	11.50
			29	0.228	11.19
			30	0.235	10.86
8	60%	10	25	0.192	11.63
			26	0.200	11.17
			27	0.217	10.29
			28	0.222	10.06
			29	0.228	9.79
			30	0.235	9.50
9	60%	10	25	0.192	10.34
			26	0.200	9.93
			27	0.217	9.15
			28	0.222	8.94
			29	0.228	8.71
			30	0.235	8.45
10	60%	10	25	0.192	9.31
			26	0.200	8.93
			27	0.217	8.23
			28	0.222	8.05
			29	0.228	7.86
			30	0.235	7.60
11	60%	10	25	0.192	8.46
			26	0.200	8.12
			27	0.217	7.48
			28	0.222	7.32
			29	0.228	7.12
			30	0.235	6.91

续表

摩尔比 K	氧化镁		硫酸镁溶液（硫酸镁纯度99%）		
	活性	质量/kg	波美度	浓度	质量/kg
12	60%	10	25	0.192	7.75
			26	0.200	7.44
			27	0.217	6.86
			28	0.222	6.71
			29	0.228	6.53
			30	0.235	6.34

当固定摩尔比为 6 时，每 10kg 活性氧化镁含量为 60% 的氧化镁，可使用 13.72kg 的 27°Bé 的硫酸镁溶液进行配料，硫酸镁溶液的浓度为 21.7%。

（2）当氧化镁活性为 65% 时

摩尔比 K	氧化镁		硫酸镁溶液（硫酸镁纯度99%）		
	活性	质量/kg	波美度	浓度	质量/kg
5	65%	10	25	0.192	20.16
			26	0.200	19.35
			27	0.217	17.84
			28	0.222	17.44
			29	0.228	16.98
			30	0.235	16.47
6	65%	10	25	0.192	16.80
			26	0.200	16.13
			27	0.217	14.87
			28	0.222	14.53
			29	0.228	14.15
			30	0.235	13.73
7	65%	10	25	0.192	14.40
			26	0.200	13.82
			27	0.217	12.74
			28	0.222	12.45

续表

摩尔比 K	氧化镁		硫酸镁溶液（硫酸镁纯度 99%）		
	活性	质量 /kg	波美度	浓度	质量 /kg
7	65%	10	29	0.228	12.13
			30	0.235	11.77
8	65%	10	25	0.192	12.60
			26	0.200	12.10
			27	0.217	11.15
			28	0.222	10.90
			29	0.228	10.61
			30	0.235	10.30
9	65%	10	25	0.192	11.20
			26	0.200	10.75
			27	0.217	9.91
			28	0.222	9.69
			29	0.228	9.43
			30	0.235	9.15
10	65%	10	25	0.192	10.08
			26	0.200	9.68
			27	0.217	8.92
			28	0.222	8.72
			29	0.228	8.49
			30	0.235	8.24
11	65%	10	25	0.192	9.16
			26	0.200	8.80
			27	0.217	8.11
			28	0.222	7.93
			29	0.228	7.72
			30	0.235	7.49
12	65%	10	25	0.192	8.40
			26	0.200	8.06
			27	0.217	7.43

续表

摩尔比 K	氧化镁		硫酸镁溶液（硫酸镁纯度 99%）		
	活性	质量 /kg	波美度	浓度	质量 /kg
12	65%	10	28	0.222	7.27
			29	0.228	7.07
			30	0.235	6.86

当固定摩尔比为 6 时，每 10kg 活性氧化镁含量为 65% 的氧化镁，可使用 14.87kg 的 27°Bé 的硫酸镁溶液进行配料，硫酸镁溶液的浓度为 21.7%。

附表 2.3　摩尔比与质量比参考对应表（硫氯复合）

硫氯复合溶液配比	不同物质的摩尔比			
	MgO	$MgCl_2$	$MgSO_4$	H_2O
A=60 B=60	1.00	0.09	0.07	3.48
A=72 B=48	1.00	0.11	0.06	3.52
A=84 B=36	1.00	0.13	0.04	3.52
A=96 B=24	1.00	0.14	0.03	3.52
A=108 B=12	1.00	0.16	0.01	3.52
A=120 B=0	1.00	0.18	0.00	3.52

注：表中氧化镁质量按 100kg 计算，活性氧化镁含量按 60% 计算；硫氯复合溶液用量为 120kg，其中卤水为 25°Bé，硫酸镁溶液为 27°Bé；硫酸镁复合溶液量总质量以 L 表示，卤水用量以 A 表示；硫酸镁溶液用量以 B 表示；不同物质的摩尔比的数据，以 MgO 的摩尔量为基准。

当使用 100kg 活性含量 60% 的氧化镁进行生产时，可采用 25°Bé 的卤水 84kg、27°Bé 的硫酸镁溶液 36kg 调配料浆，此时卤水的质量与硫酸镁的质量比为 7 : 3，体系中 $MgCl_2$ 与 MgO 的摩尔比为 0.13，$MgSO_4$ 与 MgO 的摩尔比为 0.04，H_2O 与 MgO 的摩尔比为 3.52。

附录 3　常见镁质制品配方表

1. 防火门芯板（简要生产工艺介绍仅以防火门芯板为例，其他制品不再赘述），（见附表 3.1、附表 3.2、附表 3.3）。

附表 3.1　氯氧镁防火门芯板料浆参考配比　　　　　　（单位：kg）

氧化镁	卤水（25°Bé）	纤维	GX-1#（或 GX-8#）	GX-4#	GX-7#
100	100~110	0.5~1	0.5~1	0.6~0.8	1：80 倍兑水稀释

备注：生产温度 20℃；氧化镁 85 粉，活性为 65%。

生产工艺：

（1）各材料准备称量好，卤水预制好；

（2）按照先后顺序依次倒入搅拌机中，先倒卤水，若有 GX-1# 改性剂先加入卤水中，再加氧化镁粉，边搅拌边加入 GX-4# 或 GX-8#，再加短纤维；再用发泡机发泡，加入适量泡沫到搅拌机中搅拌均匀，倒入模具中；

（3）养护要求：把倒入料浆待固化的模具放到准备好的养护室内（随时观察温度、湿度和水分变化）；

（4）脱模养护：一般根据环境条件，养护达到 8~12h 拆模，后再继续养护 5~7d。

附表 3.2　硫氧镁防火门芯板料浆参考配比　　　　　　（单位：kg）

轻烧氧化镁粉	硫酸镁溶液（30°Bé）	纤维	粉碎料	GX-15#	GX-13#	GX-7#
100	160	1~1.5	30	0.5~1	1	1：80 倍兑水稀释

备注：生产温度 20℃；氧化镁 85 粉，活性为 65%。

生产工艺：

（1）各材料准备称量好，硫酸镁溶液预制好；

（2）按照先后顺序依次倒入搅拌机中，先倒硫酸镁溶液，把 GX-15# 改性剂先加入硫酸镁溶液中，再加氧化镁粉，边搅拌边加入 GX-13#，再加短纤维；再用发泡机发泡，加入适量泡沫到搅拌机中搅拌均匀，倒入模具中；

（3）养护要求：把倒入料浆待固化的模具放到准备好的养护室内（随时观察温度、湿度和水分变化）；

（4）脱模养护：一般根据环境条件，养护达到8~12h拆模，后再继续养护5~7d。

附表3.3 硫氯复合防火门芯板料浆参考配比 （单位：kg）

轻烧氧化镁粉	按氯化镁8份：硫酸镁2份配制复合溶液（27°Bé）	纤维	专用改性剂	GX-13#	GX-7#
100	120	1~1.5	0.5~1	1	1：80倍兑水稀释

备注：生产温度20℃；氧化镁85粉，活性为65%。

生产工艺：

（1）各材料准备称量好，硫氯复合溶液预制好；

（2）按照先后顺序依次倒入搅拌机中，先倒硫氯复合溶液，把专用改性剂先加入硫氯复合溶液中，再加氧化镁粉，边搅拌边加入GX-13#，再加短纤维；再用发泡机发泡，加入适量泡沫到搅拌机中搅拌均匀，倒入模具中；

（3）养护要求：把倒入料浆待固化的模具放到准备好的养护室内（随时观察温度、湿度和水分变化）；

（4）脱模养护：一般根据环境条件，养护达到8~12h拆模，后再继续养护5~7d。

2. 砖机托盘（见附表3.4）。

附表3.4 砖机托盘的用料参考配比

物料	MgO	$MgSO_4$（28°Bé）	GX-15#	GX-13#	锯末	竹篦子	玻纤布（涂塑）
用量	7.5kg	12.75kg	37.5g	225g	4.2kg	1层	4层

3. 波形彩瓦（见附表3.5）。

附表3.5 波形彩瓦料浆参考配比

物料	MgO	$MgSO_4$（28°Bé）	GX-15#	锯末	p-p	玻纤布
用量	8kg	11kg	30g	3.2kg	30g	2层

4. 仔猪电热板（见附表 3.6、附表 3.7）。

（1）面层。

附表 3.6　仔猪电热板面层料浆参考配比

物料	MgO	MgSO$_4$（28°Bé）	GX-15#	滑石粉	铁红
用量	1.3kg	1.7kg	8g	1kg	适量

（2）芯层。

附表 3.7　仔猪电热板芯层料浆参考配比

物料	MgO	MgCl$_2$（25°Bé）	GX-15#	锯末	珍珠岩	玻纤布（涂塑）
用量	3.7kg	4.8kg	24g	0.55kg	0.37kg	3层

5. 弹跳板（见附表 3.8）。

附表 3.8　弹跳板料浆参考配比

物料	MgO	MgSO$_4$（28°Bé）	锯末	GX-15#	GX-13#	玻纤布（涂塑）	竹篾子
用量	4kg	6kg	120g	24g	200g	4层	1层

6. 建筑模板（见附表 3.9）。

附表 3.9　建筑模板的料浆参考配比

物料	MgO	MgSO$_4$（28°Bé）	锯末	GX-15#	p-p	玻纤布	竹篾子
用量	12kg	19.5kg	3.9kg	360g	36g	3层	1层

7. 防火封堵板（见附表 3.10）。

附表 3.10　防火封堵板的料浆参考配比

物料	MgO	MgSO$_4$（28°Bé）	GX-15#	GX-13#	滑石粉	玻纤布
用量	7kg	10kg	42g	56g	3.5~4.9kg	4层

8. 手卷式大棚骨架（见附表 3.11）。

附表 3.11　手卷式大棚骨架的料浆参考配比

物料	MgO	MgSO₄（26°Bé）	GX-15#	GX-13#	玻纤布 90cm
用量	5kg	4.4kg	35g	40g	3 层

9. 灌肠式大肠骨架（见附表 3.12）。

附表 3.12　灌肠式大肠骨架的料浆参考配比

物料	MgO	MgCl₂（26°Bé）	GX-8#	GX-12#
用量	10kg	10kg	70g	90g

10. 猕猴桃支架（见附表 3.13）。

附表 3.13　猕猴桃支架的料浆参考配比

物料	MgO	MgSO₄（28°Bé）	GX-15#	石英砂	水钢砂	竹筋	玻纤布
用量	200kg	180kg	2kg	50kg	60kg	10~12 根	1 层

11. 防火板（见附表 3.14）。

附表 3.14　防火板的料浆参考配比

物料	MgO	MgSO₄（28°Bé）	GX-15#	滑石粉	锯末
用量	6kg	7.2kg	36g	1.2kg	1.2kg

12. 声屏障（见附表 3.15）。

附表 3.15　声屏障的料浆参考配比

物料	MgO	MgSO₄（28°Bé）	GX-15#	GX-13#	石粉	粉煤灰	锯末
用量	100kg	120~130kg	1~1.2kg	0.8kg	45kg	25kg	20~10kg

13. 烟道（外方内圆）（见附表 3.16）。

附表 3.16　烟道的料浆参考配比

物料	MgO	MgSO$_4$（30°Bé）	GX-7#	pp 短纤	石粉	粉煤灰	锯末	玻纤布
用量	50kg	55kg	100 倍	0.5kg	5kg	5kg	4kg	1 层

14. 夹心隔墙板（硅酸钙板）（见附表 3.17）。

附表 3.17　夹心隔墙板的料浆参考配比

物料	MgO	MgSO$_4$（30°Bé）	GX-15#	GX-13#	GX-7#
用量	8kg	8kg	64g	40g	80 倍

发泡到 700~800kg/m^3 加 EPS 到 500kg/m^3。

15. 外墙保温板（匀质板）250kg/m^3（见附表 3.18）。

附表 3.18　外墙保温板的料浆参考配比

物料	MgO	MgSO$_4$（30°Bé）	GX-15#	GX-13#	GX-7#	p-p	EPS
用量	13kg	13kg	52g	65g	80 倍	65g	适量

发泡到 500kg/m^3 加 EPS 到 250kg/m^3。

16. 建筑模壳（喷涂成型）（见附表 3.19）。

附表 3.19　建筑模壳的料浆参考配比

物料	MgO	MgSO$_4$（30°Bé）	GX-15#	GX-13#	锯末
用量	15kg	21kg	120g	30g	4.15kg

17. 艺术围栏（见附表 3.20）。

附表 3.20　艺术围栏的料浆参考配比

物料	MgO	MgSO$_4$（28°Bé）	GX-15#	GX-13#	河沙	石子
用量	400g	400g	2g	2.4g	1∶2.25	1∶1.25

18. 隔墙板（防火板夹芯）　800mm × 250mm × 100mm，500~600kg/m³（见附表 3.21）。

附表 3.21　防火板夹芯的料浆参考配比

物料	MgO	MgSO₄（30°Bé）	GX-15#	GX-13#	GX-7#	纤维	陶粒
用量	6kg	6kg	0.9%	0.5%	70 倍	0.06kg	适量

参考文献

［1］DZ/T 0202—2002, 铝土矿、冶金菱镁矿地质勘查规范［S］.

［2］罗军燕, 张扬, 魏智如. 从《矿产资源工业要求手册》增版看矿产工业指标的变化［J］. 国土资源情报, 2013（6）：10+54-56.

［3］马书涛, 狄跃忠, 彭建平, 等. 青海盐湖水氯镁石制备氢氧化镁的进展［J/OL］. 盐湖研究, 1-10［2024-04-28］. 2024, 32（3）：123-132.

［4］蓝海洋. 辽南地区菱镁矿资源潜力评价及开发利用现状［J］. 矿产保护与利用, 2016（1）：24-29.

［5］范香莲, 彭方洪, 田忠锋. 新疆鄯善县尖山菱镁矿地质特征与成因初探［J］. 新疆有色金属, 2012, 35（S1）：9-12.

［6］胡生操, 王晨晨, 付金涛, 等. 新疆某菱镁矿浮选工艺实验研究［J］. 矿产综合利用, 2022（2）：69-73.

［7］胡生操, 王晨晨, 付金涛, 等. 新疆某菱镁矿浮选工艺实验研究［J］. 矿产综合利用, 2022（2）：69-73.

［8］祁欣, 罗旭东, 李振, 等. 高硅菱镁矿的选矿提纯与应用研究进展［J］. 硅酸盐通报, 2021, 40（2）：485-492.

［9］宗俊. 水镁石矿的综合利用——制备高纯氧化镁的方法研究［C］. 巩义市：中国无机盐工业协会镁化合物分会, 2018.

［10］翟俊, 黄春晖, 张琴, 等. 水镁石 - 碱法制备重质氧化镁的研究［J］. 无机盐工业, 2016, 48（9）：33-35+44.

［11］李光辉, 刘军祥, 于庆波. 海绵钛生产中副产品液态氯化镁回收利用的研究［J］. 钛工业进展, 2021, 38（5）：37-40.

［12］马芬兰. 无水氯化镁的生产工艺探究［J］. 盐科学与化工, 2017, 46（8）：20-22.

［13］李金生, 李杰, 雷丽, 等. 富硼渣制备硼酸及回收硫酸镁的新研究［J］. 矿产综合利用, 2011（3）：29-32.

［14］宁志强, 翟玉春, 周锦, 等. 利用硼泥制备七水硫酸镁的研究［J］. 轻金属, 2007（7）：61-63.

［15］赵良庆, 潘利祥, 史利芳, 等. 镁法烟气脱硫副产物生产硫酸镁工艺研究［J］. 环境工程, 2014, 32（2）：91-94.

［16］田继.白钠镁矾与氯化镁生产硫酸镁副产氯化钠的研究［J］.盐科学与化工，2018，47（9）：38-39.

［17］高瑞，宋学锋，张县云，等.不同磷酸盐对磷酸镁水泥水化硬化性能的影响［J］.硅酸盐通报，2014，33（2）：346-350.

［18］李杰瑞，郑凯，路坊海，等.湿法磷酸制备磷酸二氢钾方法综述［J］.现代盐化工，2021，48（1）：3-4.

［19］王伟，王永旗，吕明，等.多步法制备高纯磷酸二氢钾的工艺研究［J］.上海化工，2023，48（4）：25-28.

［20］王昱宁，裴强.农业废弃物纤维加筋水泥基材料研究进展［J］.广东石油化工学院学报，2023，33（4）：70-73+81.

［21］曹锋，乔宏霞，李双营，等.生物质硅改性氯氧镁水泥复合材料的力学性能与作用机制［J］.复合材料学报，2023，40（10）：5859-5870.

［22］SINGH M, GARG M. Perlite-based building materials — a review of current applications［J］. Construction & Building Materials, 1991, 5（2）: 75-81.

［23］ERDEM T K, MERAL Ç, TOKYAY M, et al. Use of perlite as a pozzolanic addition in producing blended cements［J］. Cement & Concrete Composites, 2007, 29（1）: 13–21.

［24］RASHAD A M.A synopsis about perlite as building material – A best practice guide for Civil Engineer［J］. Construction & Building Materials, 2016, 121（15）: 338-353.

［25］SLOSARCZYK A, VASHCHUK, A. Research development in silica aerogel incorporated cementitious composites［J］. Polymers, 2022, 14: 1456.

［26］LIN Z, BIKRAM B, SUNGWOO Y, et al. Harnessing heat beyond 200℃ from unconcentrated sunlight with nonevacuated transparent aerogels［J］. ACS Nano, 2019, 13（7）: 7508-7516.

［27］SOREL S. On a new magnesium cement［J］. CR A cad.Sci,1867,65：102-104.

［28］DEHUA D, CHUANMEI Z. The formation mechanism of the hydrate phases in magnesium oxychloride cement［J］. 1999, 29（9）: 1365-1371.

［29］GÓCHEZ R, WAMBAUGH J, ROCHNER B, et al. Kinetic study of the magnesium oxychloride cement cure reaction［J］. Journal of Materials Science, 2017 52（13）: 7637–7646.

［30］CHAU C K, LI Z .Microstructures of magnesium oxychloride Sorel cement［J］. Advances in Cement Research, 2008, 20（2）: 85-92.

［31］PÖLLMANN H. Cementitious materials（composition, properties, application）. Berlin, Boston：De Gruyter, 2017.

［32］GUO Y, ZHANG Y, SOE K, et al.Recent development in magnesium oxychloride cement［J］. Structural Concrete, 2018, 19（5）: 1290-1300.

［33］LI Z, CHAU C K. Influence of molar ratios on properties of magnesium oxychloride cement［J］. Cement and Concrete Research, 2007, 37：866–870.

［34］TIMOTHY A A, MARK R, DANIEL M, et al. Effect of molar ratios and curing conditions on the moisture resistance of magnesium oxychloride cement［J］. Journal of Materials in Civil Engineering,2022,34（2）：1-27.

［35］LIU Z, BALONIS M, HUANG J, et al. The influence of composition and temperature on hydrated phase assemblages in magnesium oxychloride cements［J］. Journal of the American Ceramic Society, 2017, 1: 1-16.

［36］BEAUDOIN J J, RAMACHANDRAN V S. Strength development in magnesium oxysulfate cement［J］. Cement and Concrete Researc, 1978, 8（1）：103–112.

［37］DEMEDIUK T, COLE W F. A study of mangesium oxysulphates［J］. Australian Journal of Chemistry, 1967, 10（3）：287.

［38］URWONGSE L, SORRELL C A. Phase relations in magnesium oxysulfate cements［J］. Journal of the American Ceramic Society, 2010,63（9-10）：523-526.

［39］SHENGWEN T, JUNHUI Y, RONGJIN C. In situ monitoring of hydration of magnesium oxysulfate cement paste：Effect of $MgO/MgSO_4$ ratio - sciencedirect［J］. Construction and Building Materials, 2024, 251（10）：119003.

［40］JIASHENG H, WENWEI L, DESHENG H, et al. Fractal analysis on pore structure and hydration of magnesium oxysulfate cements by first principle, thermodynamic and microstructure-based methods［J］. Fractal and Fractional, 2021, 5（4）：164.

［41］HUIHUI D, JIAJIE L, WEN N, et al. The hydration mechanism of magnesium oxysulfate cement prepared by magnesium desulfurization byproducts［J］. Journal of Materials Research and Technology, 2022, 17: 1211-1220.

［42］TAO G, HEFANG W，HONGJIAN Y, et al. The mechanical properties of magnesium oxysulfate cement enhanced with 517 phase magnesium oxysulfate whiskers［J］. Construction and Building Materials, 2017, 150: 844–850.

［43］GUO Z L, SHENG Z J. Effect of molar ratios on compressive strength of modified magnesium oxysulfate cement［J］.International Journal of Hybrid Information Technology, 2015, 8（6）：87-94.

［44］李雨洁. 镁基复合胶凝材料的水化机理及性能［D］. 太原：山西大学，2023.

［45］朱效甲，朱倩倩，朱芸馨，等.氯化镁和硫酸镁复合溶液对镁质胶凝材料性能的影响［J］.江苏建材，2022（2）：14-17+25.

［46］赵传.镁质碱式盐胶凝材料微观结构及自增韧机理研究［D］.哈尔滨：哈尔滨工业大学，2017.

［47］夏佳军.四元体系镁质胶凝材料及其混凝土自增韧的实验研究［D］.哈尔滨：哈尔滨工业大学，2019.

［48］安生霞，肖学英，李颖，等.硫、氯氧镁混合胶凝体系凝结硬化性能及微观结构［J］.硅酸盐通报，2017，36（8）：2607-2613+2624.

［49］江丽珍，颜碧兰，肖忠明，等.GB 175—2007《通用硅酸盐水泥》标准条文解释［J］.

水泥，2008（4）：1-2.

［50］ SCRIMGEOUR S N, CHUDEK J A, LLOYD C H. The determination of phosphorus containing compounds in dental casting investment products by 31P solid-state MAS-NMR spectroscopy［J］. Dental Materials, 2007, 23（4）：415-424.

［51］ 李鹏晓，杜亮波，李东旭.新型早强磷酸镁水泥的制备和性能研究［J］.硅酸盐通报，2008,（1）：20-25.

［52］ KATO K, SHIBA M, AONO H, et al. The study on phosphate bonded investment.（Ⅱ）On effect to physical properties by reaction during kneadling（author's transl）［J］. Tokyo Ika Shika Daigaku Iyo Kizai Kenkyusho Hokoku, 1979, 13: 1-12.

［53］ 东京医科齿科大学医用器材研究所. Reports of the institute for medical and dental engineering, Tokyo Medical and Dental Institute［M］.东京：东京医科齿科大学医用器材研究所，1967.

［54］ CHAU C K, QIAO F, LI Z. Microstructure of magnesium potassium phosphate cement［J］. 2011, 25（6）：2911–2917.

［55］ WEN J, YU H, LI Y, et al. Effects of H_3PO_4 and $Ca（H_2PO_4）_2$ on mechanical properties and water resistance of thermally decomposed magnesium oxychloride cement［J］. J. Cent South Univ-En Ed., 2013, 20（12）：3729-3735.

［56］ TAN Y, LIU Y, GROVER L. Effect of phosphoric acid on the properties of magnesium oxychloride cement as a biomaterial［J］. Cement & Concrete Research, 2014, 56（2）：69-74.

［57］ LI Y, LI Z, PEI H, et al. The influence of $FeSO_4$ and KH_2PO_4 on the performance of magnesium oxychloride cement［J］. Construction & Building Materials, 2016, 102（part 1）：233-238.

［58］ 孟凯，曹红红，武德闯.氯氧镁水泥复合缓凝剂的实验研究［J］.中国水泥，2018（12）：3.

［59］ 冯超，关博文，张奔，等.外加剂对氯氧镁水泥水化过程影响［J］.长安大学学报：自然科学版，2019，39（5）：10.

［60］ 陈迎雪，廖宜顺，万方琪，等.缓凝剂对氯氧镁水泥水化历程的影响［J］.硅酸盐通报，2022，41（4）：1222-1228.

［61］ TAN Y, LIU Y, GROVER L. Effect of phosphoric acid on the properties of magnesium oxychloride cement as a biomaterial［J］. Cement and Concrete Research, 2014, 56：44-48.

［62］ ZHOU J, LIU P, WU C, et al. Properties of foam concrete prepared from magnesium oxychloride cement［J］.Ceramics-Silikáty, 2020, 64（2）：200-214.

［63］ 郑卫新，常成功，肖学英，等.发泡剂对氯氧镁水泥材料的适宜性研究［J］.盐湖研究，2019，27（4）：62-69.

［64］ 刘雪丽，焦双健，王振超.发泡剂及泡沫混凝土研究综述［J］.价值工程，2017，36（28）：236-237.

［65］朱效甲，朱效涛，朱玉杰，等.新型外加剂改善硫氧镁水泥性能的试验研究［J］.建材技术与应用，2018（2）：6-11.

［66］KUZMICHEV E, RI K, NIKOLENKO S, et al.Production of functional materials on the basis of tungsten multicomponent mineral resources［C］//International Science Conference SPbWOSCE-2016 "SMART City" 2017, 106: 03030.

［67］陈耀文，谈士贵.菱镁水泥制品耐水性能研究［J］.新型建筑材料，1991（6）：4.

［68］孟凯，曹红红，武德闯.氯氧镁水泥复合缓凝剂的实验研究［J］.中国水泥，2018（12）：100-102.

［69］冯超，关博文，张奔，等.外加剂对氯氧镁水泥水化过程影响［J］.长安大学学报（自然科学版），2019，39（5）：1-10.

［70］陈迎雪，廖宜顺，万方琪，等.缓凝剂对氯氧镁水泥水化历程的影响［J］.硅酸盐通报，2022，41（4）：1222-1228+1244.

［71］TAN Y, LIU Y, GROVER L. Effect of phosphoric acid on the properties of magnesium oxychloride cement as a biomaterial［J］. Cement and Concrete Research, 2014, 56: 44-48.

［72］隋肃，马庆雷，张国辉，等.复合型外加剂对镁水泥路面砖性能的影响［J］.济南大学学报（自然科学版），2004（2）：182-184.

［73］黄可知.脲醛树脂复合外加剂改性氯氧镁水泥的研究［J］.武汉理工大学学报，2002（1）：9-11.

［74］孙娇华，陆卫强.柔韧性丙烯酸酯乳液胶粘剂改性氯氧镁水泥研究［J］.粘接，2008（9）：38+53.

［75］王清香.菱镁水泥改性探讨［J］.甘肃水利水电技术，2001（3）：211-212+214.

［76］陈争骥，华佳璐，王灵燕，等.木（竹）粉-NaHCO₃外加剂对氯氧镁水泥水化放热特性以及抗折强度的影响［J］.木材加工机械，2016，27（2）：40-43+54.

［77］邓庆良，陈余梅，梁暖容，等.抑制菱镁制品返卤泛霜的实验研究［J］.广东化工，2008（2）：44-45+57.

［78］王路明.磷酸/聚合物复合改善氯氧镁水泥耐水性能与机理的研究［J］.功能材料，2015，46（13）：13066-13069.

［79］XU K, X1J, GUO Y, et al. Effects of a new modifier on the water-resistance of magnesite cement tiles［J］. Solid State Sciences, 2012, 14（1）: 10-14.

［80］张淋淋，齐誉，乔秀文，等.渗透结晶反应对水泥基材料孔隙率的影响［J］.石河子大学学报（自然科学版），2018，36（2）：201-206.

［81］吴潇潇.高强硫氧镁水泥的制备及其防水性能研究［D］.天津：河北工业大学，2019.

［82］王丰景.氯氧镁水泥胶凝材料增强及耐水改性研究［D］.合肥：安徽大学，2021.

［83］吴洲，沙建芳，徐海源，等.磷酸镁水泥增韧改性研究进展［J］.材料导报，2016，30（S1）：454-457.

［84］山东镁嘉图新型材料科技有限公司.一种用于发泡板材的快速固化成型的微波加热系统CN116117980A［P/OL］.［2023-04-11］.

［85］朱玉杰.菱镁制品养护机理与养护工艺研究及生产实践［J］.砖瓦，2006（5）：54-57.

［86］马克骏，叶雪琳.低压短周期贴面人造板生产中存在的主要问题及工艺上的新进展［J］.木材加工机械，1999（3）：29-30.

［87］盛振湘.人造板二次加工技术的发展与思考［J］.中国人造板，2010，17（3）：20-23.

［88］张博.砂光之③人造板宽带式砂光机工作原理（续）［J］.中国人造板，2013，20（4）：25-28+31.

［89］杨永，姬娜.菱镁技术［M］.石家庄：河北科学技术出版社，2014.

［90］杨永，王泽旺.无机胶凝材料创新与实务［M］.北京：化学工业出版社，2020.